典型农田土壤优化管理实践与环境效应

王 芳等 著

科 学 出 版 社
北 京

内 容 简 介

本书针对国内外农田实际生产状况，系统总结了作者多年来在农田土壤优化管理关键技术方面的研究与实践成果，以及各种技术对土壤环境的改善与优化效应。重点从水肥一体化技术、测土配方施肥技术、有机物料培肥技术、种植覆盖作物技术、生物炭施用技术和盐碱土生物改良技术等方面入手，根据土壤生态优化原理，通过生物措施与工程措施相结合，从宏观上优化土壤环境，为植物生存创造良好的生存条件（水、肥、气、热），最终实现可持续土壤管理。通过努力探索土壤优化管理的新途径，积极推进土壤资源的生态化利用。

本书从内容上力求深度、广度适宜，注重理论联系实际，突出创新应用，是土壤学、环境科学、农学等专业人员了解农田水土资源高效利用新技术的良好读本，对农田土壤优化管理和环境保护起到积极的推动作用。

图书在版编目(CIP)数据

典型农田土壤优化管理实践与环境效应／王芳等著．—北京：科学出版社，2020.5

ISBN 978-7-03-064206-6

Ⅰ．①典…　Ⅱ．①王…　Ⅲ．①耕作土壤-土壤管理-研究　Ⅳ．①S155.4

中国版本图书馆 CIP 数据核字（2020）第 023343 号

责任编辑：李晓娟　王勤勤／责任校对：樊雅琼
责任印制：吴兆东／封面设计：无极书装

科学出版社 出版
北京东黄城根北街 16 号
邮政编码：100717
http://www.sciencep.com
北京虎彩文化传播有限公司 印刷
科学出版社发行　各地新华书店经销
*
2020 年 5 月第　一　版　开本：720×1000　1/16
2020 年 5 月第一次印刷　印张：14 3/4
字数：300 000

定价：188.00 元

（如有印装质量问题，我社负责调换）

《典型农田土壤优化管理实践与环境效应》
撰写委员会

主　笔　王　芳

副主笔　南雄雄　刘　芬　袁晶晶　同延安

Ray R. Weil（美国）　孙兆军

成　员　郑兰香　何　俊　高　礼　王　珍

李　茜　韩　磊

前　言

土壤是在气候、母质、生物、地形和成土年龄等诸因子综合作用下形成的独立的历史自然体。随着人口的增长及社会对自然资源需求的增加，土壤这种人类赖以生存的、有限的资源，在农业可持续发展、全球环境保护及城市建设等方面的重要性日益明显，合理利用和管理土壤资源，是实现农业可持续发展的关键所在。

党的十八大以来，我国农业环境保护和绿色发展取得了历史性成效，但也面临一些突出性挑战。2019 年 9 月，在农业农村部环境保护科研监测所建所 40 周年暨“农业农村环境保护与可持续发展国际学术研讨会”上，中国农业科学院党组书记张合成提到“要以提高水、肥、药利用效率为核心，以秸秆、畜禽粪污资源化利用和农膜残留防控为重点，开展农业绿色发展核心关键技术、前沿技术、配套技术、共性技术和战略性技术创新和持续协同攻关，加快破解技术难题，引领农业农村高质量发展，为实施乡村振兴战略、生态文明战略和实现农业农村现代化提供有力支撑”。这充分体现了未来我国农业土壤管理的发展方向——“聚力科技创新，助推农业绿色发展”。

鉴于农田土壤优化管理的紧迫性和必要性，在综合集成国家自然科学基金项目“节水灌溉对宁夏干旱区枸杞园土壤活性有机碳库及碳排放的影响机制”（41761066）、宁夏高等学校科学研究项目“枸杞-绿肥复合种植系统化肥减施增效与土壤环境调控机制研究”（优秀青年培育基金，NGY2018008）、第四批“宁夏青年科技人才托举工程”（TJGC2019003）、宁夏大学赴美国密苏里州立大学师生研修访学项目（2019）、宁夏自治区重点研发项目“宁夏酒庄葡萄酒清洁生产及废水废物管控（防控）研究”（2019BBF02024）等研究成果的基础上，我们组织编写了《典型农田土壤优化管理实践与环境效应》一书，力求为国家农业土壤可持续利用提供理论与技术支撑。本书针对典型农田管理生产状况，介绍了各种实用、适应性强的农田土壤资源高效利用技术及其特点，同时系统总结了作者多年来在农田土壤优化管理关键技术方面的研究与实践成果，以及各种技术对土壤环境的改善与优化效应。重点从水肥一体化技术、测土配方施肥技术、有机物料培肥技术、种植覆盖作物技术、生物炭施用技术和盐碱土生物改良技术等方面入手，根据土壤生态优化原理，通过生物措施与工程措施相结合，从宏观上优化土壤环境，为植物创造良好的生存条件（水、肥、气、热），最终实现可持续土壤管理。通过努力探索土壤优化管理的新途径，积极推进土壤资源的生态化利用。

本书是众多科研人员智慧的结晶。第一章由王芳负责撰写，第二章由南雄雄负责撰写，第三章由刘芬负责撰写，第四章由王芳、同延安等负责撰写，第五章由王芳、Ray R. Weil 等负责撰写，第六章由袁晶晶、王芳等负责撰写，第七章由王芳、孙兆军等负责撰写，第八章由王芳、南雄雄等负责撰写。王芳负责全书统稿，王芳、南雄雄负责全书总校。同时，郑兰香、高礼、何俊、李茜、王珍和韩磊也参与了本书的撰写，在此表示诚挚的谢意！

本书撰写过程中参考了大量中外书籍和报刊文献，在此一并向相关作者表示衷心感谢！尽管我们谨本详始，字斟句酌，不足之处仍在所难免，希望广大读者多提宝贵意见，以臻完善。

作　者

2020 年 1 月 1 日

目　　录

第一章　绪　论

第一节　土壤与土壤健康

一、土壤的重要性

（一）土壤的基本概念

土壤是人们司空见惯的物质，人们的生产和生活几乎每天都要接触土壤。它是人类赖以生存和发展的基石，是保障人类食物与生态环境安全的重要物质基础（孙瑞娟等，2019）。那究竟什么是土壤？虽然它对我们来说并不陌生，但是对于这个问题的回答，不同学科的科学家对此有不同的认识：生态学家从生物地球化学的角度出发，认为土壤是地球表层系统中，生物多样性最丰富，生物地球化学能量交换、物质循环最活跃的生命层；环境科学家认为，土壤是最重要的环境因素，是环境污染物的缓冲带和过滤器；工程专家则把土壤看作承受高强度压力的基地或工程材料的来源；对于农业科学工作者和广大农民来说，土壤是植物生长的介质，其更关心的是影响植物生长的土壤条件，即土壤肥力供给、培肥及持续性等。由于不同的科学家对土壤的定义不同，给予土壤一个严格的定义就较为困难。土壤学家和农学家把土壤定义为发育于地球表面，能生长绿色植物的疏松多孔结构表层（张建国和金斌斌，2010）。基于上述认识，目前相对具有综合性，能够较为充分地反映土壤的本质和特征的定义为“土壤是历史自然体，是位于地球陆地表面和浅水域底部具有生命力、生产力的疏松而不均匀的累积层，是地球系统的组成部分和调控环境质量的中心要素”（陈怀满，2018）。

（二）土壤的组成

土壤由不同大小的土粒构成，且土粒的组成比例也不一致（吴思远，2018）。土壤中的物质主要由固、液、气三相组成。其中，土壤固相包括矿物质、有机质和土壤生物；固相物质之间存在形状和大小不同的孔隙，在孔隙中存在水分、空气。由此看出，土壤以固相为主，且三相物质共存。土壤组分的比例：矿物质约为45%，有机质约为5%，水分为20%～30%，空气为20%～30%。

1）土壤矿物质：矿物质通常是指天然元素或经过无机过程形成并具有结晶结构的化合物。矿物质是土壤中最基本组分，重量占土壤固相物质总重量的90%以上。按其成因可以分为原生矿物和次生矿物。其中，原生矿物是物理风化过程中产生的未改变化学成分和结晶结构的造岩矿物，属于土壤矿物质中的粗质部分，形成砂粒和粉砾。次生矿物是原生矿物化学风化后形成的新矿物，其化学成分和晶体结构均有改变，所形成的黏粒具有吸附、保存呈离子态养分的能力，使土壤具有一定的保肥性。

2）土壤有机质：是土壤中含碳有机化合物的总称。土壤有机质是衡量土壤肥力高低的重要标志之一，对土壤结构、持水量和温度都有一定影响，且决定着土壤的理化性质，同时也是土壤中营养元素的重要来源（吕子谦，2016）。土壤有机质是农作物生长的重要物质之一，对有机质进行快速、准确测定和估计对发展精细农业和提高农业管理的科学性具有重要意义（王永敏等，2019）。

3）土壤水分：土壤水分是影响农业生产的重要因素之一，掌握土壤水分对农业生产实践有着重要的作用及意义。在地球生态系统中，地表土壤水分是连接地表水和地下水的纽带，也是气候、水文和农业等研究领域衡量土壤干旱程度的重要指标（徐嘉昕等，2019）。在农业生产体系中，农田地表土壤水分是作物生长发育的基本条件，也是作物干旱灾害的预警信息（房世波等，2011）。土壤水分是干旱监测的重要指标、判断作物需水量的重要依据和作物长势监测、估产的重要参数。作物灌溉后，土壤水分的变化情况是评价灌溉效果的重要依据。获取精准可靠的土壤水分信息对准确测试农田灌溉具有重要的意义。

4）土壤空气：土壤空气主要存在于未被水占据的土壤孔隙中。由于土壤生物（根系、土壤动物和土壤微生物）的呼吸作用，土壤空气的 CO_2 含量一般高于大气，为大气 CO_2 含量的5～20倍；同样，由于生物消耗，土壤空气中的 O_2 含量则明显低于大气。当土壤通气不良时，或当土壤中的新鲜有机质状况及温度和水分状况有利于微生物活动时，都会进一步提高土壤空气中 CO_2 的含量和降低 O_2 的含量。同时，当土壤通气不良时，微生物对有机质进行厌氧性分解，产生大量的还原性气体，如 CH_4、H_2 等，而大气中一般还原性气体很少。此外，在土壤空气组成中，经常含有与大气污染相同的污染物质。

（三）土壤的成土因素

母质因素、气候因素、生物因素、地形因素和时间因素称为自然成土因素。而人类活动也是土壤形成的重要因素。通常把与土壤发生直接联系的母岩风化物及其再沉积物称为母质，母质是形成土壤的物质因素，是土壤的前身。气候因素对于土壤的形成表现为直接影响和间接影响，直接影响是指通过土壤与大气之间经常进行水分和热量交换，对土壤水、热状况和土壤中物理、化学过程的性质与强度的影响。而间接影响是指通过改变生物群落（植被类型、动植物生态等）影响土壤的形成。生物是土壤有机质的来源和土壤形成过程中最活跃的因素，其中植物起着最为重要的作用。地形因素通过引起物质、能量的再分配而间接作用于土壤。对美国西南部山区土壤特性的考察发现，土壤有机质含量、总孔隙度和持水量均随海拔的升高而增加，而 pH 随海拔的升高而降低。此外，坡度和坡向也可改变水、热条件和植被状况，从而影响土壤的发育。土壤是一个经历着不断变化的自然历史体，它的形成过程是相当缓慢的。在以上各成土因素中，母质和地形是比较稳定的影响因素，气候和生物则是比较活泼的影响因素，而人类活动对土壤形成的影响也不容忽视。其中以改变地表生物状况的影响最为突出，最典型的属农业生产活动。人类通过耕作改变土壤结构、保水性及通气性等，通过灌溉改变土壤水分、温度状况；通过施用化肥和有机肥补充养分的淋失，从而改变土壤营养元素的组成、数量和微生物活动。

（四）土壤剖面层次

土壤剖面主要分为自然剖面、人工剖面、主要剖面、检查剖面和定界剖面五大类型。其中，自然剖面是由人为活动造成的，如新修公路、铁路等均能够形成自然剖面。人工剖面是根据土壤调查绘图的需要，人工挖掘而成的新鲜剖面。主要剖面是为了全面研究土壤的发生学特征，确定土壤类型及其特性而专门挖掘的土壤剖面。检查剖面也叫作对照剖面，是对照检查主要剖面所观察到的土壤形态特征是否有变异而设置的。检查剖面可丰富和补充修正主要剖面的不足，还可帮助调查绘制者区分土壤类型。定界剖面是为了确定土壤分布界限而设置的，要求能确定土壤类型即可。

（五）土壤的功能

土壤的功能主要有：①生产功能，土壤生产了地球系统 90% 以上的食物和纤维；②生态功能，土壤承担了地球表层生态系统中物质流和能量流的调蓄与再分配；③基因保护功能，保护土壤与地表生物的多样性，起到基因库的作用；④基础支撑功能，是社会经济发展的空间与物质基础；⑤原材料功能，提供砂石、黏土，用于建筑、陶瓷灯等；⑥文化景观功能，维护自然景观与文化遗迹（陈建飞，2013）。联合国粮食及农业组织（Food and Agriculture Organization of the United Nations，FAO）在“国际土壤年”发布的《世界土壤资源状况报告》

中厘定了土壤功能及其提供的生态系统服务。土壤生态系统服务是指人类从土壤生态系统获得的惠益，包括支持服务、调节服务、供给服务和文化服务四类。土壤生态系统服务及其实现所需的土壤功能见表 1-1（张甘霖和吴华勇，2018）。

表 1-1　土壤生态系统服务及其实现所需的土壤功能

土壤生态系统服务		土壤功能
支持服务	土壤形成	原生矿物风化及养分释放；有机质转化与积累；维持水、气流动和根系生长的结构形成（团聚体、发生层）；离子固持和交换的带电表面形成
	初级生产	种子萌发和根系生长介质；植物的养分和水分供给
	养分循环	土壤生物有机物质转化；带电表面养分固持和释放
调节服务	水质调节	土壤水中物质过滤和缓冲；污染物转化
	供水调节	土壤水入渗和流动调控；过量的水排出至地下水和地表水
	气候调节	CO_2、N_2O 和 CH_4 释放调节
	侵蚀调节	地表土壤保持
供给服务	食物供给	为任何动物所需植物的生长提供水、养分和物理支撑
	水供给	水资源保蓄和净化
	纤维与燃料供给	为生物能源和纤维植物的生长提供水、养分和物理支撑
	原料供给	供给表土、团聚体、泥炭等
	表面稳定性	支撑人类聚居地及相应的基础设施
	栖息地	提供土壤动物、鸟类等的栖息地
	遗传资源	独特的生物物质资源
文化服务	美学与精神	自然和文化景观多样性保持；颜料和燃料的原材料
	文化遗产	考古文化保护

土壤是人类生存和社会发展的重要基础，土壤环境质量不仅关系着农产品的生长和安全，更关系着人类的身体健康，对社会稳定发展发挥着重要作用（赵磊，2019）。

二、土壤健康与可持续发展

（一）土壤质量

土壤质量围绕土壤功能进行定义，它是土壤许多物理学、化学和生物学性质及形成这些性质的一些重要过程的综合体（Doran et al.，1994）。对土壤质量进行评价采用的物理学指标有土壤容重、机械组成、土壤含水量、孔隙度、土层厚度、土壤质地、团聚体、土壤密度、土壤结构等；采用的化学指标有土壤有机质（SOM）、pH、大量元素（全氮、全氮、全磷、全钾、碱解氮、速效磷、速效钾）、阳离子交换量（CEC）、电导率（EC）、含盐量（全盐、盐基饱和度、交换性盐基）、交换性钙、微量元素（有效铁、有效锰、有效铜、有效锌）；采用的生物学指标有蔗糖酶、磷酸酶、脲酶、过氧化氢酶、微生物生物量碳、微生物生物量氮、细菌、真菌、放线菌、微生物生物量磷、呼吸强度、C/N、微生物熵、微生物代谢熵、固氮菌等。表 1-2、表 1-3 和表 1-4 分别是土壤质量评价物理学、化学和生物学指标的功能、文献数量及其所占比例（陈梦军等，2018）。

表 1-2　土壤质量评价物理学指标的功能、文献数量及其所占比例

物理学指标	指标功能	文献数量/篇	所占比例/%
土壤容重	土壤容重是指单位容积土壤烘干后的重量，其通过间接影响土壤结构、水、肥、气、热及生物活性进而影响土壤质量	45	49.5
机械组成	机械组成是指大小颗粒在土壤中的比例，是土壤结构、孔隙度和容重等指标的综合体现	33	36.3
土壤含水量	土壤含水量是植物生长的重要影响因子，其通过调节土壤温度、影响土壤通气状况及水肥的有效性进而影响土壤质量	31	34.1
孔隙度	孔隙度是指单位容积土壤中孔隙容积所占的百分数，大小空隙兼备是表征土壤通气性和蓄水能力的重要特征	18	19.8
土层厚度	土层厚度能表征土壤演化过程和土壤生产力，土壤越厚，容量越大，水分和养分的存储量越多，有利于植被根系的延伸，扩大植被的营养空间	16	17.6
土壤质地	土壤质地是在土壤机械组成的基础上进行归类，能表征土壤内在肥力状况	14	15.4
团聚体	团聚体的形成过程有腐殖质、矿物质和土壤生物参与，具有良好的土壤结构，在土壤的水、肥、气、热的调节和保持上具有非常重要的意义	11	12.1
土壤密度	土壤密度不仅直接影响土壤孔隙度与孔隙度大小的分配、土壤穿透阻力及土壤水、肥、气、热变化，而且间接影响植物生长及根系在土壤中的穿插和活力的大小	6	6.6
土壤结构	土壤结构是土壤单粒和土壤复粒的排列组合形式，是由土壤颗粒种类、数量、容重、孔隙度等产生的综合性质	6	6.6
其他	土壤表面积、障碍层、抗冲层、侵蚀模数和入渗系数是水土流失严重区域土壤质量评价的重要指标	8	8.8

注：文献数量是指在 136 篇文献中出现的数量，所占比例是指占采用该指标或方法文献的百分数，其中有 45 篇文献未采用物理指标进行土壤质量评价。

表 1-3　土壤质量评价化学指标的功能、文献数量及其所占比例

化学指标	指标功能	文献数量/篇	所占比例/%
SOM	SOM 具有蓄水和保肥供肥作用，在改善土壤结构和增强土壤微生物活性方面起关键性作用，是表征土壤质量变化的重要指标	118	94.4
速效磷	速效磷是植物直接吸收利用的磷素，是植物生长发育所必需的大量营养元素，表征土壤肥力质量的重要指标	104	83.2
速效钾	速效钾是植物直接吸收利用的钾素，是植物生长发育所必需的大量营养元素，表征土壤肥力质量的重要指标	97	77.6
碱解氮	碱解氮是植物直接吸收利用的氮素，是植物生长发育所必需的大量营养元素，表征土壤肥力质量的重要指标	91	72.8
pH	pH 影响大部分土壤养分有效性，只有在一定的土壤 pH 范围内土壤酶和微生物才具有活性，间接影响土壤质量	85	68.0
全氮	全氮与土壤肥力密切相关，全氮是土壤速效氮的储备指标，表征土壤氮持续供应的潜在能力	80	64.0
全磷	全磷与土壤肥力密切相关，全磷是土壤速效磷的储备指标，表征土壤磷持续供应的潜在能力	48	38.4
全钾	全钾与土壤肥力密切相关，全钾是土壤速效钾的储备指标，表征土壤钾持续供应的潜在能力	40	32.0
CEC	CEC 是保肥性、供肥性和缓冲能力的重要指标	30	24.0
EC	EC 能反映土壤盐分状况，可表征土壤酸化、次生盐碱化等土壤质量退化状况	14	11.2
含盐量	间接表征土壤保肥性、供肥性和缓冲能力	13	10.4
交换性钙	钙是植物生长发育所必需的中量营养元素	4	3.2
微量元素	有效铁、有效锰、有效铜和有效锌是植物生长发育所必需的微量营养元素	16	12.8

注：文献数量是指在 136 篇文献中出现的数量，所占比例是指占采用该指标或方法文献的百分数，其中有 11 篇文献未采用化学指标进行土壤质量评价。

表 1-4　土壤质量评价生物学指标的功能、文献数量及其所占比例

生物学指标	指标功能	文献数量/篇	所占比例/%
蔗糖酶	土壤蔗糖酶又称“土壤转化酶”，在土壤碳循环有重要作用，可以反映土壤熟化水平	26	53.1
磷酸酶	磷酸酶参与有机磷转化为植物可利用的过程，可以提高土壤磷素的有效性	22	44.9
脲酶	土壤脲酶活性与土壤氮素转化密切相关，可以表征土壤氮素有效性的高低，反映土壤氮素水平	20	40.8

续表

生物学指标	指标功能	文献数量/篇	所占比例/%
过氧化氢酶	在土壤和生物体中存在着大量的过氧化氢，过氧化氢酶能促进过氧化氢反应分解，从而增加土壤微生物活性	15	30.6
微生物生物量碳	微生物生物量碳仅占有机碳的 1% ~3%，其在参与部分有机质转化时决定了向作物提供养分的能力，在维持土壤生产力可持续性上起着决定性的作用	15	30.6
微生物生物量氮	微生物生物量氮仅占有机氮的 2% ~6%，其在调节土壤氮循环中起到重要作用	12	24.5
细菌	细菌在土壤中数量很大，但微生物量较小，其在土壤碳、氮、磷循环中起到重要作用	9	18.4
真菌	真菌在土壤中数量较小，但微生物量较大，其在推动营养物质，尤其是分解各种有机物中起到重要作用	8	16.3
放线菌	放线菌在土壤中数量和种类最多，能转化土壤有机质，其在土壤养分转化中起到重要作用	6	12.2
微生物生物量磷	微生物生物量磷包括核酸、磷酸等活性磷，其在调控土壤磷循环中起到重要作用	6	12.2
呼吸强度	呼吸强度是表征土壤有机质分解速率和土壤微生物活性的重要标志	5	10.2
C/N	微生物生物量碳与微生物生物量氮的比值	5	10.2
微生物熵	表征土壤微生物的活性	4	8.2
微生物代谢熵	表征土壤微生物代谢快慢	3	6.1
固氮菌	固氮菌参与土壤氮的固定	2	4.1
其他酶	参与土壤营养物质循环	11	22.4

注：文献数量是指在 136 篇文献中出现的数量，所占比例是指占采用该指标或方法文献的百分数，其中有 87 篇文献未采用生物学指标进行土壤质量评价。

（二）我国土壤资源的特点

我国地域面积辽阔，国土总面积约 960 万 km^2。土壤类型众多，绝对数量大，但我国多山，耕地面积小，人均耕地面积少。另外，我国土壤浪费情况十分严重，有相当一部分承包土地荒芜，或被城镇和经济开发区滥占而长期闲置。而且我国的土壤资源受自然条件的制约和人为作用的影响，土壤质量参差不齐。我国是一个相对古老的农业大国，土地开发利用相对比较充分，但可供继续开发的后备资源十分有限，且开发难度较大。

土壤污染是人类活动产生的污染物进入土壤并积累到一定程度，引起土壤质量恶化的现象。目前，我国土壤污染主要有农药与化肥污染、重金属污染、石油污染、放射性污染、病菌污染等类型。土壤污染的主要原因有：化肥与农药的过度使用，工业废水、废气及工业固体废弃物的排放。土壤质量的持续恶化已经严重影响我国可持续发展，土壤污染防治问题已经迫在眉睫（仓定稳和仓定仲，2018）。

（三）土壤健康与农产品健康

只有健康的土壤，才能生产出健康的食物，从而能够保证农产品的健康与安全。与土壤健康相关的农产品质量标准有两个：一是农产品中生命有益化合物或元素的含量及其生物有效性；二是农产品中有害或有毒物质或元素的含量，包括各种农药的残留、各种有毒重金属等。随着社会的发展，人类由传统解决温饱问题逐渐转变为提高农产品品质，尤其是营养价值。人类的主要食物都是直接或间接地来自于土壤，因此可以认为土壤中某些微量元素的缺乏间接地导致作物中某些微量元素的缺乏。例如，我国东北黑土区是我国典型的缺硒区等。土壤缺乏微量元素也会导致农田产量低，农产品质量差。另外，一些重金属污染物通过不同的途径进入土壤，给作物质量和人体健康带来一系列问题。那么什么样的土壤才算健康？有机质含量高、活性强、土壤疏松不板结、酸碱适中、营养均衡等已成为种植户评价土壤健康的重要标准（冯岩和王颖，2018）。

（四）促进农业土壤可持续发展

发展是人类亘古不变的主题，可持续发展目前是全球普遍接受的概念。可持续发展观从比经济发展和环境保护更高、更广的视角来审视环境和人类社会发展问题，强调社会经济与生态环境之间的联系，寻求人口、经济、社会、资源、环境各要素之间的相互协调与发展（杨恒山和邰继承，2014）。可持续农业的提出源于对农业所带来的环境破坏的关注。如果没有农业的可持续发展，也就谈不上人口、资源和环境的可持续发展。由于可持续发展的概念丰富，可持续农业的概念也众说纷纭。

第二节　农田土壤性质现状

一、农田土壤固碳潜力

（一）固碳潜力的定义及特点

农田土壤固碳潜力（carbon sequestration potential，CSP）是农田土壤在当地

环境条件下所具有的最大稳定碳库能力，受人类活动、土壤特性和自然环境的共同影响（Smith，2005）。土壤有机碳库是地球表层系统中最大且最具有活动性的生态系统碳库，而土壤发生性碳酸盐在形成过程中可以固存大气 CO_2，其形成与周转对于旱区碳循环具有重要影响，在全球碳循环过程中的贡献日益显著（Tan，2014）。Six 等（2002）认为，土壤对碳的固定不是无限度增加的，而存在一个最大的保持容量。在一定的气候、地形和母质条件下，如果土地利用方式不变，土壤的碳储量将趋于一个稳定值，即土壤碳库趋于饱和水平或土壤所容纳碳的最大能力（陈富荣等，2017）。农田生态系统在陆地碳循环中具有重要地位且受人为活动影响较大，通过科学合理的土地管理措施，稳定和提高农田土壤碳库储量，对于保证全球粮食安全与缓解气候变化趋势具有双重的积极意义（Smith，2004）。在全球陆地生态系统碳库中，只有农田土壤碳库是受强烈人为干扰，而又可以在较短的时间尺度上进行调节的碳库（蔡苗，2017）。目前农田土壤固碳的研究主要集中在土壤有机碳，提高农田土壤有机碳固持的途径主要有两个：①通过增加进入土壤中的有机物料来提高有机碳储量；②通过减少农田土壤的人为扰动，降低有机碳的分解速率来提高土壤有机碳固持的能力和潜力。

（二）影响农田土壤固碳潜力的因素

农田土壤固碳潜力与农田系统生物量固碳、植物残体矿化分解、土壤有机碳（SOC）矿化分解 3 个主要的碳过程有关，这 3 个主要的碳过程又受到土壤肥力条件与物质投入、植物光合效能等因素影响。如图 1-1 所示，农田土壤固碳是一个复杂的综合系统（曹丽花等，2016），影响农田土壤固碳的因素主要有施肥、灌溉、耕作强度、土地利用方式、土壤性质及其他因素等。

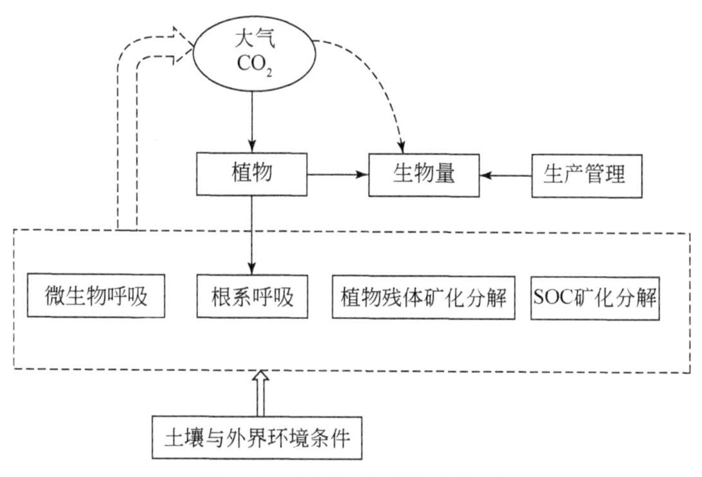

图 1-1 农田生态系统碳循环

（三）增加农田固碳潜力的途径

研究表明，如果全球在农业上采用最佳的管理措施，土壤每年固碳0.4～0.8Pg（Canadell，2002）。目前对于增加农田土壤固碳潜力的途径有保护性耕作、合理施肥、生物炭的作用、合理轮作以及合理灌溉等。

二、农田土壤养分现状

（一）土壤养分循环

土壤养分是土壤提供植物生长所必需的营养元素，是土壤中能直接或经转化后被植物根系吸收的矿质营养成分，包括氮、磷、钾、钙、镁等元素。养分可分为大量元素、中量元素和微量元素。一般来说，农田生态系统是农田养分通过不同途径输入-输出系统，由此构成农田生态系统的养分循环。人们需要对农业生产中的养分循环和能量转换进行研究，并保持农田生态系统养分输入和输出的动态平衡，只有这样才能够实现农田高产、优质的农业生态结构（刘晓永，2018）。其中，国外对养分循环的研究较早。1877年，Johnston和Cameron研究了英国的氮和钾的平衡，并指出当时英国的氮和钾均处于负平衡状态（Powlson，1997）。20世纪90年代以来，对地球化学循环和营养平衡的研究已经成为热点，1992年印度和1994年墨西哥阿卡普尔科召开了两次重大的国际会议，将地球化学循环和营养平衡的研究推向高潮（莫闲，1994；Mitchell et al.，1992）。Spiess（2011）从农场尺度上研究了2008年瑞士农场氮、磷、钾输入-输出盈亏平衡状况。在微观层面上，主要是通过分析一个或几个农场的田间试验中的营养物质输入和农作物营养物质的输出，总结养分输入-输出的变化规律，获得试验水平上的养分输入-输出平衡状况（Hashim et al.，1998；Shepherd and Soule，1998）。而国内对养分循环的研究起步较晚，但发展较快。

20世纪50年代以来，中国对农田生态系统的养分循环与平衡进行了大量的研究，并取得了很大的进展（鲁如坤等，2000）。尤其是全国第二次土壤普查，对当时中国土壤养分状况和空间变异情况有了较为全面的、系统的研究，促进了中国平衡施肥理念的深入发展（席承藩和章士炎，1994）。在近十几年来，中国养分循环研究发展迅速，涉及的对象范围大小不一，大到国家层面（陈敏鹏和陈吉宁，2007），各省、自治区、直辖市（王英等，2002），小到各县、村（赵鹏等，2007）等，均有报道。方玉东等（2006）利用自然资源数据库及GIS技术，研究不同情境设计下中国县域农田氮的平衡特征，结果表明，在全国尺度上，仅依靠化学氮肥投入远不能满足农田作物生长对氮素的需求，但是仅依靠有机肥不仅能够满足作物对氮素的需求，还有盈余；在省域尺度上，仅考虑化肥时，农田氮素处于剩余的省（自治区、直辖市）有 9 个，分别是吉林、上海、福建、陕西、天津、山西、辽宁、江苏与宁夏，而仅依靠有机肥的情况下，农田氮素处于剩余的省（自治区、直辖市）达 20 个，表明合理利用有机肥对我国农田氮素的循环与平衡有着重要意义（刘晓永，2018）。

（二）土壤养分调控

在自然土壤中，土壤养分主要来源于土壤矿物质和土壤有机质，其次是大气降水、坡渗水和地下水。在耕作土壤中，还来源于施肥和灌溉。根据植物对营养元素吸收利用的难易程度，土壤养分分为速效性养分和迟效性养分。其含量因土壤类型和地区而异，主要取决于成土母质类型、有机质含量和人为因素的影响。其有效性取决于养分的存在形态。土壤养分形态不是固定不变的，其形态转化包括化学转化、物理转化、生物转化等。土壤养分是作物摄取养分的重要来源之一，在作物的养分吸收总量中占很高比例。

我国过去 30 多年来的农业发展以高产为主要目的，将来农业发展必须以“高产高效、优质”二者并重为目的，任何仅仅以高产为目的的生产措施必将是不可持续的。地下生物是个“黑箱”，由于观念和技术的限制，过去几十年并没有完全认识到地下生物在作物养分高效利用方面的重要地位。目前，科学界已经将重心转向地下生物的调控，通过遗传育种方式筛选具有优良根系的作物品种、添加外源生物物质促进根系活力、施用生物肥料改变土壤养分转化过程、增强微生物-根系共生体系的构建等措施，来提高养分利用率，降低传统物理和化学调控的使用成本和环境风险，达到“增产、增效、优质和环保”的目标。20 世纪 90 年代以前，研究报道的植物促生菌相关的专利和文献仅有 31 个；90 年代达到 582 个；2000 年至今猛增至 22 055 个，增幅超过 20 世纪 90 年代以前的 700 倍。这表明，调控土壤微生物为主的管理措施是未来高产高效农业的重要保障。调控土壤微生物的研究已经证明，其具有广泛的提高增产潜力的作用。据报道，与传统氮磷钾施肥相比，调控土壤微生物的增产占 98%，增产幅度超过 5% 的占 87.4%，超过 10% 的占 56.6%。文献综合分析表明，各类微生物肥料的平均增产量为 12.0% ~22.3%。地下生物是影响地上植物高效吸收养分的决定性因素，21 世纪是生物的世纪，生物技术日新月异。随着一些技术瓶颈问题的解决，人们将逐步破解地下“黑箱”中生物学问题，研发靶标明确、区域适宜性强的地下微生物调控措施，实现地上-地下生物的协同调控和养分高效利用，为协调粮食安全和环境安全作出突出贡献（沈仁芳等，2017）。

三、农田土壤污染现状

（一）农田土壤的污染源及其主要污染物

我国土壤的污染源可以分为天然污染源和人为污染源。其中，天然污染源是指自然界向环境中排放的有毒有害物质；人为污染源是指人类活动所产生的污染物质。土壤污染主要是由人为活动引起的，如污水灌溉、固体废弃物利用、农药和化肥施用、大气沉降物和汽车尾气及燃烧等（邵孝侯，2005）。土壤污染物的来源具有多源性，其输入途径除地质异常外，还包括工业“三废”，以及城市污泥、垃圾等。土壤主要污染物及其来源见表 1-5（黄昌勇，2000）。

表 1-5　土壤主要污染物及其来源

类型	污染物	主要来源
无机污染物	砷	含砷农药、硫酸、化肥、医药、玻璃等工业废水
	镉	冶炼、电镀、染料等工业废水，含镉废气、肥料杂质
	铜	冶炼、铜制品生产等废水，含铜农药
	铬	冶炼、电镀、制革、印染等工业废水
	汞	制碱、汞化物生产等工业废水，含汞农药、金属汞蒸气
	铅	染料、冶炼等工业废水，汽油防爆剂燃烧排气，含铅农药
	锌	冶炼、镀锌、炼油、染料工业废水
	镍	冶炼、镀镍、炼油、染料工业废水
	氟	氟硅酸钠、磷肥及磷肥生产等工业废水，肥料污染
	盐碱	纸浆、纤维、化学工业等废水
	酸	硫酸、石油化工业、酸洗、电镀等工业废水
有机污染物	酚类	炼油、合成苯酚、橡胶、化肥农药生产等工业废水
	氰化物	电镀、冶金、印染工业废水，肥料
	3,4-苯并芘（$C_{12}H_{12}$），苯丙烯醛等	石油、炼焦等工业废水
	石油	石油开采、炼油厂、输油管道漏油
	有机农药	农业生产及使用
	多氯联苯类	人工合成品及生产废气废水
	有机悬浮物及含氮物质	城市污水、食品、纤维、纸浆等废水

（二）重金属污染特点

重金属污染特点如下：①形态多变；②金属有机态的毒性大于金属无机

态；③价态不同毒性不同；④金属羰基化合物常常剧毒；⑤迁移转化形式多；⑥重金属的物理化学行为多为可逆性，属于缓冲型污染物；⑦产生毒性效应的浓度范围低；⑧微生物不仅不能降低重金属，相反某些重金属可在土壤微生物作用下转化为金属有机化合物（如甲基汞），产生更大的毒性；⑨生物摄取重金属是积累性的，各种生物尤其是海洋生物，对重金属有较大的富集能力；⑩对人类的毒害具有累积性。重金属在土壤中的迁移过程十分复杂，且影响重金属迁移的因素有很多，如金属的化学特性、物理特性和环境条件等（夏立江和王宏康，2001）。

农药对作物防治病、虫、草害，保证作物正常生长，防止作物减产起着重大作用。但随着农药的使用，农药对农田土壤的污染越来越严重，导致作物减产，甚至威胁着人类的健康。在田间施农药时，大部分农药进入土壤，一些附着在作物上的农药，有时也会因风吹雨淋进入土壤，这是造成农田土壤污染的主要原因。农药一旦进入土壤，一部分会被土壤中的植物、动物或微生物快速吸收，一部分通过物理化学及生物化学等作用逐渐从土壤环境中消失、转化和钝化，还有一部分则是以保留其生物学活性的形式残留在土壤中。农药会对土壤生态系统造成不良的影响，首先表现为对土壤动物的危害。例如，西维因对蚯蚓的毒性最高，其他杀虫剂，如氯丹、七氯、甲拌磷、呋喃丹对蚯蚓的毒害作用也很高。施用农药后，土壤微生物群落的各个部分都会受到不同程度的影响。特别是杀菌剂对土壤微生物区系产生的影响，使土壤微生物种群和数量发生变化，进而影响生态系统的物质循环，改变营养物质的转化效率，最终导致整个生态系统的功能下降（邵孝侯，2005）。

大量使用化肥会造成蔬菜中的硝酸盐含量超标，易形成一些强致癌物；造成土壤中的某些元素过分积累和土壤理化性质的改变及环境污染；造成土壤养分失调，部分地块的有害重金属和有害病菌量超标，使作物生长性状低劣，影响作物品质；造成农产品品质降低。上述不良影响最终会导致农民收入增加缓慢甚至会降低收入（王春和，2019）。

另外，地膜污染、工业排放的废水等污染物质对农田土壤也会造成污染，进而产生土壤质量下降、农产品品质降低等问题。

（三）土壤污染防治

为防治土壤污染，需较快立法，建立健全相关制度，依法治理；摸清基数，加强预防工作，进行分类管控；科学治理，明确责任，协同管理。我国《土壤污染防治行动计划》（简称《土十条》）与《中华人民共和国土壤污染防治法》在环境污染治理方面具有创新与价值。我国土壤污染防治贯彻“预防为主、保护优先、分类管理、风险管控、污染担责、公众参与、社会监督”的总体思路，突出系统化、差异化、科学化、法制化、透明化的指导思想（郑培楷，2019）。在治理土壤中的重金属时，相关人员一定要从实际出发，清楚了解每一处污染来源，只有从源头解决重金属污染问题，才能永绝后患。在治理土壤污染的源头时，相关人员一定要从实际出发，不仅要对农业种植区进行监管，对周围排水情况进行监测，对灌溉水的成分进行监测，还要对农药化肥进行控制，将重金属对土壤的污染控制到最小（郭小桐等，2019）。图 1-2 为土壤污染防治体系概念框架。

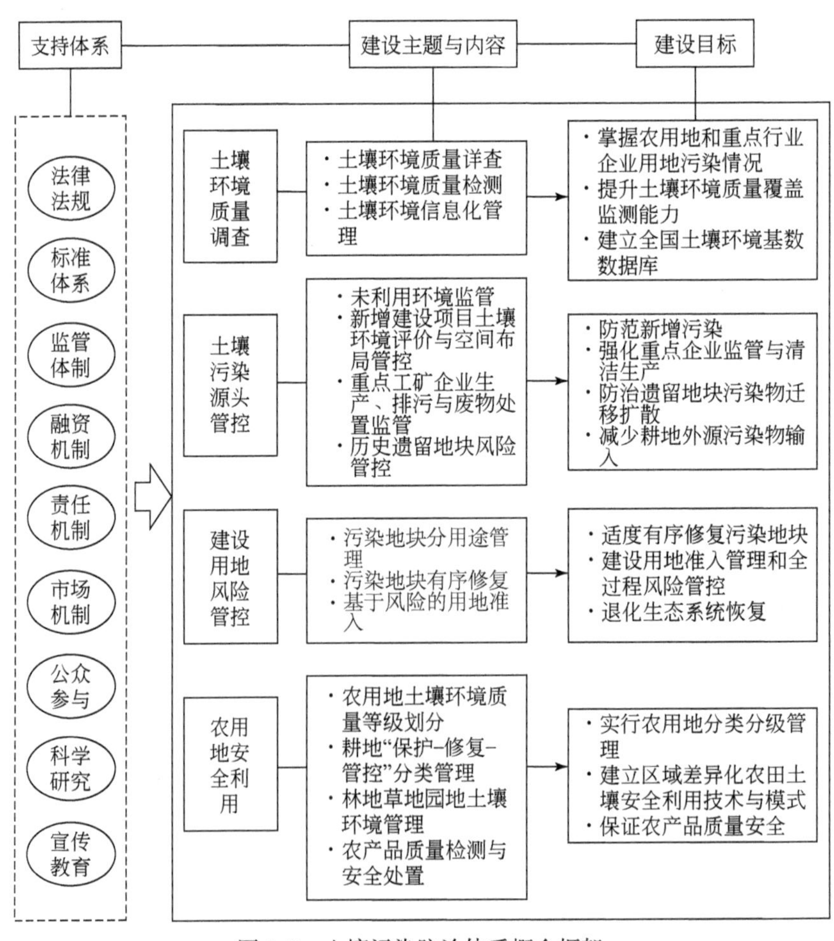

图 1-2　土壤污染防治体系概念框架

第三节　农田土壤管理与环境效应

一、农田土壤管理与面源污染

（一）农业面源污染定义

农业面源污染是指农村生活和农业生产活动中不合理使用而流失的农药化肥、残留农用薄膜、未经处理的农业畜禽粪便、水产养殖所产生的水体污染物，同时也包括农村生活污水、生活垃圾和焚烧秸秆对水体与大气造成的污染（朱云峰等，2019）。目前农业面源污染的跨学科及知识的交叉融合使得新兴研究领域和主题不断涌现，这为相关研究工作带来了挑战。相关研究表明，农业面源污染具有较强的波段特征。起源于 1976 年的农业面源污染研究，在 20 世纪 90 年代完成了以“农业面源污染及污染源识别”为特征的概念化阶段发展，并且于 90 年代末进入了以“污染原因、影响因素解析及迁移机理”为特征的细化及研究工具建设阶段，在 21 世纪初推进到以“模型模拟研究”为特征的研究工具丰富阶段。当前是以“治理”为特征的研究阶段，活跃主题多，研究热点频现（曹文杰和赵瑞莹，2019）。

（二）农田土壤管理面源污染特点

农田土壤管理面源污染特点如下：一是污染源种类较多，主要包括化肥施用、农田固体废弃物、畜禽养殖粪污、水产养殖污水和农村生活污染等；二是污染的区域差异较大，主要表现在不同区域面源污染的程度和不同区域面源污染的类型具有明显差异；三是污染监测难度较高，农业面源污染具有不确定性、分散性和滞后性等特点，这些特点的存在为农业面源污染防控工作增加了难度。弄清这些特点将有助于提高农业面源污染的防控效果（焦春海，2019）。

（三）农田土壤管理面源污染防控

针对农业面源污染，我们需加强对农业面源的防控与治理，这是农村经济发展中紧迫又艰巨的任务（陆方祥，2019）。针对农业面源污染的防控，我们应该做到以绿色发展理念为指导，全面推进农业面源污染防治；强化农业面源污染防治行动计划的实施监督，并注重实施效果的监测与评价；加强农业污染防治技术研究、推广及培训；实施多维创新，全面推进农业面源污染防治。

二、农田土壤管理与温室气体排放

CO_2是最重要的温室气体，对全球温室效应的贡献达60%，其次是CH_4和N_2O，对全球温室效应的贡献分别为15%和5%（Lashof and Ahuja，1990）。农业土壤是巨大的碳库，也是碳的源和汇，田间水分管理、施肥、秸秆还田等农业管理措施都会影响土壤呼吸。土壤呼吸又受到土壤温度的影响，大量研究表明，土壤温度的升高会促进土壤CO_2的排放（Schlesinger，2000）。土壤中CH_4的变化主要由微生物活动引起，微生物活动又受环境中植物种类、肥料状况、水分情况、氧气浓度、土壤温度等影响，有研究表明，土壤中CH_4的多少受施肥量、施肥种类、轮作方式、耕作制度等影响（Kerdchoechuen，2005）。土壤中的N_2O主要源于反硝化细菌参与下的反硝化作用，反硝化作用的强弱程度与土壤温度密切相关，土壤温度升高，土壤反硝化作用加强，土壤N_2O的排放量增加（雒新萍等，2009）。肥料的添加及施用量的多少对N_2O的释放也起着重要作用（Almaraz et al.，2009）。施用氮肥可促进土壤中N_2O的排放（Melillo et al.，2002）。地膜覆盖栽培技术具有保温保墒、提高土壤肥力、抑制杂草生长等特点，通常可提高作物产量，使农田CO_2的固定量增加。研究表明，地膜覆盖可使农田土壤处于高温高湿的环境，此环境有利于N_2O的排放（范志伟，2017），但研究取得的结果不一致（Sina et al.，2013）。在湿润多降水的地区，土壤的干湿交替有利于不覆膜农田N_2O的排放。

美国肯塔基大学植物与土壤科学系 Wei Ren 教授课题组对3049个试验结果进行了 Meta 分析，以了解三种常见气候智能型农业（climate- smart- agriculture，CSA）管理措施对土壤有机碳保持及环境控制因素的影响（Bai et al.，2019）。CSA 管理措施（如保护性耕作、覆土作物和生物炭应用）现在已被广泛使用，其目的是增加土壤有机碳（SOC）含量和减少温室气体排放，同时确保作物产量。然而，目前关于 CSA 管理措施对土壤有机碳含量的影响的试验结果差异很大，难以总结出 CSA 管理措施单项或组合使用的具体影响，并且为量化农业中减缓气候变化的潜力方面带来很大的不确定性。在第21届联合国气候变化大会上，法国政府提出了一个应对气候变化的“千分之四全球土壤增碳计划”，即每年使农业表层土壤（30~40cm 深）有机碳库增加0.4%，这将使当前大气二氧化碳浓度停止升高变成可能（French Minister of Agriculture and Agrifood and Forestry，2018）。因此，以培肥地力、阻控退化、增加作物产量和降低碳排放为前提，探寻合适的土壤碳投入途径、水肥综合管理措施、轮作休耕和保护性耕作制度等，有望在粮食安全和气候变化方面达到双赢。

三、农田土壤管理与土壤退化

土壤退化归咎于人为活动和加速的自然过程。土壤管理不善和退化产生的影响包括土壤板结和排水不畅，必需养分消耗，土壤有机质快速损失，盐分累积和土壤酸化等。土壤退化通常会加速土壤侵蚀，从而使土壤永久性失去生产力。

土壤退化是一个严重的挑战，它威胁着全球农业和畜牧业生产的可持续发展。例如，在撒哈拉沙漠以南的非洲，大约65%的土地面积发生退化，这给经济发展和人类生存带来了毁灭性的影响。撒哈拉沙漠以南的非洲土壤退化对农业生产力的主要制约因子包括土壤酸化和铝毒，养分耗竭和土壤侵蚀导致土层浅薄。这些退化土壤的缓慢修复过程已经开始，如采用平衡施肥、施用石灰，调整包括覆盖作物的轮作制度，以及阻止土壤侵蚀的措施。随着我国经济的快速发展，工业化、城市化步伐加快，耕地被占用，耕地用养失调及化肥和农药等化工产品过量使用，导致农田面积减少，耕层土壤变薄，土壤有机质含量降低，土壤养分不均衡，水土流失加剧，部分地区土壤重金属污染和酸化加重，土壤退化和污染加速，农田生态环境质量恶化（李秀军等，2018）。

防止农田土壤退化最关键的一步是合理施肥。施肥可以补充土壤中因作物收获带走的必需养分，防止土壤养分耗竭。有研究表明，合理施肥可以维持或促进土壤微生物活动，增加作物残茬归还量，维持土壤有机质水平，进而提高作物产量。土壤侵蚀带来的破坏作用可以使农场消失。河流和湖泊会被从农田流失的泥沙淤塞，危害鱼类和水生生命。侵蚀和土壤退化通常是一个缓慢的过程，最初容易被人们忽略。然而，其积累作用在许多方面是毁灭性的。在任何地方，农民都应当考虑如何保护他们珍贵的土地资源。他们的生活都依赖着他们如何保护和管理好脚下的土地。

四、土壤资源优化管理助力我国可持续发展目标实现

我国现阶段多种重大战略和举措如精准脱贫、生态文明建设、乡村振兴、农业可持续发展、土壤污染防治等既是自身发展的内在要求，也是对联合国《2030年可持续发展议程》的积极响应，因此土壤资源优化管理是国家战略顺利实施的关键环节（张甘霖和吴华勇，2018）。

（一）精准脱贫

《“十三五”脱贫攻坚规划》指出我国脱贫目标：到2020年，稳定实现现行

标准下农村贫困人口不愁吃、不愁穿，义务教育、基本医疗和住房安全保障（“两不愁、三保障”）。脱贫攻坚的9个主要任务和重要举措中有3个与土壤生态系统服务密切相关，包括产业发展脱贫、生态扶贫、提升贫困区区域发展能力。产业发展脱贫中，在立足贫困地区资源禀赋的基础上，要把土壤资源的合理利用放在首要位置。例如，粮食主产县可大规模建设高标准农田，增强粮食生产能力。非粮食主产县可调整种植结构，重点发展适合当地土壤和气候特点的品种，积极探索和发展名特优农产品种植模式。生态脆弱地区要坚持生态优先，推行利用和保护水土资源相结合的特色作物种植结构。在贫困地区因地制宜积极发展畜牧业，提高草原土壤饲草供给能力和质量，发展有竞争力的地方特色畜牧业。依托贫困地区名特优农产品、农业景观等资源，着力发展休闲农业，促进农业与旅游观光的深度融合。由湘西十八洞村的精准扶贫经验可知，规模化种植与当地土壤和气候相适宜的猕猴桃是其产业脱贫的关键举措，也用实践证明了土壤生态系统服务在精准扶贫、精准脱贫举措中的重要作用（邱晨辉，2016）。目前我国尚未脱贫的区县多处在偏远的山区，土壤资源承载力较低，但总体生态环境质量较好，必须基于土壤的特点因地制宜发展适合的产业，同时还必须兼顾其长期可持续发展能力，不能以土壤等资源的过度开发为代价。

（二）生态文明建设

“绿水青山就是金山银山”，开展生态文明建设与土壤密不可分。十八大报告将生态文明建设纳入“五位一体”的总体布局；十九大报告做出加快生态文明体制改革，建设美丽中国的重大部署。合理利用土壤资源，加强土壤污染防控，强化农业面源污染防治，增强农业固体废弃物资源化利用，推进水土流失以及土壤酸化、荒漠化、石漠化综合治理，扩大耕地轮作休耕和保护性耕作试点，加快土壤保护立法等重要举措，应该成为生态文明建设的“抓手”和“钥匙”（张甘霖和吴华勇，2018）。

（三）乡村振兴战略

农业农村农民问题是关系国计民生的根本性问题，必须始终把解决好“三农”问题作为全党工作重中之重。要确保国家粮食安全，把中国人的饭碗牢牢端在自己手中。2017年12月28~29日，中央农村工作会议首次提出走中国特色社会主义乡村振兴道路，首次明确了乡村振兴战略“三步走”的时间表。乡村振兴的最终目标是实现农业强、农村美、农民富，因而其目标实现的重要基础必将是耕地面积足、土壤质量高、生态环境好。与生态文明建设一样，土壤也必将在乡村振兴战略实施中发挥重要的作用。土壤资源的保护、治理、高效利用和可持续管理是其中非常重要的环节，既要确保适宜农业的土壤保护好、利用好，稳定和不断提高粮食生产能力，又要减少农药化学品投入，保证农产品质量和水土环境安全（张甘霖和吴华勇，2018）。

（四）农业可持续发展

美丽中国建设基于农业持续利用。为实现农业可持续发展，国家多部门采取了多种有效的行动。中共中央、国务院于 2015 年 2 月 1 日出台了《关于加大改革创新力度加快农业现代化建设的若干意见》，指出要不断加强粮食生产能力，深入推进农业结构调整，提升农产品质量和食品安全水平，强化农业科技创新驱动作用，加强农业生态治理等。2015 年 2 月 17 日农业部印发的《到 2020 年化肥使用量零增长行动方案》和《到 2020 年农药使用量零增长行动方案》对于维持土壤和食品安全、防控面源污染方面将起到积极的推动作用。2015 年 5 月 20 日，农业部等 8 部门联合印发的《全国农业可持续发展规划（2015—2030 年）》指出农业关乎国家食物安全、资源安全和生态安全。大力推动农业可持续发展，是实现“五位一体”战略布局和建设美丽中国的必然选择。2015 年 10 月 28 日，农业部印发了《耕地质量保护与提升行动方案》，提出要推动实施耕地质量保护与提升行动，着力提升耕地内在质量，实现“藏粮于地”，夯实国家粮食安全基础。2016 年 6 月 22 日，国土资源部印发了《全国土地利用总体规划纲要（2006—2020 年）调整方案》，指出至 2020 年全国耕地保有量为 18.65 亿亩①以上，基本农田保护面积为 15.46 亿亩以上。2017 年 9 月 21 日，国土资源部、农业部联合召开新闻发布会，对外公布全国已划定永久基本农田 15.50 亿亩。总体来讲，农业可持续发展中与土壤相关的重要举措主要体现在三个方面：首先是保持足够的耕作土壤面积；其次是提高土壤质量，防治土壤退化；最后是实现可持续的土壤管理，提高养分利用率，降低土壤利用过程中土壤养分耗散和流失，最终实现粮食产量、质量及生态环境的安全。

（五）土壤污染防治

美丽中国根植于健康土壤。土壤污染严重制约土壤功能和生态系统服务的发挥，深度阻碍经济、社会和环境的可持续发展。2014 年 4 月 17 日环境保护部和国土资源部发布的《全国土壤污染状况调查公报》显示，全国土壤环境状况总体不容乐观，部分地区土壤污染较重，耕地土壤环境质量堪忧，工矿业废弃地土壤环境问题突出。全国土壤总的点位超标率为 16.1%，其中镉污染点位超标率为

① 1 亩≈666.7m^2。

7.0%，滴滴涕点位超标率为1.9%。为加强土壤污染防治，逐步改善土壤环境质量，2016年5月28日国务院印发了《土壤污染防治行动计划》（简称《土十条》），明确提出要加快推进土壤污染防治立法。《土十条》可以说是土壤污染防治事业的里程碑。十九大报告指出，要强化土壤污染管控和修复，加强农业面源污染防治，开展农村人居环境整治行动。可见，土壤污染防治逐步受到了国家的高度重视。保持土壤健康是实现可持续发展的必经之路，只有健康的土壤，才能保证健康的食物、健康的生活。

参考文献

蔡苗．2017. 农田生态系统土壤碳固持效应研究．绿色科技，(18)：1-4，17.
仓定稳，仓定仲．2018. 土壤污染与治理研究现状．科技经济市场，(2)：172-173.
曹丽花，刘合满，杨东升．2016. 农田土壤固碳潜力的影响因素及其调控（综述）．江苏农业科学，44（10）：16-20.
曹文杰，赵瑞莹．2019. 国际农业面源污染研究演进与前沿——基于CiteSpace的量化分析．干旱区资源与环境，33（7）：1-9.
陈富荣，梁红霞，邢润华，等．2017. 安徽省土壤固碳潜力及有机碳汇（源）研究．土壤通报，48（4）：843-851.
陈建飞．2013. 美丽中国之健康的土壤．广州：广东科技出版社．
陈梦军，肖盛杨，舒英格．2018. 基于CNKI数据库对土壤质量评价研究现状的分析．山地农业生物学报，37（5）：41-48.
陈敏鹏，陈吉宁．2007. 中国种养系统的氮流动及其环境影响．环境科学，28（10）：2342-2349.
陈怀满. 2018. 环境土壤学（第三版）. 北京：科学出版社.
范志伟．2017. 地膜覆盖稻-油轮作农田中温室气体的排放特征及影响因素研究．重庆：西南大学硕士学位论文．
房世波，阳晶晶，周广胜．2011. 30年来我国农业气象灾害变化趋势和分布特征．自然灾害学报，20（5）：69-73.
冯岩，王颖．2018. 土壤健康．营销界（农资与市场），(24)：44.
方玉东，封志明，李泽辉. 2006. 有机肥对农田氮素养分平衡影响的初步研究. 长沙：科学数据库与信息技术学术研讨会.
郭小桐，周彦宏，周晶．2019. 农田土壤重金属污染防治措施探讨．环境与发展，31（1）：41-43.
黄昌勇．2000. 土壤学．北京：中国农业出版社．
焦春海．2019. 农业面源污染不可忽视．农村·农业·农民（B版），(1)：50-51.
李秀军，田春杰，徐尚起．2018. 我国农田生态环境质量现状及发展对策．土壤与作物，7（3）：267-275.
刘晓永．2018. 中国农业生产中的养分平衡与需求研究．北京：中国农业科学院博士学位论文.
刘影，周晏起，王毅，等. 2019. 我国蔬菜保护地土壤养分研究现状. 农业科技通讯，(2)：178-181.
鲁如坤，时正元，施建平. 2000. 我国南方6省农田养分平衡现状评价和动态变化研究. 中国农业科学，33（2）：63-67.
陆方祥. 2019. 农业面源污染防控措施探讨. 现代农业科技，(4)：156-157.
雒新萍，白红英，路莉，等. 2009. 黄绵土 N_2O 排放的温度效应及其动力学特征. 生态学报，29（3）:1226-1233.
吕子谦. 2016. 油茶壳的综合应用. 林业与生态，(7)：30-31.
莫闲. 1994. 第15届国际土壤科学大会在墨西哥召开. 土壤学进展，(1)：31.
邱晨辉. 2016. 十八洞村的科技答卷. http：//zqb. cyol. com/html/2016-11/15/nw. D110000zgqnb _ 20161115_ 2-11. htm［2020-2-14］.
邵孝侯. 2005. 农业环境学. 南京：河海大学出版社.
沈仁芳，孙波，施卫明，等. 2017. 地上-地下生物协同调控与养分高效利用. 中国科学院院刊，32（6）：566-574.
孙瑞娟，王保战，周虎，等. 2019. 新技术在土壤学中的应用. 科学，71（6）：19-24.
王春和. 2019. 浅谈智慧大棚中化肥农药的污染控制. 中国农业文摘，(3)：40-41.
王英. 2002. 黑龙江省农田养分循环与平衡状况的初步探讨. 土壤通报，33（4）：268-271.
王永敏，李西灿，田林亚，等. 2019. 土壤有机质含量地面高光谱估测模型对比分析. 国土资源遥感，31（1）：110-116.
王玉梅，张雪华，盛虎. 2019. 生态与常规种植对土壤养分、微生物及重金属的影响. 农业资源与环境学报，36（3）：361-367.
吴思远. 2018. 土壤环境机械组成特征及规律研究. 环境与发展，30（9）：198-199.
席承藩，章士炎. 1994. 全国土壤普查科研项目成果简介. 土壤学报，31（3）：330-335.
夏立江，王宏康. 2001. 土壤污染及其防治. 上海：华东理工大学出版社.
徐嘉昕，李璇，朱永超，等. 2019. 地表土壤水分的卫星遥感反演方法研究进展. 气象科技进展，(2)：17-23.
杨恒山，邰继承. 2014. 农业可持续发展理论与技术. 赤峰：内蒙古科学技术出版社.
张甘霖，吴华勇. 2018. 从问题到解决方案：土壤与可持续发展目标的实现. 中国科学院院刊，33（2）：124-134.
张建国，金斌斌. 2010. 土壤与农作. 郑州：黄河水利出版社.
赵磊. 2019. 土壤环境质量监测问题及对策建议. 产业创新研究，(4)：106-107.
赵鹏，马新明，陈阜，等. 2007. 豫东村级农业生态系统能流和养分循环特征. 农业现代化研究，28（6）：746-748.
郑培楷. 2019. 我国土壤污染现状与防治管理措施的探讨. 节能，(4)：134-135.
朱云峰，吴当，谢荣洲. 2019. 加快治理面源污染，改善农村生态环境. 唯实，(4)：57-60.
Almaraz J J, Mabood F, Zhou X M, et al. 2009. Carbon dioxide and nitrous oxide fluxes in corn grown under two tillage systems in southwestern Quebec. Soil Science Society of America Journal,

73 (1):113-119.

Bai X X, Huang Y W, Ren W, et al. 2019. Responses of soil carbon sequestration to climate-smart agriculture practices: A meta-analysis. https://doi.org/10.1111/gcb.14658 [2019-12-30].

Canadell J G. 2002. Land use effects on terrestrial carbon sources and sinks. Science in China: Series C, 45 (Supp): 1-9.

Doran J W, Coleman D C, Bezdicek D K, et al. 1994. Defining soil quality for a sustainable environment. America Soil Agronomy, 159 (1): 3-21.

French Minister of Agriculture, Agrifood and Forestry. 2018. Join in the 4‰ initiative: Soils for food security and climate. http://newsroom.unfccc.int/media/408539/4-per-1000-initiative.pdf. [2018-01-20].

Hashim G M, Coughlan K J, Syers J K, et al. 1998. On-site nutrient depletion: An effect and a cause of soil erosion//Penning De Veries F W T, Agus F, Kerr J. Soil Erosion at Multiple Scales: Principles and Methods for Assessing Causes and Impacts. CAB International, Town: 207-221.

Kerdchoechuen O. 2005. Methane emission in four rice Varieties as related to sugars and organic acids of roots and root exudates and biomass yield. Agriculture Ecosystems and Environment, (108): 155-163.

Lashof D A, Ahuja D. 1990. Relative contributions of greenhouse gas emissions to the global warming. Nature, (344): 529-531.

Melillo J M, Catricala C, Magill A, et al. 2002. Soil warming and carbon—cycle feedbacks to the climate systems. Science, 298 (2173): 188-196.

Mitchell M J, Burke M K, Shepard J P. 1992. Seasonal and spatial patterns of S, Ca, and N dynamics of a northern Hardwood forest ecosystem. Biogeochemistry, 17 (3): 165-189.

Powlson D S. 1997. Integrating agricultural nutrient management with environmental objectives-current status and future prospects. The Fertiliser Society Proceedings, 402: 42.

Schlesinger W H. 2000. Soil respiration and the global carbon cycle. Biogeochemistry, (48): 123-128.

Shepherd K D, Soule M J. 1998. Soil fertility management in west Kenya: Dynamic simulation of productivity, profitability and sustainability at different resource endowment levels. Agriculture Ecosystems and Environment, 71 (1-3): 131-145.

Sina B, Youngsun K, Janine K, et al. 2013. Plastic mulching in agriculture—Friend or foe of N_2O emissions? Agriculture Ecosystems and Environment, 167: 43-51.

Six J, Conant R T, Paui E A, et al. 2002. Stabilization mechanisms of soil organic matter: Implications for C- saturation of soils. Plant and Soil, 241 (2): 155-176.

Smith P. 2004. Carbon sequestration in croplands: The potential in Europe and global context. European Journal of Agronomy, 209 (3): 229-236.

Smith P. 2005. An overview of the permanence of soil organic carbon stocks: Influence of direct human-induced, indirect and natural effects. European Journal of Soil Science, 56 (5): 673-680.

Spiess E. 2011. Nitrogen, phosphorus and potassium balances and cycles of Swiss agriculture from

1975 to 2008. Nutrient Cycling in Agroecosystems, 91 (3): 351-365.

Tan W F, Zhang R, Cao H, et al. 2014. Soil inorganic carbon stock under different soil types and land uses on the Loess Plateau region of China. Catena, 121 (7): 22-30.

Wu F, You Y Q, Zhang X Y. 2019. Effects of various carbon nanotubes on soil bacterial community composition and structure. Environmental Science and Technology, 10: 5707-5716.

第二章　水肥一体化技术

水和肥是农业生产中的两大物质要素，它们的投入和利用情况直接影响农产品的产量、品质和生产效益，并且直接或间接影响生态环境。长期以来，缺水与肥料的大量使用成为我国农业持续健康发展的重要制约因素。我国水资源虽然丰富，但人均占有量少，区域分布也极不平衡。传统的土渠输水渗漏损失太大，占到输水量的50%～60%。据有关资料分析，全国每年各渠道渗漏损失量达1700亿m^3。我国是肥料生产大国，同时也是消费大国，据有关数据统计，我国化肥使用量已占到全球用量的35%左右。虽然近年来通过政策、科技等多方面支撑，我国化肥等农资利用率持续提高，截至2019年，我国水稻、玉米、小麦三大粮食作物化肥利用率达到39.2%，比2017年提高1.4个百分点，比2015年提高4个百分点，但由于部分区域施肥技术、肥料生产、产品不合理等多方面原因，我国肥料当季利用率仍然较低，氮肥为15%～35%，磷肥为10%～20%，钾肥为35%～50%，与美国、英国、日本、以色列等发达国家相比仍有差距。肥料的不合理使用不仅浪费了资源，加剧了地表径流的水质污染，还导致水体富营养化、地下水污染、农产品品质下降等一系列危害。因此，减少化肥使用量，提高化肥利用率已成为保障我国农业可持续发展和粮食安全的关键举措。

水肥一体化技术或称灌溉施肥（fertigation）技术，是借助管道灌溉系统，以灌溉系统中的水为载体，在灌溉的同时进行施肥，为作物适时适量的供应水和肥料，满足作物对水分和养分的需求，是实现水肥一体化同步管理和高效利用的现代农业新技术。应用水肥一体化技术，可以合理控制灌溉时间、肥料用量、养分浓度和营养元素比例，从而有效提高作物产量和品质。通过灌溉施肥技术，将养分和水分供应相结合，可避免养分淋失，减少地下水和环境污染。

加强农业面源污染治理，是转变农业发展方式、推进现代农业建设、实现农业可持续发展的重要任务。习近平总书记指出，农业发展不仅要杜绝生态环境欠新账，而且要逐步还旧账，要打好农业面源污染治理攻坚战。同时，习近平总书记在“十三五”农业发展调研时提出明确要求，“以缓解地少水缺的资源环境约束为导向，加快转变农业发展方式”。农业部于2015年印发了《农业部关于打好农业面源污染防治攻坚战的实施意见》（农科教发〔2015〕1号），提出形成全链条、全过程、全要素的农业面源污染解决方案，力争到2020年农业面源污染加剧的趋势得到有效遏制，实现“一控两减三基本”的目标。即控制农业用水总量和农业水环境污染，化肥、农药减量使用，畜禽粪污、农膜、农作物秸秆基本得到资源化利用、综合循环再利用和无害化处理，促进农业农村生产、生活、生态“三位一体”协同发展。《全国农业可持续发展规划（2015—2030年）》正式提出“一控两减三基本”目标。为贯彻落实2016年中央一号文件精神和《国民经济和社会发展第十三个五年规划纲要》要求，大力发展节水农业，控制农业用水总量，推动实施化肥施用量零增长行动，提高水肥资源利用效率，农业部于2016年制定并发布了《推进水肥一体化实施方案（2016—2020年）》。该方案明确提出“我国水资源总量不足，时空分布不均，干旱缺水严重制约着农业发展。大力发展节水农业，实施化肥使用量零增长行动，推广普及水肥一体化等农田节水技术，全面提升农田水分生产效率和化肥利用率，是保障国家粮食安全、发展现代节水型农业、转变农业发展方式、促进农业可持续发展的必由之路”。并提出“到2020年水肥一体化技术推广面积达到1.5亿亩，新增8000万亩。增产粮食450亿斤①，节水150亿方②，节肥30万吨，增效500亿元。促进粮食增产和农民增收；缓解农业生产缺水矛盾和干旱对农业生产的威胁；提高水分生产力、农业抗旱减灾能力和耕地综合生产能力”的目标任务。推进化肥农药减量增效是一项长期任务，也是在实践中不断提升的过程。2019年12月，农业农村部在召开的新闻通气会上表示，其将继续围绕质量兴农、绿色兴农，深入推进化肥农药减量增效，因地制宜，创新机制，强化措施，持续推进，确保到2020年实现化肥农药利用率达到40%的目标。因此，随着农业资源高效利用和生态环境保护的协同发展，水肥一体化技术的应用在未来将具有更为广阔的前景。

第一节　水肥一体化技术概述

一、水肥一体化技术的基本内涵

狭义来讲，水肥一体化技术就是通过灌溉系统施肥，作物在吸收水分的同时吸收养分。通常与灌溉同时进行施肥，是需要在压力作用下，将肥料溶解为溶液，注入灌溉输水管道来实现。即溶有肥料的灌溉水，通过灌水器（喷头、微喷

① 1斤=0.5kg。

② 1方=$1m^3$。

头和滴头等)，将肥液直接喷洒到作物上或滴入根区。广义来讲，水肥一体化技术就是把肥料溶解后进行施用，包含淋施、浇施、喷施、管道施用等（图 2-1）。

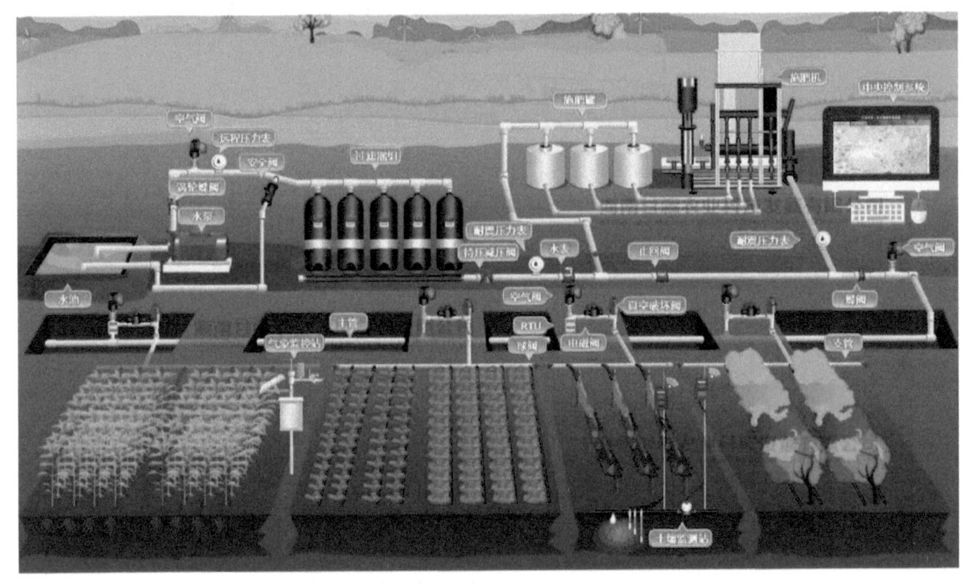

图 2-1　水肥一体化灌溉系统示意图

水肥一体化技术的理论基础，即植物生长对养分和水分的吸收过程。植物生长所需的大量营养元素是通过根系吸收的，叶面喷肥只能起到补充作用。我们施到土壤的肥料如何才能到达植物的“嘴边”呢？通常有两个过程：一个叫扩散。肥料溶解后进入土壤溶液，靠近根系表面的养分被作物吸收，土壤溶液浓度降低，远离根系表面的土壤溶液浓度相对较高，产生扩散，养分向低浓度的根系表面移动，且最终被吸收。另一个叫质流。在有阳光的情况下，植物叶片气孔打开，进行蒸腾作用（属于植物生理现象），导致水分损失。根系必须源源不断地吸收水分，以供叶片蒸腾耗水。靠近根系的水分被吸收，远处的水分就会流向根系，溶解于水中的养分也随着到达根系表面，从而被根系吸收。因此，肥料一定要溶解才能被作物吸收，不溶解的肥料植物“吃不到”，是无效的。在实践中要求灌溉和施肥同时进行（或叫水肥一体化管理），只有这样，施入土壤的肥料才能被充分吸收，肥料利用率才能大幅度提高。

二、技术优势与环境效应

水肥一体化滴灌与传统地面灌溉相比，具有以下优点。

1）提高水的利用率：滴灌水的利用率可达 95%。一般比地面浇灌节水

30% ~50%，有些作物可达80%左右，比喷灌节水10% ~20%。

2）节省肥料：适时适量地将水和营养成分直接送达根部，可提高肥料利用率。

3）节省劳力：灌溉是管网供水，操作方便，且便于自动控制，因而可节省劳力。同时灌溉是局部灌溉，大部分地表保持干燥，减少了杂草的生长，也就减少了用于除草的劳力。

4）灌溉均匀：灌溉系统能够做到有效地控制每个灌水器的出水流量，因而灌溉均匀度高，一般可达80% ~90%。

5）便于农作管理：灌溉只湿润作物根区，其行间空地保持干燥，因而在灌溉的同时，也可以进行其他农事活动，减少了灌溉与其他农作的相互影响。

6）可减少病虫害的发生：灌溉可以降低室内的空气湿度，减少蔬菜农药残留量，提高了蔬菜品质。

7）提高农作物产量：灌溉可以给作物提供更佳的生存和生长环境，使作物产量大幅度提高，一般增产幅度达30% ~80%。

8）降低能耗：灌溉比地面畦灌可减少用水量50% ~70%，因而可降低抽水的能耗，一般能耗可下降30%左右。

9）提早市场供应：使用灌溉系统，一般可提早供应市场15 ~30天。

10）延长市场供应期：改善环境，可使作物更长时间内保持生长旺盛，从而延长市场供应期，获得最佳收入。

滴灌水肥一体化使用中可能出现的问题包括如下几方面。

1）易引起堵塞：灌水器的堵塞是当前灌溉应用中最主要的问题，严重时会使整个系统无法正常工作，甚至报废。因此灌溉时水质要求较严，一般均应经过过滤，必要是还应经过沉淀和化学处理。

2）可能引起盐分积累：当对含盐量高的土壤进行滴灌或是利用咸水灌溉时，盐分会积累在湿润区的边缘，如遇到小雨，这些盐分可能会被冲到作物根区，造成盐害，这时应继续进行灌溉。在没有充分冲洗条件或是秋季无充足降水的区域，则不能在高含盐量土壤上进行灌溉或利用咸水灌溉。

3）可能限制根系生长：灌溉只湿润部分土壤，加之作物的根系有向水性，作物根系集中向湿润区生长。因此，在我国西北等一些天然降水量无法满足作物生长需求的干旱地区，灌溉时需正确布置灌水器，防止植物（尤其是多年生植物）根系集中向土壤浅层灌水湿润区生长，导致植物抗性减弱，农业生产效率降低。

第二节　国内外水肥一体化技术发展动态

一、世界范围内水肥一体化技术的研究与应用

从国外发展看，以色列、美国、加拿大、澳大利亚等国家水肥一体化技术均快速发展，广泛应用于农业生产，有成熟的经验可以借鉴。以色列由于贫瘠的沙漠土壤和炎热的气候条件，将灌溉施肥作为一种高效实用技术，根据作物不同生育期特殊的养分和水分需求采用少量多次精准供应的方式，从而获得最大的施肥效应。他们将其比喻成一种类似哺育婴儿时的“汤匙喂养”（spoon feeding）方法，能精确计算作物整个生育期内每株作物每天氮、磷、钾的需要量，按照作物需要定时、定量施肥。采用这种施肥方法，易溶性营养成分可以进入作物根区，从而最大限度提高养分利用效率和减少由于过量施肥与养分淋失带来的潜在环境风险。这为全世界在灌溉施肥技术研究和实践应用方面提供了丰富的经验（Kafkafi and Tarchitzky，2011）。

水肥一体化技术的基础是灌溉，为了缓解日益增加的世界人口粮食安全压力，人们需要不断提高灌溉水分的利用效率。20 世纪 20 年代，喷灌技术得到了很大的发展；30 年代，喷灌和轻质钢管得到大面积的应用（Keller and Bliesner，1990）。最早的细流灌溉（trickle irrigation）应用实验可以追溯到 19 世纪末，但直到 20 世纪 50 年代后期和 60 年代早期，细流灌溉才取得实质性的进步（Keller and Bliesner，1990）。便宜好用的塑料管发明以后，也就是在 70 年代，细流灌溉系统得到较快发展。细流灌溉或微灌（micro irrigation）包括滴灌、微射流灌、微喷灌和微喷射流灌。1974 年，全世界微灌面积是 6.6 万 hm^2，到 1996 年达到 298 万 hm^2（Magen and Imas，2003），到 2006 年达到了 600 万 hm^2（Sne，2006）。

应用微灌技术灌溉作物只能湿润局部土壤，这样就把作物根系分布相应地限制在湿润区域。有限的作物根系导致传统的施肥管理发生很大变化，从以前的撒施到条施或者将肥料添加到灌溉水中随水施用，目的在于满足微灌条件下作物的养分需求。按时间顺序来说，灌溉施肥是固定化灌溉系统发展后带来的结果。微灌技术的应用，使沙丘和高钙沙漠土壤变成了高附加值经济作物的高产农业土壤（Kafkafi and Bar-Yosef，1980）。应用灌溉施肥技术在沙漠地区可以栽种枣树，将灌溉水输送到每一株枣树根部，相比较将水直接灌溉在开放空间，可以更多地减少由蒸腾导致的大量水分损失。同时微灌技术还可以使一些从来不可能被农业利

用的边缘土壤种植作物。利用微灌进行施肥是一种先进的农业技术创新，可以使作物获得最高产量，同时，通过减少肥料用量和提高肥料利用效率，最大限度减少施肥对环境的污染（Hagin et al.，2002）。

目前，以色列几乎所有的果园都采用滴灌施肥系统，一般采用压力补偿滴灌，全自动化控制。其温室种植 90% 采用滴灌，主要用于高附加值的蔬菜、水果、花卉等，以色列温室滴灌的最大水利用率为 95%。滴灌在以色列的应用情况如下：①滴灌水肥一体化技术遍及各个角落。无论是农田、果园，还是公园，乃至城市的林荫道、居民门前的花卉和树木都铺设滴灌，可以说以色列的滴灌管道无处不在。②计算机精准供给肥水。广泛应用计算机进行自动化操作，完成实时控制，最终实现农业生产中水肥供应的精密性、可靠性和节省人力成本。③完善的技术推广服务体系。以色列农业部专设农业技术推广服务局，其工作的核心内容是，针对农业经营者的具体生产条件，在农场、田间、果园进行研究和示范，将最实用的农业生产先进技术无偿传授给农民。

二、中国水肥一体化技术在经济作物上的应用

从国内实践看，一方面全世界工业生产的水溶性单质肥料和复合肥料的化学成分几乎是一样的；另一方面这些肥料的施用是精确根据土壤类型、气候条件和水质状况等确定的。事实上，特别是在集约农业生产体系中，作物需肥量不是一成不变的，不同季节，不同年份，有时候甚至从白天到晚上，作物的需肥量都有所不同。一年生作物的需肥量与作物的生长发育阶段关系密切相关，从播种到收获，不同发育阶段需肥量变化很大；同样多年生果树从营养生长到生殖生长所需要的养分量变化也非常大。近年来，通过在不同区域、不同作物开展水肥一体化技术试验示范和系列试验研究，全国形成了多种适用技术模式。

目前我国的水肥一体化技术主要应用在一些经济价值较高的作物上。例如，新疆的棉花膜下水肥一体化技术已作为棉花生产的标准技术，并得到大面积推广，技术处于世界领先水平，目前的应用面积近 700 万亩。除在棉花上大面积应用外，目前已推广到加工番茄、色素菊、辣椒、玉米、蔬菜、瓜类、花卉、果树、烤烟等作物。在温室的蔬菜和花卉生产中，也广泛采用了水肥一体化技术。果树是经济价值较高的作物，也是国外应用水肥一体化技术面积最大的作物。我国水果种类多，种植面积大，水果生产已成为一些地方的经济支柱。农民迫切需要节水、节肥、省工的现代生产技术，一些地方的果农自发学习和应用水肥一体化技术，并在生产中研究改进（如海南、广东的蕉农普遍采用喷水带灌溉施肥法）。从目前的报道看，我国已在苹果、柑橘、葡萄、香蕉、荔枝、龙眼、茶叶、

甘蔗、马铃薯等作物上采用水肥一体化技术，并取得了很好的效果。水肥一体化技术主要是在新疆的棉花种植和中西部个别地方的果树、蔬菜种植方面有所推广，而在农业覆盖面积最大、灌溉水资源需求最大且近年来旱情相对比较严重的华北、东北等小麦、玉米种植区及其他一些边远地区并没有得到大面积推广。且整体而言，在水肥一体化技术实施参数的精细化程度和农业生产效率提升效果方面与发达国家相比，仍存在较大差距和提升空间（表 2-1）。物联网智能化技术的日趋成熟，为进一步推广水肥一体化技术奠定了基础。

表 2-1　世界各国总灌溉面积及水肥一体化比例

国家	总灌溉面积 /万 hm^2	喷灌面积 /万 hm^2	滴灌面积 /万 hm^2	水肥一体化面积占总灌溉面积比例/%
以色列	23. 1	6. 0	17. 0	99. 6
俄罗斯	450. 0	350. 0	2. 0	78. 2
南非	167. 0	92. 0	36. 5	76. 9
西班牙	341. 0	73. 3	162. 8	69. 2
巴西	445. 0	241. 3	32. 8	61. 6
韩国	101. 0	20. 0	40. 0	59. 4
意大利	267. 0	98. 1	57. 1	58. 1
美国	2 470. 0	1 234. 8	163. 9	56. 6
沙特	162. 0	71. 6	19. 8	56. 4
法国	290. 0	138. 0	10. 3	51. 1
乌克兰	218. 0	61. 8	4. 8	30. 6
澳大利亚	254. 5	52. 4	19. 1	28. 1
日本	250. 0	43. 0	6. 0	19. 6
埃及	342. 0	45. 0	10. 4	16. 2
叙利亚	128. 0	9. 3	6. 2	12. 1
中国	6 347. 0	300. 0	387. 0	10. 8
葡萄牙	63. 0	4. 0	2. 5	10. 3
墨西哥	620. 0	40. 0	20. 0	9. 7
伊朗	870. 0	46. 0	27. 0	8. 4
印度	6 090. 0	304. 5	189. 7	8. 1
智利	109. 0	1. 6	2. 3	3. 6
土耳其	534. 0	11. 0	2. 6	2. 5
世界总计	22 197. 0	4 279. 6	1 251. 1	24. 9

三、对水肥一体化技术的全新认识

（一）科学认知“节水灌溉”的内涵

节水灌溉是实施水肥一体化的基础和载体。然而在传统的研究与生产过程中，很容易产生一个误区——节水灌溉就是一味地减少灌溉用水量。事实上，节水灌溉的核心目的不是为了节水而节水，最终目的是获得最优的产量，对于生产过程，我们希望尽量减少水的浪费，提高水的单位生产效率。目前，国内研究和生产方面多利用土壤饱和持水率、土壤容重、蒸发量、植物需水量及植物有效水利用区间等参数来测算土壤灌水周期（一般几天至十几天为一个周期）与灌水量，但测算过程复杂，技术要求高，测算完成所获得的结论又过于死板，不利于依据土壤水分情况、降水等动态变化进行随时调整，所以在生产过程中很难向农户推广应用，且生产效率未实现最大化。

通过对国外一些发达国家节水灌溉经验的学习，以色列等国家采用的是尽量保持植物根区持续恒定的充足水分供应的生产模式，即每天进行灌溉，甚至每天进行多次灌溉，然后采用覆膜或其他形式降低水分蒸发，提高水分保持能力。这样一方面可有效防止由长期灌水引发的盐分反复危害植物毛细根的问题，另一方面可实现植物生产最大化。在干旱区，植物灌水过程中防止盐害问题甚至比水分供应问题更为重要，所以高频率、短周期的灌水技术对于生产应用具有重要的借鉴意义。而通过提高单位水肥的利用效率来增加单位面积产量，才是实现节水灌溉高效生产的真正奥秘所在。

（二）用“一体化”的思维发展水肥一体化

目前国内在研究和生产方面所谓的水肥一体化，仍存在“水多肥少”的供应现象，通过滴灌管进行肥料冲施的次数远远少于单独灌水的次数，有的仅仅是把传统生产中进行的两次或者三次人工单独追肥的操作转移到滴灌管代劳，有的甚至将灌水与施肥分开，单独进行人工追施。而真正意义上的水肥一体化是水肥“不分家”，即通过滴灌管给植物输送的不是水分，而是肥料溶液，换句话讲，即每次滴水都伴随着施肥。因此，发展水肥一体化一定要有“一体化”的思维方式，真正实现水肥“不分家”，从而提高水肥的利用效率，减少环境污染（图 2-2）。

（三）水分盐分监控技术是水肥一体化实施效果的保障

调查研究发现，对于以色列等农业生产技术先进的国家在生产过程中成功实

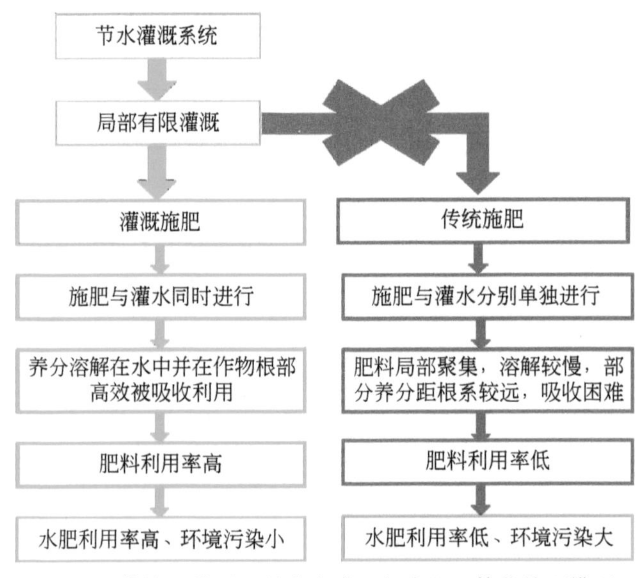

图 2-2　传统“错误”的节水灌溉与水肥一体化管理模型

施水肥一体化，其配套的设施设备只是保障其成功应用的一部分，另外一个关键要素就是对于水肥一体化实施过程的“水分盐分动态监控技术”。只有通过对动态变化的水盐移动进行系统监测及数据跟踪，才能保证水肥一体化过程的成功实施，最终达到提供农业生产效率的目的。

通过对土壤及地下水养分进行监测，发现地表水和地下水的全磷和全钾含量相对稳定，硝态氮含量变化幅度较大且随水运动十分活跃，因此，地下水在用于作物种植和灌溉施肥时，要考虑其硝态氮含量。在水肥一体化实施过程中，要进行配套的 EC、pH、硝态氮等指标动态监测与分析。系统水分盐分监控技术的使用对于中国西部旱区农业生产水肥一体化技术的推广应用将起到重要保障作用。

与此同时，植物养分诊断分析是作为水肥一体化技术实施监测过程的重要补充。通过外观观察发现养分缺失症状被称为植物养分诊断（Scaife and Turner，1983；Winsor et al.，1987）。然而专家丰富的工作经验是进行有效诊断的先决条件。这种通过观察进行诊断的缺点是，当出现养分缺失症状时，对植株的损害已经形成，并且这种缺失情况可能已经很严重，这时想再通过矫治来防止作物减产，为时已晚。另外，通过植物组织分析，也可以较好地反映出植株生长的养分状况。由于实际生产中，采用传统的土壤养分分析显示根区养分供应充足，而植株生长还是可能会出现养分缺失症状；或者由于养分过量积累造成植株中毒，其水平也能够检测出来。这样就可以及时发现问题并进行矫治，为以后制定施肥计划提供依据。但该检测分析的缺点是过程烦琐、具有破坏性，且需要相关试验设备才能开展工作。同时，为了有效矫治作物的缺素症状，尤其是一年生作物、大田作物、蔬菜和花卉等生育期短的作物，样品检测工作必须在采样后的 2～3 天内完成。

第三节　水肥一体化技术农田管理实践与环境效应

在农业生产实践中，我们清楚知道，根是作物的“嘴”，水是肥料的“腿”，如果没有“腿”，肥料是不会“走入”作物的“嘴”当中的。水肥一体化技术，则是根据作物需肥需水规律将肥料溶入到水中，定时定量直接输送到作物根系最集中的土壤区域，将水分和养分直接输送到作物“嘴”中，使作物“渴了就喝、饿了就吃”；还可以减少因挥发、淋洗而造成的水肥浪费，从而大大提高水肥利用率。在水肥一体化条件下，养分和水分的“适时适量”供应，优越的环境条件使作物根系生长处于优良的状态，根系活力和根系数量大大超过传统漫灌“干湿交替”下的成长情况（图 2-3）。

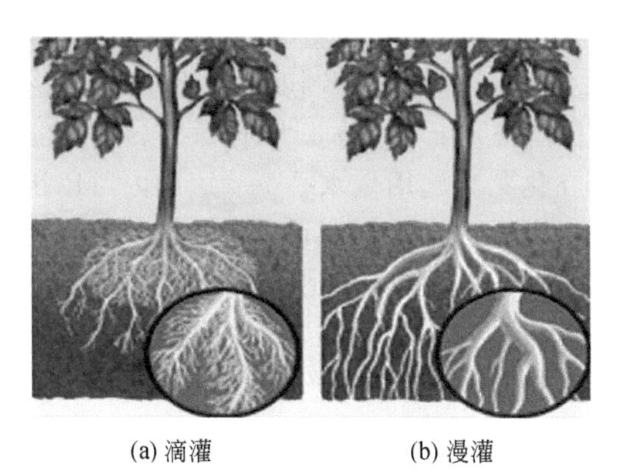

(a) 滴灌　　(b) 漫灌

图 2-3　不同灌溉方式对植物根系的影响

另外，在农业生产管理过程中，特别是在集约化农业生产系统里，肥料的需要量不是一成不变的，不同季节，不同年份，甚至一天当中的不同时间，作物的需肥量均有所不同。一年生作物与多年生果树的养分需求量差别也很大。因此，水肥供应需要依据土壤类型、植物种类、生育期长短及种植管理模式等实际情况，有针对性地制定技术方案，为作物生长提供最“舒适”的物质和环境条件。同时，要深入完善配套的实时监测技术，依据实际情况，实时调整，提高资源利用效率，减少环境污染。

一、宁夏枸杞水肥一体化技术研究

宁夏是我国西北地区典型的水资源匮乏地区之一，发展节水灌溉已成为破解宁夏水资源危机的最佳途径。截至 2015 年底，宁夏灌溉总面积为 890 万亩，其中节水灌溉面积为 466 万亩，高效节水灌溉面积只有 236 万亩，约占灌溉总面积的 27%。枸杞作为宁夏优势特色产业，其种植面积和果实产量均在全国占据重要地位，但一方面，枸杞作为一种无限花序的花果同期果树，其配套栽培技术相对较为复杂，尤其是在水肥需求与供给方面，由于植物特性的差异，其与传统葡萄等果树水肥管理模式差别较大；另一方面，枸杞作为多年生经济植物，植株长期生长在一个固定位置，每年生长发育所吸收的水分、养分来源于相对限定的区域内，因此植株生长很容易因养分缺乏或不均衡造成质量和产量下降，甚至提前衰亡。在实际生产中，传统生产体系中的大水漫灌、粗放施肥等管理方式已无法满足枸杞高产优质高效的生产需求，且水资源压力不断增加，成本不断提升，因此节水灌溉技术逐渐在枸杞种植上开始大力推广应用。然而，近年来传统研究中通过土壤饱和持水率、土壤容重、蒸发量、植物需水量及植物有效水利用区间等参数测算出的土壤灌水周期与灌水定额制度往往比较死板，不能及时地反映枸杞的水分需求。通过在田间安装土壤水分张力计，可以确定出比较精准的枸杞水分需求量。研究表明，在化肥高施用量水平下，短期内可以迅速提高土壤有效养分，但是土壤的全盐积累量也会随施肥量的增加而增加，当施肥水平达到一定程度时，树体出现肥害，生长缓慢。在水肥供应持续稳定的情况下，植株生长旺盛（如叶用枸杞产量提高 50% 以上），且在夏季结果高峰期，树体不易发生萎蔫现象。前期研究成果说明，合理的水肥生产调控有望成为解决枸杞持续优质稳产的关键。

（一）研究区概况与试验设计

叶用枸杞是以采收嫩茎叶食用为主或采叶制枸杞茶为主的枸杞品种，是我国有待开发的“药食同源”绿色木本蔬菜。叶用枸杞作为多年生宿根型木本植物，不开花，不结果，只进行营养生长，主要作为绿叶蔬菜栽培，开发利用方式与传统果用枸杞不同，且在生育期内的养分需求规律、栽培技术也与果用枸杞大不相同（赖正锋等，2010；黄国军等，2003）。目前关于叶用枸杞科学的水肥管理措施的研究鲜见报道，可查阅的文献资料显示，其水肥管理技术大多是根据传统果用枸杞种植及其他草本叶菜种植经验得出，施肥量差异较大，且多采用粗放的施肥管理模式，施肥时机、种类、数量不能与叶用枸杞的养分需求相匹配，造成严重的资源浪费，甚至引起环境污染（王蓉等，2016；吴玉恒等，2017；马革新等，2017）。因此，研究立足区域特色，尝试探索应用水肥一体化技术下不同养分配施措施对土壤碳氮特征及叶用枸杞生长的影响，筛选出适合该区域叶用枸杞高效可持续生产管理模式，以便更好地为区域特色产业生态绿色发展提供科学依据。

田间定位试验在国家林业局①枸杞工程技术研究中心的枸杞示范基地（35°25′N，106°10′E）进行，海拔约1110 m，试验区地处西北内陆，属于暖温带大陆性季风气候，昼夜温差大，年平均降水量为180mm左右，年蒸发量为1883mm左右，相对湿度为45%～60%，年平均气温为8.5℃，雨雪稀少，蒸发强烈，冬春干旱，四季多风。全年无霜期为160～170天，年平均日照时间为2800～3000h。2018年3月开始田间试验。

供试土壤属于风沙土，剖面土壤养分见表2-2。

表2-2 供试土壤养分

土层/cm	有机碳含量/(g/kg)	全氮含量/(g/kg)	全磷含量/(g/kg)	速效氮含量/(mg/kg)	速效磷含量/(mg/kg)	速效钾含量/(mg/kg)
0～20	4.83	0.41	0.56	45	13.2	66
20～40	3.76	0.34	0.60	31	9.2	61
40～60	3.61	0.15	0.63	20	7.9	59

供试枸杞品种为"宁杞9号"，是国家林业局枸杞工程技术研究中心采用倍性育种方法选育出的三倍体叶用枸杞新品种，该品种具有生长量大、生长势强、栽培性能好、适应性强等特性，其植株叶芽鲜嫩、风味良好、营养丰富，适于枸杞芽菜、芽茶的产业化开发与利用。供试肥料为尿素（含N量46%）、磷酸二氢钾（含K_2O量34%、含P_2O_5量52%）、硝酸钾（含K_2O量46%、含N量14%）。

试验以6年生叶用枸杞地（"宁杞9号"）为研究对象。试验采用二因素三水平随机区组试验设计，在传统养分施入量基础上，针对叶用枸杞养分携出比例，对氮磷质量浓度进行调整，将钾素质量浓度统一设置为40mg/L，氮素质量浓度设3个水平，即40mg/L（N1）、60mg/L（N2）、80mg/L（N3），磷素质量浓度设3个水平，即10mg/L（P1）、20mg/L（P2）、30mg/L（P3），共10个处理，分别为N1P1（N 40mg/L，P 10mg/L）；N1P2（N 40mg/L，P 20mg/L）；N1P3（N 40mg/L，P 30mg/L）；N2P1（N 60mg/L，P 10mg/L）；N2P2

① 现为国家林业和草原局。

(N 60mg/L，P 20mg/L)；N2P3 (N 60mg/L，P 30mg/L)；N3P1 (N 80mg/L，P 10mg/L)；N3P2 (N 80mg/L，P 20mg/L)；N3P3 (N 80mg/L，P 30mg/L) 以及对照（传统手工施肥，每月中旬施肥一次，全年施肥四次，N、P、K 纯养分施肥量达到 93. 5kg/亩、19. 5kg/亩和 8. 8kg/亩），每个处理重复 3 次。每小区种 5 行，小区长 10 m，宽 3. 5m，树龄 5 年，株行距 70cm×20cm，种植密度 70 000 株/hm^2，试验期间每个小区采用滴灌，灌水时间、灌水量均一致，灌水时间从 3 月底土层解冻后开始，至 11 月土壤封冻前结束，共计灌水 7500m^3/hm^2。氮、磷、钾肥按照试验设计质量浓度配置成肥液，全生育期通过比例施肥器随水施入。各处理锄草、修剪等田间管理均保持一致。

（二）结果与分析

1. 不同养分配施对土壤有机碳含量的影响

通过对不同养分配施处理下土壤有机碳含量的分析（图 2-4），结果表明，随着土层深入，土壤剖面有机碳含量整体呈现出逐渐降低的趋势；相对于传统人工施肥对照处理，水肥一体化施肥增加了各层次土壤有机碳含量，其中 0 ~ 60cm 土壤中平均有机碳含量为 2. 32 ~ 5. 02g/kg，而对照为 1. 78 ~ 2. 77g/kg。不同 N 和 P 养分组合处理下，随着养分浓度的增大，各层次土壤中有机碳含量整体呈现增加的趋势，其中 0 ~ 20cm 土壤增加趋势最明显，N2 和 N3 处理比 N1 处理分别增加 33. 33% 和 44. 14%，P2 和 P3 处理比 P1 处理分别增加 14. 48% 和 21. 51%。

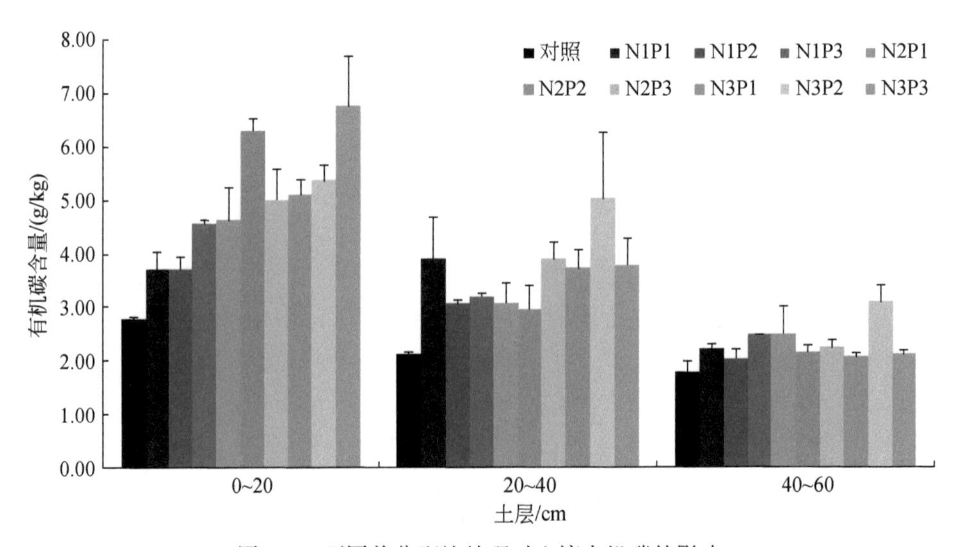

图 2-4　不同养分配施处理对土壤有机碳的影响

2. 不同养分配施对土壤有机碳组分特征的影响

通过对不同养分配施处理下土壤有机碳组分特征的分析（图 2-5 和图 2-6），结果表明，与土壤有机碳类似，相对于传统人工施肥对照处理，水肥一体化处理增加了各层次土壤易氧化态有机碳和土壤水溶性有机碳含量；不同 N 和 P 养分组合处理下，随着养分浓度的增大，土壤中易氧化态有机碳和水溶性有机碳含量变化不同，其中易氧化态有机碳变化与土壤有机碳变化趋势一致，0 ~ 20cm 土壤中易氧化态有机碳在 N2 和 N3 处理下比 N1 处理分别增加 16. 21% 和 23. 24%，但 P2 和 P3 处理比 P1 处理分别降低 21. 74% 和 25. 36%；而土壤中水溶性有机碳含量随 N 和 P 养分浓度不同无显著变化。

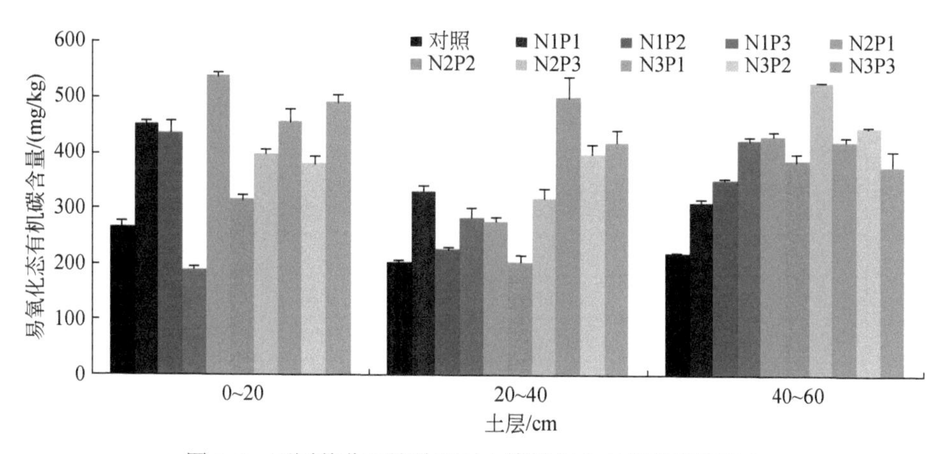

图 2-5　不同养分配施处理对土壤易氧化态有机碳的影响

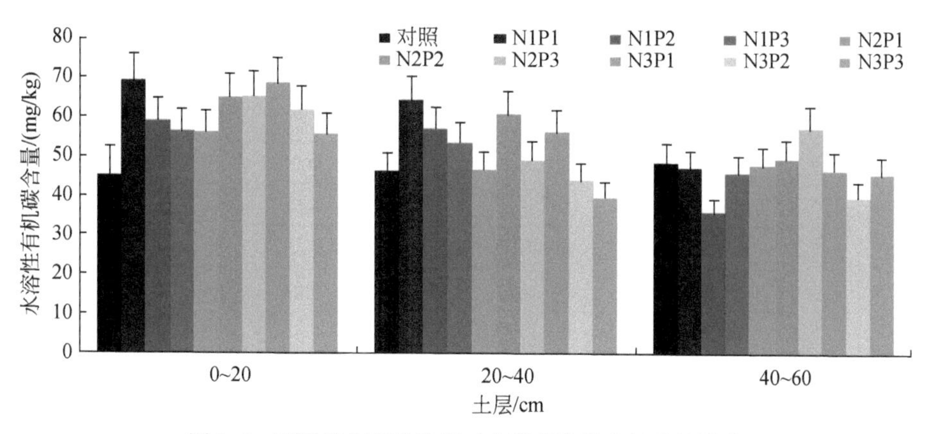

图 2-6　不同养分配施处理对土壤水溶性有机碳的影响

3. 不同养分配施对土壤碳库管理指数的影响

通过对不同养分配施处理下土壤碳库管理指数的分析（表2-3），结果表明，水肥一体化处理土壤碳库管理指数（CPMI）均高于传统人工施肥对照处理，以传统人工施肥处理作为对照土壤（CPMI=100.00），水肥一体化处理0～20cm、20～40cm、40～60cm土层土壤碳库管理指数平均为151.31、161.21和199.60。不同N和P养分组合处理下，随着N养分浓度的增加，各层次土壤碳库管理指数整体呈现增加的趋势，但不同的P养分浓度变化对土壤碳库管理指数无显著影响。

表2-3 不同养分配施处理下土壤碳库管理指数

土层/cm	处理	活性炭 AC/(mg/kg)	总有机碳 TOC/(mg/kg)	碳库活度 *A*	活度指数 AI	碳库指数 CPI	土壤碳库管理指数 CPMI
0～20	对照	266.73	2770.52	0.11	1.00	1.00	100.00
	N1P1	452.31	3698.88	0.14	1.31	1.34	174.60
	N1P2	435.60	3711.50	0.13	1.25	1.34	167.21
	N1P3	189.25	4555.79	0.04	0.41	1.64	66.90
	N2P1	538.10	4630.18	0.13	1.23	1.67	206.29
	N2P2	315.33	6311.27	0.05	0.49	2.28	112.46
	N2P3	398.38	5012.95	0.09	0.81	1.81	146.63
	N3P1	455.39	5114.10	0.10	0.92	1.85	169.38
	N3P2	380.61	5367.41	0.08	0.72	1.94	138.80
	N3P3	491.47	6766.53	0.08	0.74	2.44	179.56
20～40	对照	203.30	2115.75	0.11	1.00	1.00	100.00
	N1P1	328.82	3910.26	0.09	0.86	1.85	159.62
	N1P2	225.59	3068.90	0.08	0.75	1.45	108.26
	N1P3	282.77	3197.58	0.10	0.91	1.51	137.93
	N2P1	275.73	3080.14	0.10	0.92	1.46	134.65
	N2P2	203.33	2956.52	0.07	0.69	1.40	97.08
	N2P3	318.58	3895.00	0.09	0.84	1.84	154.27
	N3P1	500.38	3730.03	0.15	1.46	1.76	256.95
	N3P2	398.03	5022.89	0.09	0.81	2.37	192.21
	N3P3	419.73	3788.55	0.12	1.17	1.79	209.88

续表

土层/cm	处理	活性炭 AC/(mg/kg)	总有机碳 TOC/(mg/kg)	碳库活度 *A*	活度指数 AI	碳库指数 CPI	土壤碳库管理指数 CPMI
40~60	对照	219.13	1775.65	0.14	1.00	1.00	100.00
	N1P1	311.22	2217.10	0.16	1.16	1.25	144.83
	N1P2	351.69	2030.78	0.21	1.49	1.14	170.15
	N1P3	423.54	2477.08	0.21	1.47	1.40	204.37
	N2P1	430.88	2488.53	0.21	1.49	1.40	208.45
	N2P2	385.42	2146.61	0.22	1.55	1.21	187.92
	N2P3	527.36	2232.69	0.31	2.20	1.26	276.20
	N3P1	422.08	2063.91	0.26	1.83	1.16	212.25
	N3P2	446.13	3093.14	0.17	1.20	1.74	208.54
	N3P3	377.21	2112.79	0.22	1.54	1.19	183.69

4. 不同养分配施对土壤硝态氮的影响

通过对不同养分配施处理下土壤硝态氮变化的分析（图2-7和表2-4），结果表明，相对于传统人工施肥对照处理，水肥一体化处理增加了0~20cm和20~40cm土层土壤硝态氮含量，尤其是0~20cm土层，对照处理硝态氮含量为2.22mg/kg，而水肥一体化处理下硝态氮含量达到7.51~24.74mg/kg；不同土层之间，水肥一体化处理随着土层深入，土壤硝态氮含量整体呈现出逐渐降低的趋势，而对照处理硝态氮含量呈现出增加趋势，40~60cm土层土壤硝态氮含量达

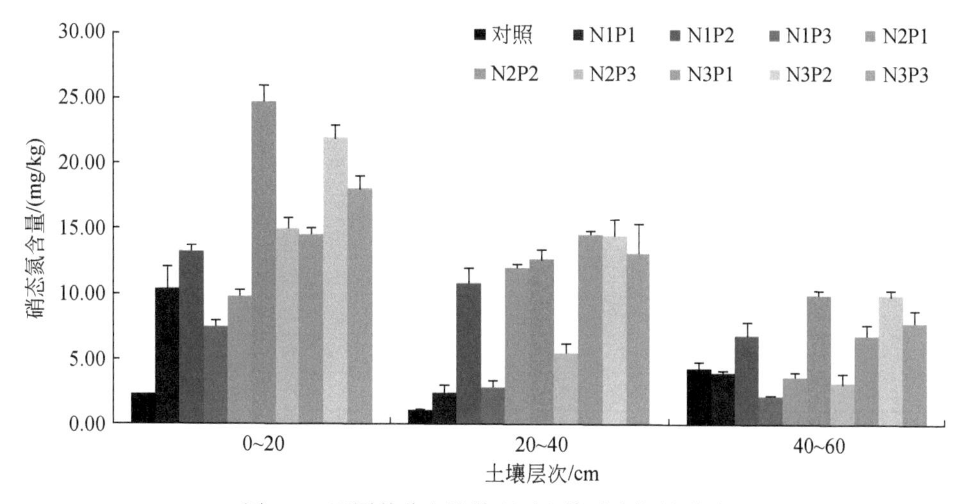

图2-7 不同养分配施处理对土壤硝态氮的影响

最大，为4.29mg/kg；不同N和P养分组合处理下，随着N养分浓度的增加，各层次土壤硝态氮含量整体呈现出增加趋势，N2和N3处理比N1处理分别增加28.24%～88.58%和75.60%～163.30%，但不同的P养分浓度下，P2处理比P1处理增加31.19%～85.00%，P3处理下土壤硝态氮呈现出降低趋势。

表2-4　不同N和P养分浓度对土壤硝态氮影响两项表分析　（单位：mg/kg）

土层	N1	N2	N3	P1	P2	P3	平均
0～20cm	10.36	16.54	18.19	11.58	19.98	13.53	15.03
20～40cm	5.34	10.07	14.06	9.65	12.66	7.16	9.82
40～60cm	4.32	5.54	8.18	4.80	8.88	4.36	6.01

注：表中N和P各养分浓度下硝态氮含量为该养分浓度下各种配施组合处理下的硝态氮含量平均值。

5. 不同养分配施对叶用枸杞产量的影响

通过对不同养分配施处理下叶用枸杞产量的分析（表2-5），结果表明，一个生长季内，相对于传统人工施肥对照处理，水肥一体化处理整体增加了叶用枸杞产量，在N2P3处理下获得最高叶用枸杞产量，为926kg/亩；通过进一步对不同N和P养分浓度下产量分析比较（表2-6），发现相对N1处理，N2和N3处理均显著增加了枸杞叶芽产量，不同的P养分浓度下，随着P浓度增加，枸杞产量呈现出显著增加的趋势，P3处理下枸杞产量最高，平均达889.0kg/亩。

表2-5　不同养分配施处理对叶用枸杞产量的影响　（单位：kg/亩）

处理	4月27日	5月2日	5月9日	5月15日	5月22日	5月30日	6月6日	6月14日	6月23日	7月1日	7月10日	7月19日	7月27日	8月7日	8月23	9月4日	9月15日	合计
对照	44	40	58	47	59	65	45	54	20	25	0	35	44	40	38	29	5	648e
N1P1	36	71	41	35	67	42	30	45	41	32	27	41	24	45	26	48	10	661e
N1P2	42	81	50	32	82	55	35	49	43	21	22	35	33	31	26	41	11	689 de
N1P3	41	98	55	33	88	60	34	51	56	39	41	46	37	55	36	74	20	864 bc
N2P1	15	81	63	33	70	56	33	47	49	31	39	37	29	36	39	35	16	709 de
N2P2	29	81	54	38	89	62	33	50	49	45	40	45	33	44	37	56	19	804c
N2P3	47	103	54	38	98	72	37	52	76	38	38	53	32	32	48	83	25	926a
N3P1	39	87	49	46	81	57	44	52	46	40	55	45	47	51	36	74	30	879 ab
N3P2	46	72	53	39	89	52	38	58	57	45	46	56	43	31	32	59	24	840 bc
N3P3	42	91	59	38	100	66	36	61	58	39	47	42	35	44	38	68	16	880 ab

注：不同小写字母表示不同处理间的差异达5%显著水平。

表 2-6　不同 N 和 P 养分浓度对枸杞产量影响两项表分析　（单位：kg/亩）

因素	N1	N2	N3	平均
P1	661	709	879	750. 0c
P2	689	804	840	778. 3b
P3	864	926	880	889. 0a
平均	738. 0b	813. 0a	866. 3a	

注：不同小写字母表示不同处理间的差异达 5% 显著水平。

（三）讨论和结论

1. 不同养分配施对土壤有机碳库的影响

土壤有机碳是土壤肥力的重要指标，对耕地生产力及其稳定性具有决定性影响。养分和水分状况是土壤中有机碳转化的重要影响因素，因此施肥和灌溉管理是直接影响土壤有机碳含量及特征的农业措施。大量研究表明，化肥或有机肥对作物本身（经济产量、地上生物量和地下残茬）和土壤理化性质的改变最终会影响碳的输入或输出，合理施用肥料能够提高土壤活性有机碳含量，显著增强土壤固碳能力，从而提高土壤质量（张亚杰等，2016；Morrow et al., 2016）。试验结果表明，传统人工施肥和水肥一体化处理间的叶用枸杞土壤有机碳、易氧化态有机碳、水溶性有机碳含量差异显著，合理施用肥料有利于提高土壤有机碳质量。相对于传统人工施肥对照处理，水肥一体化处理增加了各层次土壤有机碳含量，尤其是 0 ~ 20cm 和 20 ~ 40cm，分别增加了 81. 15% 和 71. 46%，同样地，土壤易氧化态有机碳和土壤水溶性有机碳也呈现出类似的变化趋势。其主要原因可能是叶用枸杞水肥一体化实施过程采用水肥完全同步，即始终采用向叶用枸杞植株根系输送含有低浓度养分的营养液，少量多次灌溉，以保障土壤根系微生物和植物根系活动具有良好的水、气、热条件，有利于微生物大量繁殖和有机物分解，从而形成土壤有机质和腐殖质类物质。而对照区域虽然灌水采用少量多次，但每月一次的手工施肥，造成根系周围养分浓度急剧增加和酸碱性变化剧烈，微生物生存环境相对恶劣，其繁殖和分解能力大大降低，不利于有机物分解和新鲜有机碳的补充。从不同 N 和 P 养分配比对土壤有机碳库特征的影响来看，在水肥一体化条件下，适度的提高养分浓度和合理的养分配比有利于土壤有机碳累积。本研究通过比较筛选，发现 N2 或 N3 处理，有利于土壤有机碳截存，达到增碳效应，从而呈现出随 N 浓度的增大，各层次土壤碳库管理指数整体呈现增加的趋势。可见，合理的水肥管理措施，对增加旱区土壤碳库储量具有重要意义，不仅有利于节约资源，提高利用效率，降低生产成本，同时也是养地用地的重要举措。

2. 不同养分配施对土壤硝态氮的影响

现代植物营养研究证明，植物生长需要持续不断的补充矿物质养分，只有这样才能维持其不断生产植物产品，因此对于有较高经济价值的植物来说，生产过程中会不断施加足量甚至过量的化肥以提供养分，但对于养分的比例配施及生产的植物产品质量缺乏关注。尤其对于多年生经济林枸杞类植物来讲，长期以来形成了枸杞“喜水喜肥”、大水大肥和饱和冬灌的传统管理习惯，造成土壤中养分过量，从而不断累积，甚至污染环境的问题（Wang et al., 2017；于维水等，2018）。试验研究表明，相对于传统人工施肥，水肥一体化处理增加了 0 ~ 20cm 和 20 ~ 40cm 土层土壤硝态氮含量；水肥一体化处理下，随着土层深入，土壤剖面硝态氮含量整体呈现出逐渐降低的趋势，而对照处理硝态氮呈现出增加的趋势，40 ~ 60cm 土层土壤硝态氮含量最大。主要是由于试验研究过程中，传统人工施肥实际施肥量比水肥一体化平均施肥量高出一倍以上，试验结果显示，表层土壤硝态氮含量非常低，是由于样品采集距离上次化肥施入时间达 1.5 个月以上，从土壤硝态氮含量随土层不断增加的趋势可以推测，传统人工施肥会导致土壤硝态氮不断淋失进入深层土壤，引起地下水污染等潜在环境问题。而水肥一体化处理整体采用“少量多次”技术措施，有效避免了过量养分投入造成的养分累积或流失问题。虽然表层土壤硝态氮含量相对较高，但其含量范围在 25mg/kg 以下，且未出现深层土壤硝态氮增加或累积的趋势。

3. 不同养分配施对叶用枸杞产量的影响

合理的养分浓度和配施比例是保障植物生长的关键。由于枸杞等经济林集中在西北干旱地区种植，灌溉管理是其生长发育过程必要的生产管理措施，合理的水肥灌溉模式对于枸杞类产品的产量和品质提升十分重要（王立革等，2018；董世德等，2017；徐利岗等，2016）。本研究采用水肥一体化技术措施，进行不同 N 和 P 养分浓度的筛选研究，相对于传统人工施肥处理，水肥一体化处理整体增加了叶用枸杞产量，其中在 N2P3 处理下获得最高叶用枸杞产量，为 926kg/亩，进一步分析其对土壤肥力和环境的影响，综合认为水肥一体化技术措施下，该养分配施浓度（N2P3）适宜于宁夏干旱灌区叶用枸杞生产，可以有效提高水分和养分资源的利用效率，且有利于提升产品品质。

4. 结论

在宁夏有限的水资源条件下，特色农业生产采用合理的水肥管理措施，通过水分、养分进一步调控土壤有机物质的腐解和补给，使得土壤有机碳含量提高，有利于培肥土壤，实现长期可持续生产。

针对研究区域特色作物叶用枸杞生产管理现状，本研究确定，叶用枸杞生长期内灌溉营养液中 N 浓度 60mg/L、P 浓度 30mg/L、K 浓度 40mg/L 的“少量多次”水肥一体化灌溉模式，是能够实现枸杞产量稳产高产、土壤环境与产品品质优良的水肥管理模式（康超等，2018）。

（四）技术成果

1. 制定叶用枸杞生产水肥一体化技术参数方案

在前期研究结果的基础上，制定出叶用枸杞生产水肥一体化技术参数表（表2-7），实际最终灌水量要依据操作过程中土壤水分含量与灌溉次数决定，但按照养分总携出量和养分浓度设置，叶用枸杞总灌水量原则上不能少于500m^3/亩。叶用枸杞水肥一体化应用过程中，土壤实时浸出液保持EC值在2.0ms/cm以下，NO_3^-在50～300mg/kg。这不仅为宁夏地区叶用枸杞生产提供了技术支撑，也为该区其他多年生植物栽培提供了参考依据。

表2-7 叶用枸杞生产水肥一体化技术参数

月份	天数	灌水量标准/mm	亩灌水量/(m^3/次)	灌水/(m^3/月)	N浓度/(mg/kg)	N总量/kg	P浓度/(mg/kg)	P总量/kg	K浓度/(mg/kg)	K总量/kg
4	15	4	2.67	40	60	2.401	30	1.201	40	1.601
5	24	7	4.67	112	60	6.723	30	3.362	40	4.482
6	27	8	5.34	144	60	8.644	30	4.322	40	5.763
7	27	7	4.67	126	60	7.564	30	3.782	40	5.043
8	20	6	4.00	80	60	4.802	30	2.401	40	3.202
9	10	3	2.00	20	60	1.201	30	0.600	40	0.800
总计	—	—	—	522	—	31.335	—	15.668	—	20.891

从表2-8可以看出，叶用枸杞单季N、P_2O_5、K_2O携出量分别为21.02kg/亩、10.36kg/亩、21.50kg/亩，水肥一体化技术下，N、P、K养分利用率分别达53.62%、34.51%、68.13%，较传统生产模式（传统人工施肥，每月中旬施肥一次，全年施肥四次，N、P、K纯养分施入量达到93.5kg/亩、19.5kg/亩和8.8kg/亩），利用率提高了20%～30%，养分投入综合成本减少42%。全年叶用枸杞芽菜采收合格率达96.18%，比其他区域增产50%左右（表2-9）。

通过分析，目前采收的叶用枸杞芽菜产品干物质量占比仅为10.77%，而春夏两次平茬干物质量达到89.23%。叶用枸杞用于生产芽菜的养分携出量占比很低，N、P_2O_5、K_2O占比分别为20.93%、19.69%、17.81%（表2-8），因此对于叶用枸杞枝干和平茬物的循环利用具有重要意义。

表 2-8 叶用枸杞生产养分携出量及比例分析

生产物	干物质量/(kg/亩)	占比/%	养分携出量					
			N/(kg/亩)	占比/%	P_2O_5/(kg/亩)	占比/%	K_2O/(kg/亩)	占比/%
芽菜	135.51	10.77	4.40	20.93	2.04	19.69	3.83	17.81
夏平茬	200.00	15.90	4.75	22.60	2.07	19.98	4.30	20.00
春平茬	922.56	73.33	11.87	56.47	6.25	60.33	13.37	62.19

表 2-9 叶用枸杞生产养分投入比较

指标	N	P	K	产量
初设方案/kg	27.6	9.2	18.4	
实际用量/kg	39.2	13.1	26.2	963.0
传统生产/kg	93.5	19.5	8.8	736.0
增减比例/%	-58.1	-32.8	197.7	30.8
叶用枸杞养分携出总量/kg	21.02	4.52	17.85	
水肥一体化养分利用率/%	53.62	34.51	68.13	

注：增减比例（%）=[实际用量（kg）-传统生产(kg)]/传统生产（kg)×100%；
水肥一体化养分利用率（%）=叶用枸杞养分携出总量（kg)/实际用量（kg)×100；
P 与 P_2O_5 转化系数约为 2.2914；K 与 K_2O 转化系数约为 1.2046。

2. 创新研制水肥一体化配套设施设备，促进技术实施

研究过程中，为实现水肥一体化过程中土壤溶液养分实时监测，借鉴国外有关水分养分监测的设施设备，自主创新发明单管式土壤溶液取样器（图 2-8）。单管式土壤溶液取样器特征在于取样器主体管内只有一根取液管，无单独导气

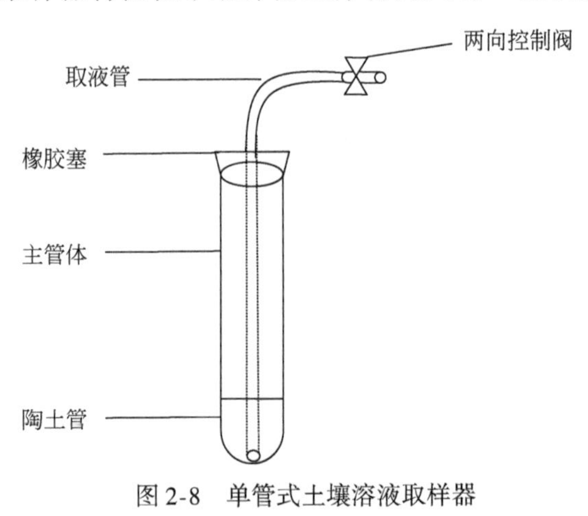

图 2-8 单管式土壤溶液取样器

管。采样前 24 小时预先通过取液管将主体管中抽成负压，关闭两向控制阀，在负压的条件下土层中的溶液通过陶土管抽吸至主体管中，打开两向控制阀，通过取液管即可抽取土壤溶液。发明的单管式土壤溶液取样器结构简单，操作方便，能有效降低成本，推广应用实用性强，可保障水肥一体化技术推广应用效果。

二、节水灌溉对宁夏旱区枸杞园土壤固碳影响机制研究

土壤有机碳是全球碳循环中最重要的碳库之一，根据功能、周转时间及化学属性的不同，土壤有机碳库可分为活性碳库、慢性碳库和惰性碳库，而土壤有机碳库的动态变化主要体现在土壤活性碳库中（吴亚丛等，2013；王棣等，2014）。因此近年来国内外学者对土壤有机碳研究的热点集中在对外界因素非常敏感、周转速度很快的土壤有机碳活性组分上。尽管活性有机碳只占土壤有机碳总量的一小部分，但能够在土壤全碳变化之前反映出土壤微小的变化，特别是能更迅速地对不同农田土壤管理措施做出响应（Weil and Magdoff，2004）。

灌溉是干旱区最主要的农田管理措施，土壤水分是碳循环过程与温室气体排放的关键驱动因子。在一定范围内，土壤水分与有机碳储量及温室气体排放通量具有显著的相关性（Davidson et al.，1998；Flanagan and Johnson，2005；Norton et al.，2008；齐玉春等，2014），因此，灌溉方式的改变带来的土壤水分含量及其分布的显著变化势必会对土壤活性有机碳储量以及其转化过程等产生重要的影响（李发东等，2012；齐玉春等，2014）。

节水灌溉是目前国家推荐且实施范围广的一种农田管理措施（邹晓霞，2013）。预计到 2020 年全国有效农田灌溉面积达到 10 亿亩以上。宁夏深居西北内陆，降水稀少，蒸发强烈，当地水资源数量少，时空分布不均，是我国水资源最为严重匮乏的地区之一。发展节水灌溉已成为破解宁夏水资源危机的最重要举措。枸杞作为宁夏优势特色经济作物，其种植面积和果实产量均在全国占据重要地位。枸杞喜水又怕积水，因此水分管理在其生产管理中占据重要地位。而在现有生产体系中，灌水仍以大水漫灌为主，易造成土壤板结、养分失衡等一系列问题（赵营等，2008；徐青和郑国琦，2009），特别是土壤有机质含量可能呈现下降趋势（李云翔等，2016；尹志荣等，2016）。当前粗放的生产管理模式已无法满足枸杞高产优质高效的生产需求，因此发展节水灌溉技术，对于改变当前宁夏水资源紧张、农业灌溉水分利用效率低的现状以及保障宁夏枸杞产业健康发展具有重要的现实意义。截至 2015 年，宁夏全区高效节水灌溉面积达到 230.6 万亩，占有效灌溉面积的 26.1%。目前，“十三五”大型节水灌溉工程正在全国范围内推进，其中包括西北节水增效工程，明确提出计划宁夏新发展节水灌溉推广 150

万亩，包括12万亩经济林果园。节水灌溉研究与技术推广应用面临前所未有的发展机遇。在这样的背景下，我们提出一个科学假设：灌溉方式的重大改变是否会对宁夏枸杞种植土壤有机碳库和农田尺度碳转化过程产生重大影响？目前多数枸杞节水抗旱研究集中在对地上生物量、产量和水分利用效率的调控上，或是根系的形态构型变化上，关于节水灌溉对土壤有机碳库及其转化过程的影响机制等方面尚未见系统报道。

鉴于此，本研究结合区域特色，以宁夏旱区典型经济林（枸杞-土壤）系统为研究对象，通过对节水灌溉方式（滴灌）与传统灌溉方式（漫灌）进行比较，揭示不同组分土壤有机碳，特别是活性组分对灌溉方式变化的响应机制；阐明不同灌溉方式对旱区土壤碳库稳定性的影响机理。本研究取得的成果一方面可提高对宁夏灌溉方式转变后土壤有机碳和土壤碳排放的变化特征及其驱动机制的认识，另一方面可为宁夏旱区枸杞寻求平衡稳产、节水、高效、固碳减排综合效应的水分可持续管理措施提供理论参考。

（一）研究区概况与试验设计

本研究于2016年5月，在国家林业局枸杞工程技术研究中心的枸杞实发基地开始田间试验。试验前0～20cm土层土壤的化学性质：有机碳为4.76g/kg，全氮为0.32g/kg，速效磷为11.7mg/kg，速效钾为65mg/kg，pH为8.54。

试验设置滴灌和漫灌两种灌溉方式，其中漫灌与当地灌水定额相同，为80 m^3/亩；滴灌管平行于枸杞种植方向（图2-9），铺设方式为“二管一”，即2根滴灌管1行枸杞树，枸杞为1m等行距，滴灌带间距为50cm，滴头间距为50cm，滴头流量为4L/h，灌水定额为10m^3/亩，每次灌水量均通过水表控制。每个处理3次重复，每个小区面积90m^2（图2-10）。为防止冬季寒冷对滴灌带的破坏，滴灌带于次年春季头水前铺设，冬麦返青后采用不同灌溉方式，具体灌水分配见表

图2-9 滴灌带安置

2-10。其余田间管理措施均与大田相同。供试肥料为尿素（含 N 量 46%）、磷酸二氢钾（含 K_2O 量 34%、含 P_2O_5 量 52%）、硝酸钾（含 K_2O 量 46%、含 N 量 14%）。供试枸杞品种为“宁杞 1 号”（5 年生）。

图 2-10　试验小区

表 2-10　不同灌溉方式对比试验处理设计

灌溉方式	灌水时间	4 月上旬至中旬	4 月下旬至 6 月下旬		6 月末至 7 月下旬	8 月上旬至 9 月下旬	10 月下旬	11 月下旬	合计
	枸杞生长物候期	萌芽展叶期	现蕾开花期	果实膨大期	夏果成熟期	秋果期	落叶期	休眠期（冬灌）	
滴灌	灌水次数	3	10		3	6	2	1	25
	单次灌水量 /(m^3/亩)	10	10		10	10	10	80	320
	间隔天数	7	7		10	10	15	—	—
漫灌	灌水次数	1	3		1	2	0	1	8
	单次灌水量 /(m^3/亩)	80	80		80	80	—	80	640
	间隔天数		20 ~ 25			25 ~ 30	—	—	—

（二）采样方法与数据处理

采集 0 ~ 200cm 土壤剖面样品，各试验小区按照“S”形 5 点采样，剔除杂物后混合制样，过 2mm 筛后，于 4℃冰箱内保存，进行土壤水分、硝铵态氮、水溶性有机碳的测定；部分样品风干后分别过 1mm 和 0.15mm 筛，进行土壤有机碳和易氧化态有机碳的测定。土壤有机质采用重铬酸钾外加热氧化法、全氮采用凯氏定氮法、全磷采用 $HClO_4$-H_2SO_4法、全钾采用 NaOH 熔融-火焰光度计法测定；土壤速效磷、速效钾分别采用 0.5 mol/L 碳酸氢钠浸提-钼锑抗比色法、1mol/L 乙酸铵浸提-火焰光度计法测定；土壤水分采用烘干法测定；土壤水溶性有机碳采用水浸提法（水土比 2∶1）测定，土壤易氧化态有机碳采用 0.02mol/L 锰酸钾氧化法测定；pH 采用水土比为 2.5∶1 的电位法测定。选取漫灌处理土壤作为对照土壤，滴灌处理土壤作为样品土壤，计算土壤碳库管理指数。

试验数据采用 Excel、DPS（Data Processing System）7.05 统计软件进行方差分析和多重比较（LSD 法）。

（三）结果分析

1. 不同灌溉方式对土壤剖面碳组分的影响

（1）不同灌溉方式对土壤有机碳含量的影响

通过对不同灌溉方式土壤有机碳含量的分析（图 2-11），结果表明，滴灌与漫灌剖面有机碳含量整体呈现出逐渐降低的趋势，分别由 3.84g/kg 降至 0.61g/kg 和 4.08g/kg 降至 0.56g/kg。其中，滴灌 0～200cm 土壤中平均有机碳含量为1.70g/kg，而漫灌为 1.61g/kg。除 0～10cm 土层滴灌处理土壤有机碳含量（3.84g/kg）低于漫灌处理（4.08g/kg）外，其他（20～200cm）各层次均高于漫灌处理，增加幅度为 1.52%～23.91%，其中 40cm 土层呈显著增加（23.91%）。

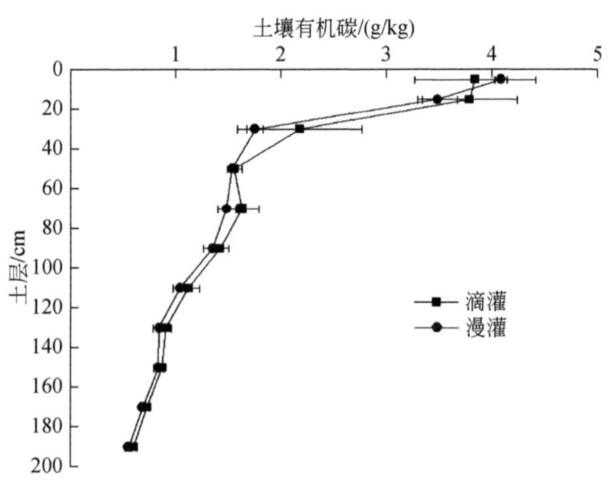

图 2-11　不同灌溉方式对土壤有机碳的影响

（2）不同灌溉方式对土壤有机碳组分特征的影响

通过对不同灌溉方式土壤有机碳组分特征的分析（表 2-11，图 2-12 和图 2-13），结果表明，与漫灌处理相比，滴灌处理对土壤易氧化态有机碳和土壤水溶性有机碳均有显著影响，滴灌与漫灌剖面活性有机碳含量整体呈现出逐渐降低的趋势，且20～60cm土层降低幅度最大，使40～60cm土层的层化比系数达到最小；但无论是滴灌处理还是漫灌处理，40～60cm土层土壤易氧化态有机碳含量均明显降低，层化比系数分别降低至89.51%和94.17%，从层次分布上出现“断层”现象。与漫灌处理相比，滴灌处理显著增加了0～10cm和10～20cm土层土壤易氧化态有机碳含量，分别增加了12.99%和18.66%，同时120～140cm土层土壤也显著增加，增加幅度达38.17%。土壤水溶性有机碳含量变化趋势与土壤易氧化态有机碳类似，总体看来，滴灌处理增加了土壤水溶性有机碳含量，其中0～10cm土层增加显著。

表2-11　不同灌溉方式土壤易氧化态有机碳含量

土层/cm	处理			
	滴灌		漫灌	
	易氧化态有机碳/(mg/kg)	层化比系数/%	易氧化态有机碳/(mg/kg)	层化比系数/%
0～10	376.90±12.11a	110.03	333.57±7.21b	115.56
10～20	342.54±4.43a	197.33	288.67±6.65b	181.64
20～40	173.59±4.18a	117.96	158.92±13.30a	113.62
40～60	147.16±11.09a	89.51	139.87±15.92a	94.17
60～80	164.40±13.13a	121.55	148.53±4.41a	133.20
80～100	135.25±10.63a	132.15	111.51±13.09a	138.01
100～120	102.35±8.18a	113.27	80.80±9.23a	123.55
120～140	90.36±10.97a	111.08	65.40±7.75b	98.15
140～160	81.35±1.33a	121.12	66.63±2.99a	120.71
160～180	67.16±1.84a	120.34	55.20±1.39a	115.32
180～200	55.81±2.32a		47.87±6.63a	

注：不同小写字母表示不同处理间的差异达5%显著水平。

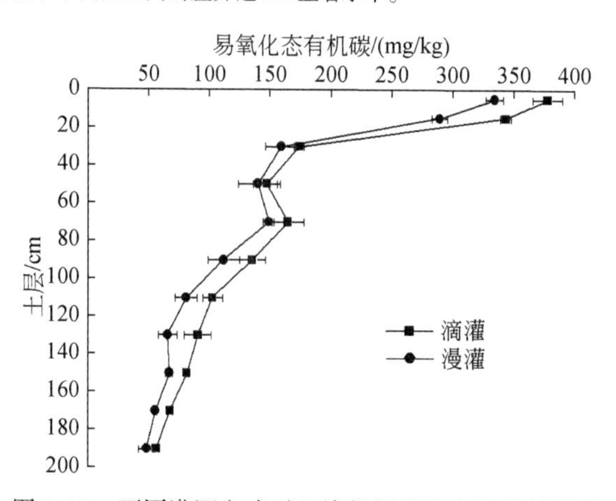

图2-12　不同灌溉方式对土壤易氧化态有机碳的影响

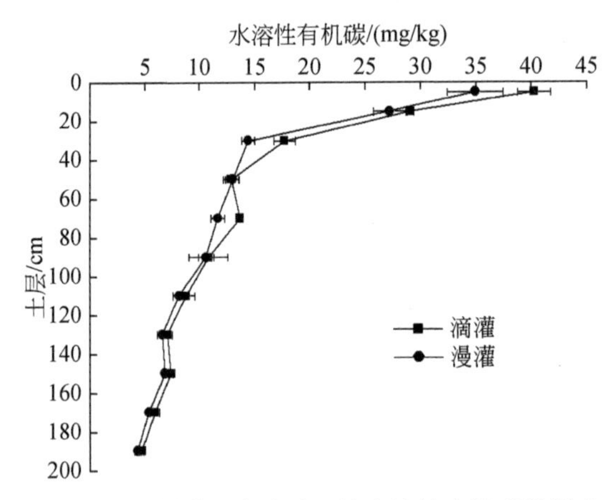

图 2-13　不同灌溉方式对土壤水溶性有机碳的影响

(3) 不同灌溉方式对土壤碳库管理指数的影响

通过对不同灌溉方式土壤碳库管理指数的分析（表 2-12），结果表明，滴灌处理土壤碳库管理指数（CPMI）均高于漫灌处理。以漫灌处理作为对照土壤（CPMI = 100. 00），滴灌处理 0 ~ 200cm 土层土壤碳库管理指数总体平均值为 117. 10。其中，滴灌处理 0 ~ 100cm 土层土壤碳库管理指数处于 105. 60 ~ 119. 65，变幅平缓，100 ~ 180cm 土层处于 122. 98 ~ 141. 55，变幅较大。

表 2-12　不同灌溉方式土壤碳库管理指数

土层/cm	处理	活性炭 AC/(mg/kg)	总有机碳 TOC/(mg/kg)	碳库活度 A	活度指数 AI	碳库指数 CPI	土壤碳库管理指数 CPMI
0 ~ 10	漫灌	333. 57	4083. 33	0. 09	1. 00	1. 00	100. 00
	滴灌	376. 90	3836. 67	0. 11	1. 22	0. 94	115. 06
10 ~ 20	漫灌	288. 67	3483. 33	0. 09	1. 00	1. 00	100. 00
	滴灌	342. 54	3786. 67	0. 10	1. 10	1. 09	119. 65
20 ~ 40	漫灌	158. 92	1756. 67	0. 10	1. 00	1. 00	100. 00
	滴灌	173. 59	2176. 67	0. 09	0. 87	1. 24	107. 96
40 ~ 60	漫灌	139. 87	1540. 00	0. 10	1. 00	1. 00	100. 00
	滴灌	147. 16	1563. 33	0. 10	1. 04	1. 02	105. 60
60 ~ 80	漫灌	148. 53	1490. 00	0. 11	1. 00	1. 00	100. 00
	滴灌	164. 40	1633. 33	0. 11	1. 01	1. 10	110. 80
80 ~ 100	漫灌	111. 51	1356. 67	0. 09	1. 00	1. 00	100. 00
	滴灌	135. 25	1426. 67	0. 10	1. 17	1. 05	122. 98

续表

土层/cm	处理	活性炭 AC/(mg/kg)	总有机碳 TOC/(mg/kg)	碳库活度 *A*	活度指数 AI	碳库指数 CPI	土壤碳库管理指数 CPMI
100~120	漫灌	80.80	1043.33	0.08	1.00	1.00	100.00
	滴灌	102.35	1123.33	0.10	1.19	1.08	128.57
120~140	漫灌	65.40	846.67	0.08	1.00	1.00	100.00
	滴灌	90.36	910.00	0.11	1.32	1.07	141.55
140~160	漫灌	66.63	836.67	0.09	1.00	1.00	100.00
	滴灌	81.35	873.33	0.10	1.19	1.04	123.90
160~180	漫灌	55.20	690.00	0.09	1.00	1.00	100.00
	滴灌	67.16	730.00	0.10	1.17	1.06	123.28
180~200	漫灌	47.87	556.67	0.09	1.00	1.00	100.00
	滴灌	55.81	606.67	0.10	1.08	1.09	117.37
平均	漫灌	136.09	1607.58	0.09	1.00	1.00	100.00
	滴灌	157.90	1696.97	0.10	1.11	1.06	117.10

2. 不同灌溉方式对土壤水分的影响

通过对不同灌溉方式9月首个灌溉日前一天土壤水分含量进行分析(图2-14),结果表明,滴灌与漫灌剖面水分含量整体呈现出逐渐降低的趋势。其中,20~60cm土层土壤水分含量最大;0~120cm土层中,滴灌土壤水分含量

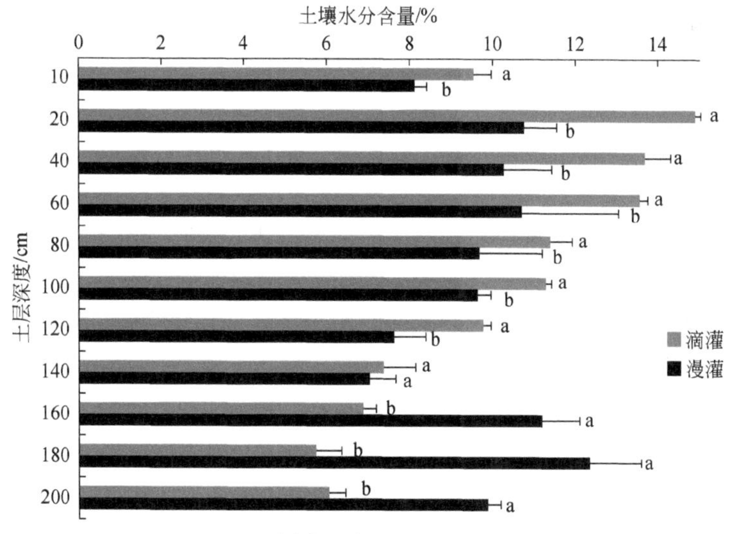

图2-14 不同灌溉方式对土壤水分的影响

显著高于漫灌，增加幅度达16.86%～38.52%，其中20～40cm土层土壤水分含量差别最大；而160～200cm土层中，漫灌土壤水分含量显著高于滴灌。

3. 不同灌溉方式对枸杞生长的影响

通过对不同灌溉方式枸杞生长的分析（表2-13），结果表明，滴灌处理和漫灌处理全年灌水量分别为306.7 m^3/亩和644.3 m^3/亩。与漫灌处理相比，滴灌处理产量仅高于漫灌处理1.4%，但水生产率却大幅提高，提高了112.12%。分析果实特性发现，两种处理枸杞果实单果重、果实横纵径无明显差异，但滴灌处理纵径2cm以上等级率比漫灌高9.22%。

表2-13　不同灌溉方式对枸杞生长的影响

处理	灌水次数	全年灌水量/(m^3/亩)	产量/(kg/亩)	水生产率/(kg/m^3)	单果重/g	果实横径/mm	果实纵径/mm	纵径2cm以上等级率/%
滴灌	29	306.7	645.48	2.10	1.62	11.43	28.58	81.7
漫灌	8	644.3	636.54	0.99	1.57	11.72	27.51	74.8
滴灌处理变幅/%	—	-52.40	1.40	112.12	3.18	-2.47	3.89	9.22

（四）讨论与结论

土壤有机质在土壤-植物体系物质循环和利用方面有着无可替代的作用，成为人们评价土壤质量和生产力高低的关键因子。土壤有机碳的数量和质量水平也直接反映土壤有机质的状况。前人研究表明，水分条件是土壤中有机碳分解转化的决定性因子之一，对于西北干旱地区而言，土壤水分的主要来源为农田灌溉。本试验在其他条件相同的情况下，设置灌溉定额与灌溉周期均不相同的两种水分管理模式——滴灌和漫灌进行比较，经过一个生长季的灌溉实施，滴灌和漫灌两种灌溉方式的全年灌水量分别为306.7m^3/亩和644.3m^3/亩。滴灌处理比漫灌处理相比，土壤水分含量呈现出上层高下层低的趋势，主要是由于滴灌属于高频率灌溉，灌溉水向下渗漏的量相对较少，枸杞根系主要生长区域在0～100cm范围，土壤水分相对处于一个稳定供应的状态。而水分的显著性差异，使得土壤有机碳和根系生长分泌的有机物质在土壤中的分解转化条件差别较大。研究发现，经过长期不同灌溉农田管理操作后，土壤中有机碳，特别是活性较强、易发生转化的有机碳组分——易氧化态有机碳和水溶性有机碳在滴灌模式下呈现出尤为显著的提升作用，尤其是0～10cm、10～20cm和120～140cm土层均有显著增加。这主要是由于表层区域植物根系生长、外源有机肥的施入，使土壤有机物质丰富，但在漫灌条件下每次灌水后土壤水分过多，促进了土壤有机物质短期内分解转化，尤其是活性有机碳，且有部分水溶性有机碳随着过多的水分淋洗而损失。同时，试验研究表明，滴灌和漫灌处理 40～60cm 土层土壤易氧化态有机碳均明显降低，层化比系数分别降低至 89.51% 和 94.17%，从层次分布上出现“断层”现象。可能是由于该土层为枸杞根系集中分布区域，土壤微生物活动也比较活跃，土壤活性有机碳易被分解转化，而在 60cm 土层以下，尤其是滴灌条件下，枸杞根系变少，土壤温度降低，土壤水分含量降低，有机碳分解转化速率明显降低。可见，合理的灌溉措施，对增加旱区土壤碳库储量具有重要意义。合理优化土壤水分管理，不仅有利于节约资源，提高利用效率，降低生产成本，同时也是养地用地的重要过程。

由于枸杞种植集中在西北干旱地区，灌溉管理是其生长发育过程必要的生产管理措施，合理的灌溉方式对于枸杞产量和品质提升十分重要。本研究采用滴灌和漫灌两种灌溉方式进行枸杞栽培管理，结果显示，两种灌溉方式下，枸杞总产量差别不明显，但由于灌溉定额降低了 52.40%，滴灌水生产率比漫灌高 112.12%，且果实纵径 2cm 以上等级率有所提高。因此，采用科学合理的灌溉模式，不仅可以提高水分和养分资源的利用效率，而且可以提升果品品质。

在宁夏有限的水资源条件下，通过滴灌能有效调控土壤碳库变化趋势，即使在短期内，总有机碳数量变化不明显，但通过水分调控，土壤有机物质的腐解和补给使得活性有机碳含量提高，土壤有机碳质量明显提升，有利于培肥枸杞果园土壤，实现长期可持续生产。

滴灌会影响土壤水分分布和碳氮循环，从而影响土壤温室气体的排放速率。滴灌频繁的干湿交替会导致土壤矿化量降低，减少 CO_2 的排放。滴灌的土壤孔隙含水率显著低于沟灌，会产生抑制反硝化作用的环境，同时滴灌影响土壤水分的配送方式，使排放的 N_2O 更少。

针对研究区域枸杞生产管理现状，通过合理的滴灌方式，将枸杞生育期内灌溉用水量减少一半，同样能够满足生长需求，实现枸杞产量保持稳定，果品品质得到提升。因此，以滴灌为主的节水灌溉将是实现区域水热资源高效利用，农业高效高产的主导型水分管理模式。

参考文献

鲍士旦. 2000. 土壤农化分析. 北京：中国农业出版社.

崔必波，韩勇，王伟义，等. 2016. 起垄覆膜与土壤脱盐剂对江苏沿海中重度盐碱地棉花成苗和产量的影响. 棉花学报，28（4）：339-344.

董世德，秦垦，万书勤，等. 2017. 不同微灌形式对土壤水肥分布和枸杞产量的影响. 节水灌溉，（8）：38-44.

郭旭新，赵英，樊会芳，等. 2019. 不同灌溉方式对猕猴桃园土壤质量的影响. 节水灌溉，

（1）：40-44.
黄国军，汪国云，张大牛，等．2003．菜用大叶枸杞引种栽培技术．江苏林业科技，（4）：34-35.
贾俊姝，康跃虎，万书勤，等．2011．不同土壤基质势对滴灌枸杞生长的影响研究．灌溉排水学报，30（6）：81-84.
康超，杨柳，王昊，等．2018．滴灌条件下不同氮磷耦合对叶用枸杞产量及其构成的影响．灌溉排水学报，37（11）：26-30.
赖正锋，张少平，吴水金，等．2010．几个菜用枸杞品种的生长特性及营养品质分析．热带作物学报，31（10）：1706-1709.
李发东，赵广帅，李运生，等．2012．灌溉对农田土壤有机碳影响研究进展．生态环境学报，21（11）：1905-1910.
李伟．2015．宁夏回族自治区优质枸杞产业发展影响因素及对策研究．北京：北京林业大学博士学位论文．
李云翔，柯英，罗健航，等．2016．宁夏主要枸杞产地土壤环境质量现状与评价．中国土壤与肥料，（2）：21-26.
马革新，张泽，温鹏飞，等．2017．施氮对不同质地滴灌棉田土壤硝态氮分布及棉花产量的影响．灌溉排水学报，36（3）：44-51.
齐玉春，郭树芳，董云社，等．2014．灌溉对农田温室效应贡献及土壤碳储量影响研究进展．中国农业科学，47（9）：1764-1773.
沈宏，曹志洪．2000．施肥对土壤不同碳形态及碳库管理指数的影响．土壤学报，37（2）：166-173.
王棣，耿增超，佘雕，等．2014．秦岭典型林分土壤活性有机碳及碳储量垂直分布特征．应用生态学报，25（6）：1569-1577.
王立革，郭珺，韩雄，等．2018．不同灌溉方式下秸秆还田对设施土壤碳、氮及蔬菜产量的影响．生态科学，37（4）：45-51.
王蓉，王伟，王娅丽，等．2016．氮素用量对叶用枸杞氮磷钾养分积累及产量的影响．北方园艺，（11）：160-163.
吴亚丛，李正才，程彩芳，等．2013．林下植被抚育对樟树人工林土壤活性有机碳库的影响．应用生态学报，24（12）：3341-3346.
吴玉恒，吴文勇，韩玉国，等．2017．注肥时间对花椰菜产量、品质和水氮利用效率的影响．灌溉排水学报，36（8）：7-12.
徐利岗，苗正伟，杜历，等．2016．干旱区枸杞树干液流变化特征及其影响因素．生态学报，36（17）：5519-5527.
徐利岗，杜历，李金泽，等．2017．基于SPAC系统的干旱区枸杞蒸腾耗水模拟与分析．节水灌溉，（7）：1-5.
徐青，郑国琦．2009．不同灌溉方式对宁夏枸杞果实主要品质的影响．江苏农业科学，6：256-258.
尹志荣，雷金银，桂林国，等．2016．宁夏主要枸杞产区水肥现状调查分析．现代农业科技，

12：85-86.

于维水，王碧胜，王士超，等．2018. 长期不同施肥下我国4种典型土壤活性有机碳及碳库管理指数的变化特征．中国土壤与肥料，(2)：29-34.

张瑞，张贵龙，姬艳艳，等．2013. 不同施肥措施对土壤活性有机碳的影响．环境科学，34 (1)：277-282.

张亚杰，钱慧慧，刘坤平，等．2016. 施肥对玉米/大豆套作土壤活性有机碳组分及碳库管理指数的影响．华南农业大学学报，37 (3)：29-36.

赵红，吕贻忠，杨希，等．2009. 不同配肥方案对黑土有机碳含量及碳库管理指数的影响．中国农业科学，42 (9)：3164-3169.

赵营，罗建航，陈晓群，等．2008. 宁夏下枸杞园土壤养分资源与枸杞根系形态调查．干旱地区农业研究，26 (1)：47-50.

邹晓霞．2013. 节水灌溉与保护性耕作应对气候变化效果分析．北京：中国农业科学院博士学位论文．

Braret B S, Singh K, Dheri G S, et al. 2013. Carbon sequestration and soil carbon pools in a rice-wheat cropping system: Effect of long-term use of inorganic fertilizers and organic manure. Soil and Tillage Research, 128: 30-36.

Bresler E. 1977. Trickle- drip irrigation: Principles and application to soil- watermanagement. Advances in Agronomy, 29: 343-393.

Culman S W, Snapp S S, Freeman M A, et al. 2012. Permanganate oxidizable carbon reflects a processed soil fraction that is sensitive to management. Soil Science Society of America Journal, 76: 494-504.

Davidson E A, Belk E, Boone R D. 1998. Soil water content and temperature as independent or confounded factors controlling soil respiration in a temperate mixed hardwood forest. Global Change Biology, 4: 217-227.

Flanagan L B, Johnson B G. 2005. Interacting effects of temperature, soil moisture and plant biomass production on ecosystem respiration in a northern temperate grassland. Agricultural and Forest Meteorology, 130: 237-253.

Hagin J, Sneh M, Lowengart-Aycicegi A. 2002. Fertigation-Fertilization throughirrigation// Johnston A E. IPI Research Topics No. 23. International Potash Institute, Basel, Switzerland.

Kafkafi U, Bar-Yosef B. 1980. Trickle irrigation and fertilization of tomatoes in highcalcareous soils. Agronomy Journal, 72: 893-897.

Kafkafi U, Tarchitzky J. 2001. 灌溉施肥：水肥高效应用技术．田有国，译．北京：中国农业出版社．

Keller J, Bliesner R D. 1990. Sprinkle and Trickle Irrigation. New York: Van Nostrand Reinhold.

Lucas S T, Weil R R. 2012. Can a labile carbon test be used to predict crop responses to improved soil organic matter management? Agronomy Journal, 104 (4): 1160-1166.

Magen H, Imas P. 2003. Fertigation-The Global View. 4th Fertigation Training Course, NWSUAF, September 2003. International Potash Institute, Basel, Switzerland.

Morrow J G, Huggins D R, Carpenter- Boggs L A, et al. 2016. Evaluating measures to assess soil health in long- term agroecosystem trials. Soil Science Society of Americal Journal, 80 (2): 450-462.

Norton U, Mosier A R, Morgan J A, et al. 2008. Moisture pulses, trace gas emissions and soil C and N in cheatgrass and native grass- dominated sagebrush- steppe in Wyoming, USA. Soil Biology and Biochemistry, 40: 1421-1431.

Scaife A, Turner M. 1983. Diagnosis of mineral disorders in plants. Vol. 2. Vegetables. London: Ministry of Agriculture, Fisheries and Food.

Sne M. 2006. Micro irrigation in arid and semi- arid regions. Guidelines for planning anddesign// Kulkarni S A. ICID- CIID. International Commission on Irrigation andDrainage. New Delhi, India.

Wang F, Weil R R, Nan X X. 2017. Total and permanganate- oxidizable organic carbon in the corn rooting zone of US Coastal Plain soils as affected by forage radish cover crops and N fertilizer. Soiland Tillage Research, 165: 247-257.

Weil R R, Magdoff F. 2004. Significance of soil organic matter to soil quality and health//Magdoff F, Weil R R. Soil Organic Matter in Sustainable Agriculture. CRC Press, Boca Raton, FL. P: 1-43.

Whitbread A M, Lefroy R D B, Blair G J. 1998. A survey of the impact of cropping on soil physical and chemical properties in northwestern New South Wales. Australian Journal of Soil Research, 36 (4): 669-682.

Winsor G, Adams P, Fiske P, et al. 1987. Diagnosis of mineral disorders inplants. Vol. 3. Glasshouse crops. London: Ministry of Agriculture, Fisheries and Food.

第三章　测土配方施肥技术

在我国，耕地面积的逐年减少及人口数量的不断增加，使粮食安全成为保障国家安全的关键（张福锁和马文奇，2000；马文奇等，2005），粮食安全关系人民福祉、国家富强和社会稳定。化肥被誉为粮食的“粮食”，是粮食增产的重要手段，在保证粮食安全中起到至关重要的作用。大量研究结果表明，化肥在粮食增产中的贡献率达到了40%～50%（张福锁，2011）。但在我国，农民长期以来都是凭经验施肥，肥料用量及氮、磷、钾施用比例不合适，肥料利用效率低，作物产量无法实现最大化，不仅造成严重的资源浪费，还对环境以及食品安全等方面产生一系列的负面影响（张福锁等，2008；Ju et al.，2009）。

针对以上问题，2005年中央一号文件明确提出，努力培肥地力。推广测土配方施肥，提高土地综合生产能力。中央领导也多次强调，要指导和帮助农民合理施用化肥，切实解决农业和农村面源污染问题。为贯彻落实中央一号文件和中央领导的批示精神，从2005年开始，农业部把科学施肥工作作为一项紧迫任务摆上重要议事日程，组织实施了测土配方施肥行动，并成立了以张福锁为组长的专家团队，为该项为民利民的大行动提供重要的技术支撑。测土配方施肥是实现耕地质量提升和化肥减量增效的重要手段，是农业部在全国范围内重点推广的一项节本增效农业技术措施。从表面看，这是一项专业性较强的农业技术应用工作，但从实际看，却体现出一种发展理念、发展方法、发展机制的重大转变，是施肥技术的一次重大革新。

第一节　测土配方施肥技术概述

一、测土配方施肥的基本内涵

测土配方施肥也称推荐施肥、平衡施肥、养分资源综合管理，是以土壤测试和肥料田间试验为基础，根据作物需肥规律、土壤供肥特性和肥料效应，在合理施用有机肥料的基础上，提出氮、磷、钾及其他中微量元素等肥料的施用数量、施肥时期和施用方法。测土配方施肥技术的核心是调节和解决作物需肥与土壤供肥之间的矛盾，同时有针对性地补充作物所需的营养元素，作物缺什么元素就补充什么元素，需要多少补多少，实现各种养分平衡供应，满足作物的需要；达到提高肥料利用率和减少用量，提高作物产量，改善农产品品质，节省劳力，节支增收的目的。

（一）测土配方施肥技术理论依据

测土配方施肥以养分归还（补偿）学说、最小养分律、同等重要律、不可代替律、报酬递减律和因子综合作用律等为理论依据，以确定养分的施肥总量和配比为主要内容。为了发挥肥料的最大增产效益，施肥必须将选用良种、肥水管理、种植密度、耕作制度和气候变化等影响肥效的诸因素结合，形成一套完整的施肥技术体系。

1. 养分归还（补偿）学说

作物产量的形成有40%～80%的养分来自土壤，但不能把土壤看作一个取之不尽、用之不竭的“养分库”。为保证土壤有足够的养分供应容量和强度，保持土壤养分的携出与输入间的平衡，必须通过施肥这一措施来实现。依靠施肥，可以把作物吸收的养分“归还”土壤，确保土壤肥力。

2. 最小养分律

作物生长发育需要吸收各种养分，但严重影响作物生长，限制作物产量的是土壤中相对含量最小的养分因素，也就是最缺的那种养分（最小养分）。如果忽视最小养分，即使继续增加其他养分，作物产量也难以提高。只有增加最小养分的量，作物产量才能相应提高。经济合理的施肥方案是，将作物所缺的各种养分同时按作物所需比例相应提高，作物才会高产。

3. 同等重要律

对作物来讲，无论是大量元素还是微量元素，都是同样重要、缺一不可的，即缺少某一种微量元素，尽管它的需要量很少，但仍会影响某种生理功能，从而导致减产，如玉米缺锌导致植株矮小而出现花白苗，水稻苗期缺锌造成僵苗，棉花缺硼使得蕾而不花，油菜缺硼会花而不实。微量元素与大量元素同等重要，不能因为需要量少而忽略。

4. 不可代替律

作物需要的各营养元素，在作物体内都有一定功效，相互之间不能替代，如缺磷不能用氮代替，缺钾不能用氮、磷配合代替。缺少什么营养元素，就必须施用含有该元素的肥料进行补充。

5. 报酬递减律

从一定土地上所得的报酬，随着向该土地投入的劳动和资本量的增大而有所增加，但达到一定水平后，随着向该土地投入的劳动和资本量的增加却在逐步减少。例如，当施肥量超过适量时，作物产量与施肥量之间的关系就不再是线型模式，而是抛物线型模式，单位施肥量的增产会呈递减趋势。

6. 因子综合作用律

作物产量高低是由影响作物生长发育诸因子综合作用的结果，但其中必有一个起主导作用的限制因子，产量在一定程度上受该限制因子的制约。为了充分发挥肥料的增产作用和提高肥料的经济效益，一方面，施肥措施必须与其他农业技术措施密切配合，发挥生产体系的综合功能；另一方面，各种养分之间的配合作用，也是提高肥效不可忽视的问题。

（二）测土配方施肥技术原则

1. 有机与无机相结合

实施测土配方施肥必须以有机肥料为基础，土壤有机质是土壤肥沃程度的重要指标。增施有机肥料可以增加土壤有机质含量，改善土壤理化生物性状，提高土壤保水保肥能力，增强土壤微生物的活性，促进化肥利用率的提高。因此，必须坚持多种形式的有机肥料投入，才能够培肥地力，实现农业可持续发展。

2. 大量、中量、微量元素配合

各种营养元素的配合是配方施肥的重要内容，随着产量的不断提高，在耕地高度集约利用的情况下，必须进一步强调氮、磷、钾肥的相互配合，并补充必要的中微量元素，才能获得高产稳产。

3. 用地与养地相结合，投入与产出相平衡

要使作物-土壤-肥料形成物质和能量的良性循环，必须坚持用养结合，投入产出相平衡。破坏或消耗了土壤肥力，就意味着降低了农业再生产的能力。

（三）测土配方施肥技术内容

测土配方施肥技术包括“测土、配方、配肥、供应、施肥指导”五个核心环节，11 项重点内容。11 项重点内容具体如下。

1. 野外调查

坚持资料收集整理与野外定点采样调查相结合，典型农户调查与随机抽样调查相结合，通过广泛深入的野外调查和取样地块农户调查，掌握耕地的立地条件、土壤理化性状与施肥管理水平。

2. 田间试验

田间试验是获得各种作物最佳施肥量、施肥时期、施肥方法的根本途径，也是筛选、验证土壤养分测试技术、建立施肥指标体系的基本环节。通过田间试验，掌握各个施肥单元不同作物优化施肥量，基、追肥分配比例，施肥时期和施肥方法；摸清土壤养分校正系数、土壤供肥量、农作物需肥参数和肥料利用率等基本参数；构建作物施肥模型，为施肥分区和肥料配方提供依据。

3. 土壤测试

测土是制定肥料配方的重要依据之一，随着我国种植业结构不断调整，高产作物品种不断涌现，施肥结构和数量发生了很大的变化，土壤养分库也发生了明显改变。通过开展土壤氮、磷、钾及其他中微量元素养分测试，了解土壤供肥能力状况。

4. 配方设计

肥料配方环节是测土配方施肥工作的核心。通过总结田间试验、土壤养分数据等，划分不同区域施肥分区；同时根据气候、地貌、土壤、耕作制度等相似性和差异性，结合专家经验，提出不同作物的施肥配方。

5. 校正试验

为保证肥料配方的准确性，最大限度地减少配方肥料批量生产和大面积应用的风险，在每个施肥分区单元，设置配方施肥、农户习惯施肥、空白施肥三个处理，以当地主要作物及其主栽品种为研究对象，对比配方施肥的增产效果，校验施肥参数，验证并完善肥料施配方，改进测土配方施肥技术参数。

6. 配方加工

配方落实到农户田间是提高和普及测土配方施肥技术的最关键环节。目前不同地区有不同的模式，其中最主要的也最具有市场前景的运作模式是市场化运作、工厂化生产、网络化经营。这种模式适应我国农村农民科技素质低、土地经营规模小、技物分离的现状。

7. 示范推广

为促进测土配方施肥技术能够落实到田间地点，既要解决测土配方施肥技术市场化运作的难题，又要让广大农民亲眼看到实际效果，这是限制测土配方施肥技术推广的“瓶颈”。建立测土配方施肥示范区，为农民创建窗口，树立样板，全面展示测土配方施肥技术效果。推广“一袋子肥”模式，将测土配方施肥技术物化成产品，打破技术推广“最后一公里”的“坚冰”。

8. 宣传培训

测土配方施肥技术宣传培训是提高农民科学施肥意识、普及技术的重要手段。农民是测土配方施肥技术的最终使用者，迫切需要向农民传授科学施肥方法和模式；同时还要加强对各级技术人员、肥料生产企业、肥料经销商的系统培训，逐步建立技术人员和肥料商持证上岗制度。

9. 数据库建立

运用计算机技术、地理信息系统、全球卫星定位系统，采用规范化的测土配方施肥数据字典，以全国第二次土壤普查、耕地地力调查、历年土壤肥料田间试验和土壤监测数据为基础，收集整理野外调查、田间试验和分析化验数据，建立不同层次、不同区域的测土配方施肥数据库。

10. 效果评价

通过对研究区施肥效益和土壤肥力进行动态监测，并及时获得农民反馈信息，对测土配方施肥的实际效果进行评价，从而不断完善管理体系、技术体系和服务体系。

11. 技术研发

重点开展田间试验、土壤养分测试、肥料配方、数据处理、专家咨询系统等方面的技术研发工作，不断提升测土配方施肥技术水平。

（四）基于田块的肥料配方设计

基于田块的肥料配方设计首先确定氮、磷、钾养分的用量，然后确定相应的肥料组合，通过提供配方肥料或发放配肥通知单，指导农民使用。肥料用量的确定方法主要包括土壤与植物测试推荐施肥方法、肥料效应函数法、土壤养分丰缺指标法和养分平衡法。

1. 土壤与植物测试推荐施肥方法

土壤与植物测试推荐施肥方法综合了目标产量法、土壤养分丰缺指标法和作物营养诊断法的优点。对于大田作物，在综合考虑有机肥、作物秸秆应用和管理措施的基础上，根据氮、磷、钾及其他中微量元素养分的不同特征，采取不同的养分优化调控与管理策略。其中，氮肥推荐根据土壤供氮状况和作物需氮量，进行实时动态监测和精确调控，包括基肥和追肥的调控；磷肥、钾肥通过土壤测试和养分平衡进行监控；中微量元素采用因缺补缺的矫正施肥策略。土壤与植物测试推荐施肥方法包括氮素实时监控施肥技术、磷钾养分恒量监控施肥技术和中微量元素养分矫正施肥技术。

（1）氮素实时监控施肥技术

根据不同土壤、不同作物、不同目标产量确定作物需氮量，以需氮量的30%～60%作为基肥用量。具体基施比例根据土壤全氮含量，同时参照当地丰缺指标来确定。一般土壤全氮含量偏低时，采用需氮量的50%～60%作为基肥；土壤全氮含量居中时，采用需氮量的40%～50%作为基肥；土壤全氮含量偏高时，采用需氮量的30%～40%作为基肥。30%～60%基肥比例可根据上述方法确定，并通过“3414”田间试验[1]进行校验，建立当地不[1]同作物的施肥指标体系。有条件的地区可在播种前对 0 ~ 20cm 土壤无机氮（或硝态氮）进行监测，调节基肥用量。

$$\text{基肥用量}=\frac{(\text{目标产量需氮量}-\text{土壤无机氮})\times(30\% \sim 60\%)}{\text{肥料中养分含量}\times\text{肥料当季利用率}} \tag{3-1}$$

式中，土壤无机氮 = 土壤无机氮测试值×0. 15×校正系数。

氮肥追肥用量推荐以作物关键生育期的营养状况诊断或土壤硝态氮的测试为依据，这是实现氮肥准确推荐的关键环节，也是控制过量施氮或施氮不足、提高氮肥利用率和减少损失的重要措施。测试项目主要包括土壤全氮含量、土壤硝态氮含量或小麦拔节期茎基部硝酸盐浓度、玉米最新展开叶的叶脉中部硝酸盐浓度，水稻采用叶色卡或叶绿素仪进行叶色诊断。

（2）磷钾养分恒量监控施肥技术

根据土壤有（速）效磷、钾含量水平，以土壤有（速）效磷、钾养分不成为实现目标产量的限制因子为前提，通过土壤测试和养分平衡监控，使土壤有（速）效磷、钾含量保持在一定范围内。对于磷肥，基本思路是根据土壤有（速）效磷测试结果和养分丰缺指标进行分级，当有（速）效磷处在中等偏上水平时，可以将目标产量需要量（只包括带出田块的收获物）的 100% ~ 110% 作为当季磷肥用量；随着有（速）效磷含量的增加，需要减少磷肥用量，直至不施；随着有（速）效磷的降低，需要适当增加磷肥用量，在极缺磷的土壤上，可以施到需要量的 150% ~ 200%。在 2 ~ 3 年后再次测土时，根据土壤有（速）效磷和产量的变化再对磷肥用量进行调整。钾肥首先需要确定施用钾肥是否有效，再参照上面方法确定钾肥用量，但需要考虑有机肥和秸秆还田带入的钾量。一般大田作物磷、钾肥料全部做基肥。

（3）中微量元素养分矫正施肥技术

中微量元素养分的含量变幅大，作物对其需要量也各不相同，主要与土壤特性（尤其是母质）、作物种类和产量水平等有关。矫正施肥就是通过土壤测试，评价土壤中微量元素养分的丰缺状况，进行有针对性的因缺补缺的施肥。

2. 肥料效应函数法

根据“3414”田间试验结果，建立当地主要作物的肥料效应函数，直接获得某一区域、某种作物的氮、磷、钾肥料的最佳施用量，为肥料配方和施肥推荐提

---

① “3414”田间试验是指氮、磷、钾三因素，每因素四水平，共 14 个处理的肥料试验设计方案。四水平的含义：0 水平指不施肥，2 水平指当地推荐施肥量，1 水平 =2 水平×0. 5（施肥不足水平），3 水平 = 2 水平×1. 5（过量施肥水平）。14 个处理分别为 $N_0P_0K_0$、$N_0P_2K_2$、$N_1P_2K_2$、$N_2P_0K_2$、$N_2P_1K_2$、$N_2P_2K_2$、$N_2P_3K_2$、$N_2P_2K_0$、$N_2P_2K_1$、$N_2P_2K_3$、$N_3P_2K_2$、$N_1P_1K_2$、$N_1P_2K_1$、$N_2P_1K_1$。

供依据。

3. 土壤养分丰缺指标法

通过土壤养分测试结果和田间肥效试验结果，建立不同作物、不同区域的土壤养分丰缺指标，提供肥料配方。

土壤养分丰缺指标田间试验采用“3414”部分实施方案，即“3414”田间试验方案中的处理 1、处理 2、处理 4、处理 6 和处理 8。处理 1 为空白对照（CK），处理6 为全肥区（NPK），处理2、处理4、处理8 为缺素区（即 PK、NK 和 NP）。收获后计算产量，用缺素区产量占全肥区产量百分数，即相对产量的高低来表达土壤养分的丰缺情况。相对产量低于50% 的土壤养分为极低，在50% ~ 60%（不含）的为低，在 60% ~70%（不含）的为较低，在 70% ~80%（不含）的为中，在 80% ~90%（不含）的为较高，在 90%（含）以上的为高，从而确定适用于某一区域、某种作物的土壤养分丰缺指标及对应的肥料施用数量。对该区域其他田块，通过土壤养分测试，就可以了解土壤养分的丰缺状况，提出相应的推荐施肥量。

4. 养分平衡法

（1）基本原理与计算方法

根据作物目标产量需肥量与土壤供肥量之差估算施肥量，计算公式为

$$\text{施肥量}=\frac{\text{目标产量所需养分总量}-\text{土壤供肥量}}{\text{肥料中养分含量}\times\text{肥料当季利用率}} \tag{3-2}$$

养分平衡法涉及目标产量、作物需肥量、土壤供肥量、肥料利用率和肥料中有效养分含量五大参数。土壤供肥量即为“3414”田间试验方案中处理 1 的作物养分吸收量。目标产量确定后，因土壤供肥量的确定方法不同，形成了地力差减法和土壤有效养分校正系数法两种。

地力差减法是根据作物目标产量与基础产量之差来计算施肥量的一种方法，计算公式为

$$\text{施肥量}=\frac{(\text{目标产量}-\text{基础产量})\times\text{单位产量养分吸收量}}{\text{肥料中养分含量}\times\text{肥料当季利用率}} \tag{3-3}$$

式中，基础产量即为“3414”田间试验方案中处理 1 的产量。

土壤有效养分校正系数法是通过测定土壤有效养分含量来计算施肥量，计算公式为

$$\text{施肥量}=\frac{\text{单位产量养分吸收量}\times\text{目标产量}-\text{土壤测试值}\times 0.15\times\text{土壤有效养分校正系数}}{\text{肥料中养分含量}\times\text{肥料当季利用率}} \tag{3-4}$$

（2）有关参数的确定

1）目标产量。目标产量可采用平均单产法来确定。平均单产法是利用施肥

区前三年平均单产和年递增率为基础确定目标产量，计算公式为

$$目标产量=(1+递增率)\times 前3年平均单产 \tag{3-5}$$

一般粮食作物的递增率为10%～15%；露地蔬菜为20%；设施蔬菜为30%。

2）作物需肥量。通过对正常成熟的农作物全株养分的分析，测定各种作物百千克经济产量所需养分量，乘以目标常量即可获得作物需肥量。

3）土壤供肥量。土壤供肥量可以通过基础产量、土壤有效养分校正系数两种方法估算。

通过基础产量估算（“3414”田间试验方案处理1产量）：不施肥区作物所吸收的养分量作为土壤供肥量。

通过土壤有效养分校正系数估算：将土壤有效养分测定值乘一个校正系数，以表达土壤“真实”供肥量。该校正系数称为土壤有效养分校正系数。

$$土壤有效养分校正系数=\frac{缺素区作物地上部分吸收该元素量}{该元素土壤测定值\times 0.15} \tag{3-6}$$

4）肥料利用率。一般通过差减法来计算：利用施肥区作物吸收的养分量减去不施肥区农作物吸收的养分量，其差值视为肥料供应的养分量，再除以所用肥料养分量就是肥料利用率。

$$肥料利用率=\frac{施肥区农作物吸收养分量-缺素区农作物吸收养分量}{肥料施用量\times 肥料中养分含量}\times 100\% \tag{3-7}$$

5）肥料养分含量。供施肥料包括无机肥料与有机肥料。无机肥料、商品有机肥料养分含量按其标明；养分含量不明的有机肥料，其养分含量可参照当地不同类型有机肥养分平均含量获得。

二、测土配方施肥技术优势

测土配方施肥技术是在土壤测试和田间试验的基础上，根据作物需肥规律来配置肥料的一种新型施肥方式，较一般的施肥技术更具有合理性、针对性和科学性。测土配方施肥技术可以使化肥在农业生产中的正面作用最大化，是现阶段建立科学施肥指标体系的核心技术。

一是提高作物单产、保障粮食安全。人多地少、人增地减的基本国情决定了提高单位耕地面积作物产量是保证我国粮食安全的必由之路。测土配方施肥技术通过土壤养分测定，根据作物需要，正确确定施用肥料的种类和用量，不断改善土壤营养状况，使作物获得持续稳定的增产，从而保证国家粮食安全。

二是降低农业生产成本，增加农民收入。肥料在农业生产资料中的投入约占50%，但是施入土壤的化肥大部分不能被作物吸收，未被作物吸收利用的肥料，

在土壤中发生挥发、淋溶，被土壤固定。因此提高肥料利用率，减少肥料的浪费，对提高农业生产的效益至关重要。实践证明，施肥不合理是造成肥料浪费和农业面源污染的主要原因，合理施肥平均每亩可节约纯氮3～5kg，亩节本增效可达20元以上。

三是节约资源，保证农业可持续发展。采用测土配方施肥技术，提高肥料的利用率是构建节约型社会的具体体现。据测算，如果氮肥利用率提高10%，则可以节约2.5亿m^3的天然气或节约375万t的原煤。节省化肥生产性支出对于缓解我国乃至国际能源紧张矛盾具有十分重要的意义。节约化肥就是节约资源。

四是不断培肥地力、提高耕地产出能力。测土配方施肥是耕地质量建设的重要内容，通过有机与无机相结合，用地与养地相结合，做到缺素补素，改良土壤，最大限度地发挥耕地的增产潜力。

五是提高农产品质量、增强农业竞争力。通过科学施肥，能克服过量施肥造成的徒长现象，减少作物倒伏，增强抗病虫害能力，从而减少农药的施用量，降低农产品中农药残留的风险。

六是减少污染、保护生态环境。目前农民盲目偏施或过量施用氮肥现象严重，造成氮肥大量流失，对水体富营养化和大气臭氧层的破坏十分严重。推行测土配方施肥技术是保护生态环境，促进农业可持续发展的必由之路。

三、测土配方施肥与环境效应

化肥被誉为粮食的“粮食”。全球农业的发展也已证明，化肥是农作物最有效、最重要的增产增收物质。但近些年，受“高投入，高产出”等政策以及“施肥越多，产量就越高”“要高产就必须多施肥”等传统观念的影响，政府和农民为了获得作物高产，不合理甚至盲目过量施肥现象相当普遍（张福锁等，2008）。肥料利用率是衡量施肥效果的主要指标。张福锁等（2008）总结了2000～2005年在全国粮食主产区进行的1333个田间试验结果，发现水稻、小麦和玉米三大粮食作物氮、磷、钾肥平均利用率分别为27.5%、11.6%和31.3%，远低于国际水平，与20世纪80年代相比呈下降趋势。

大量化肥的不合理施用和较低的养分利用率给生态环境带来了极大的破坏（李宇轩，2014）。张维理等（1995）对我国北方14个县市的调查结果显示，北方一些地区的农村和小城镇由于农用氮肥的大量施用，地下水、饮用水硝酸盐污染的问题已十分严重。在调查的69个地点中，有半数以上超过饮用水硝酸盐含量的最大允许量（50mg/L），其中最高者达300mg/L；研究同时指出，我国北方地下水硝酸盐污染主要与20世纪80年代以来化学氮肥用量的成倍增长有关。对甘肃不同生态区（尉元明等，2004）以及滇池流域等地区（高阳俊和张乃明，2003）、河北覃城的蔬菜种植区（巩建华等，2004）以及黄淮海平原典型集约农区（高旺盛等，1999）等一系列地下水硝酸盐污染的研究也均表明，地下水硝酸盐污染与氮肥过量施用具有显著相关性（陈建耀等，2006）。

近年来，农田氮、磷流失引起的水体富营养化问题受到人们的普遍关注。水体富营养化是指大量的氮、磷等植物性营养元素排入到流速缓慢、更新周期长的地表水体，使藻类等水生生物大量生长繁殖，使有机物产生的速度远远超过消耗速度，水体中有机物积蓄，从而破坏水生生态平衡的过程（付春平等，2005）。引起水体富营养化的关键元素——氮、磷主要来源于城镇生活污水、含氮含磷的工业废水和农田氮肥、磷肥。其中，农田氮肥、磷肥的流失是引起水体富营养化的重要原因（司友斌等，2000）。1987～1988 年“全国主要湖泊水库富营养化调查研究”对我国 24 个有代表性湖泊开展了富营养状况调查（舒金华，1993），在所调查的湖泊中，富营养化湖泊 16 个；中富营养化湖泊 4 个；中营养化湖泊 4 个；养化湖泊 0；此时湖泊的富营养化问题开始凸现出来。进入 20 世纪 90 年代后，呈富营养化或有富营养化趋势的湖泊水体越来越多，水体富营养化程度越来越严重：我国五大淡水湖水体的营养盐均大大超过富营养化发生浓度，中型湖泊也大部分进入富营养化状态，城市小型湖泊不论地处什么地理位置，富营养化都较为严重（国家环境保护总局科技标准司，2001）。《2004 年中国水资源公报》显示，被评价的 49 个湖泊中，17 个湖泊处于中营养状态，32 个湖泊处于富营养状态。我国的水体富营养化涉及面之广，富营养程度之深世界罕见（章力建等，2006）。

同时，过量施肥导致的土壤酸化也已成为全球耕地普遍存在的问题。全球约 40% 的耕地土壤受到土壤酸化的影响，在不施用石灰、单施化肥的情况下，20% 的农田耕层土壤 pH 在不到 20 年的时间内下降超过 1.0 个单位（孟红旗，2013）。自 20 世纪 80 年代以来，化肥的广泛施用导致我国农田土壤也面临明显酸化。过去 20 多年，我国耕地土壤 pH 下降了 0.5 个单位，这其中大部分（60%～90%）可归为氮肥的使用，尤其是碳酸氢氨与尿素等氮肥产品的广泛使用（Guo et al., 2010）。

为减少不合理施肥导致的环境问题、保障粮食等主要农产品有效供给、促进农业可持续发展，2015 年农业部制订了《到 2020 年化肥使用量零增长行动方案》。按照农业部规划，到 2020 年，测土配方施肥技术覆盖率达到 90% 以上，主要农作物化肥利用率达到 40% 以上，主要农作物化肥使用量实现零增长。可见推广测土配方施肥技术一直是农业部实现化肥减量增效的重中之重。

我国农业部于 2013 年 10 月组织专家完成了《中国三大粮食作物肥料利用率

研究报告》，并发布了有关研究成果。《中国三大粮食作物肥料利用率研究报告》显示，目前我国水稻、玉米、小麦三大粮食作物氮肥、磷肥和钾肥当季平均利用率分别为33%、24%和42%，比测土配方施肥项目实施前（2005 年）分别提高5 个百分点、12 个百分点和10 个百分点；到2015 年，我国水稻、玉米、小麦三大粮食作物氮肥利用率达到35.2%，比2013 年提高2.2 个百分点，按照农业部的测算，相当于让农民减少使用100 万 t 尿素，减少向环境排放氮47.8 万 t，这为农民节省约18 亿元投入。测土配方施肥技术在有效提高化肥利用率的同时，亦加快了我国化肥使用量零增长目标的实现。

第二节　国内外测土配方施肥技术发展动态

一、国外测土配方施肥技术发展现状

在国外，测土配方施肥的历史发展可以上溯到20 世纪30 年代末德国米切里希的工作，但是奠基性的研究是由美国的勃莱（Bray）等在40 年代中期完成的。勃莱首先提出了土壤养分有效性和作物相对产量（最高产量）等概念，认为土壤有效养分测试值与作物产量或养分吸收量之间应有很好的统计学相关性，并能建立定量化的数学模型。勃莱等提出的勃莱1 号和2 号土壤有效磷提取剂至今仍为世界各国采用。由于他们的工作，测土施肥形成了既有理论又有方法学的完整技术体系，在欧美等国大面积推广，并在70 年代发展成为土壤肥力学（黄德明，2003）。

美国在20 世纪60 年代就已经建立了比较完善的测土施肥体系，每个州（省）都有测土工作委员会，县与乡建有基层实验室。测土工作委员会由州农学院与农业试验场有关专家组成，负责相关研究、校验与方法制订。县与乡基层实验室按州一级工作委员会所制订的方法与指标开展土样分析工作并根据指标决定各种养分的施用量。大部分基层实验室均配备一名既懂测土施肥又熟悉当地作物耕作栽培的农技师作为实验室与农场的联系人。目前，美国配方施肥技术覆盖面积达到80%以上，40%的玉米采用土壤或植株测试推荐施肥技术；大部分州都制定了测试技术规范并在大面积土壤调查的基础上启动了全国范围内的养分综合管理研究，精准施肥已经从试验研究走向应用，有23%的农场采用了精准施肥技术。英国农业部出版了《作物推荐施肥指南》用于分区和分类指导，并每隔几年组织专家更新一次。德国和日本等发达国家也非常重视测土施肥，以提高肥料利用率、节约生产成本、改善作物品质并减少化肥对生态环境的污染。总体来

看，国外的测土施肥已经进入了以产量、品质和环境保护相协调为目标和更加注重生态环境保护的养分管理时期（张福锁，2006）。

二、国内测土配方施肥技术发展现状

测土是了解土壤养分状况最直接的手段。1930～1940 年，张乃凤等对我国 14 个省 68 个点进行了地力测定，可以说是我国最早的测土施肥研究。全国范围内的测土施肥研究与推广应用是在 20 世纪 70 年代末随全国第二次土壤普查开始的。当时的农业部全国土壤普查办公室组织了 16 个省（自治区、直辖市）参加“土壤养分丰缺指标研究”协作组。80 年代初，针对以往施肥工作中出现的“三偏”施肥（偏施氮肥、用量偏多、施肥偏迟）和氮、磷、钾比例失调（沈善敏，1998）等问题，广大土肥科技工作者从实际出发，在合理施肥技术方面进行了有益探索，提出了“测土施肥”、“诊断施肥”（张志明，2000）、“计量施肥”、“控氮增磷钾”和“氮磷钾合理配比”等众多的科学施肥技术，在生产应用上起到了积极的作用，在定量施肥方面积累了大量的实践经验。1983 年，农牧渔业部在广东湛江召开了配方施肥工作会议，在总结科学施肥实践经验的基础上，将各地采用的科学施肥方法统一定名为“配方施肥”，对这项技术予以了充分肯定和高度重视。80 年代末，配方施肥技术在全国大面积推广应用，为农业增产增收做出了重要的贡献。到 90 年代，我国有 7 个县参与了联合国开发计划署（United Nations Development Programme，UNDP）援助的国际平衡施肥项目，同时建立了 33 个平衡施肥示范县，应用“3414”田间试验设计方案取得了大量有价值的田间试验结果。这期间，原化学工业部成立了农化服务办公室，在不同地区复合肥料厂试点建立农化服务中心，结合测土配方施肥工作的开展，配制各种通用型和专用型复合肥料，以为农民服务。2000 年又在全国组织实施了“百县千村”测土配方施肥项目（高祥照等，2005）。总之，在 20 世纪末我国初步建立了适合农业状况和特点的土壤测试推荐施肥体系。

2004 年 6 月 9 日，温家宝总理深入湖北省宜昌市枝江市安富寺镇桑树河村听取农民曾祥华亟须测土施肥的要求，标志着我国新一轮推广测土配方施肥工作的开始（叶学春，2004）。2005 年中央拨出 2 亿元专款支持、落实 200 个测土配方施肥项目县。2006 年中央又增拨专项资金 5 亿元，增加 400 个项目县，在全国范围内进行测土配方施肥工作。2007 年农业部将资金规模增加到 9 亿元，新增项目县 600 个，免费为 1 亿以上农户提供测土配方施肥服务，推广测土配方施肥面积 6.4 亿亩。2008 年国家巩固完善了 2005 年的 200 个项目县，继续组织实施 2006 年、2007 年的 1000 个项目县，新增部分项目县，全国测土配方施肥推广面积达到 7 亿亩以上。之后，测土配方施肥工作进入常态化，中央财政每年按照一定数额支付资金支持测土配方施肥工作。

2013 年，农业部测土配方施肥技术专家组根据小麦、玉米、水稻三大粮食作物需肥特点和不同区域土壤养分供应状况及肥效反应，依据测土配方施肥补贴项目实施 9 年的土壤测试数据、田间试验数据和植株测试数据，以“大配方、小调整”为技术思路研究，制定出了《小麦、玉米、水稻三大粮食作物区域大配方与施肥建议（2013)》。在施肥分区上，根据区域生产布局、气候条件、栽培条件、地形和土壤条件确定了 4 个玉米大区、5 个小麦大区和 5 个水稻大区；在配方设计上，根据区域内土壤养分供应特征、作物需求规律和肥效反应，结合“氮素总量控制、分期调控，磷肥恒量监控，钾肥肥效反应”的推荐施肥基本原则，提出了推荐配方和施肥建议。小麦、玉米、水稻三大粮食作物区域大配方适应范围广，有利于解决配方肥个性化、小批量需求和规模化生产之间的矛盾，解决以往测土配方施肥无法大规模生产、大范围推广和大面积应用的难题。据统计，区域大配方对我国玉米、小麦、水稻三大粮食作物区域种植面积的覆盖率将分别达到 96%、99.3% 和 98.6%；通过测土配方施肥大配方技术的综合应用，每年可使我国玉米、小麦、水稻主产区分别节约氮肥用量 120 万 t、98 万 t、78 万 t，同时可增产玉米、小麦和水稻 780 亿斤、280 亿斤、500 亿斤，为国家粮食安全提供有力支撑。

第三节　测土配方施肥技术农田管理实践与环境效应

一、陕西省主要种植体系养分平衡研究

农田养分平衡的本质就是养分被作物消耗和施肥投入之间的平衡（黄绍文等，2002)，其盈亏是农田土壤养分时空变化的主要驱动因素（孙波等，2008)，对区域主要种植体系农田养分平衡的研究有助于从宏观上了解农田土壤养分水平的发展趋向，是实现农业可持续发展的基础（齐伟等，2004)。国内学者从不同区域尺度上对我国农田养分平衡状况进行了大量的研究。总体来看，我国农田氮、磷养分均处于盈余状态，而钾素各个区域差异较大，盈亏量不尽相同。陕西省关于上述方面的研究较少，且均集中于小区域尺度（杨学云等，2001；戴相林等，2012)。20 世纪 80 年代以来，随着作物品种的不断改良以及种植业结构的不断调整，农田系统投入、产出发生了明显的变化，因此，亟待摸清当前农田养

分盈亏状况，以期为科学施肥决策提供依据。本研究试图通过对陕西省测土配方施肥项目农户施肥调查数据的分析，明确陕西省农户施肥现状以及主要种植体系养分平衡状况，并利用鲁如坤等（1996）提出的养分允许平衡盈亏率方法对陕西省农田养分平衡状况进行评价，以期为陕西省养分资源合理投入提供科学依据。

（一）材料与方法

1. 数据来源

养分平衡计算中输入项（化肥和有机肥）数据来自2005～2009年国家测土配方施肥项目陕西省农户施肥调查信息。研究区域各县每年选取具有代表性的自然村，由农技推广人员随机选取农户进行调查，调查内容主要包括作物品种、作物产量、肥料品种、施肥量和施肥时期等。除陕北高原不种植小麦外，小麦、玉米在陕西全省各生态区域均有分布，水稻和油菜主要分布于陕南秦巴山区，苹果主要分布于陕北高原、渭北旱塬和关中灌区三个区域。不同农作物各区域调查样本数见表3-1。

表3-1　不同农作物各区域调查样本数　　（单位：个）

区域	样本数				
	小麦	玉米	水稻	油菜	苹果
陕北高原	—	4 560	—	—	2 476
渭北旱塬	7 348	5 198	—	—	3 752
关中灌区	11 416	9 773	—	—	913
陕南秦巴山区	2 992	3 961	2 854	2 576	—
全省	21 756	23 492	2 854	2 576	7 141

2. 数据处理

（1）养分平衡参数选择及计算方法

农田养分平衡的计算公式为

养分平衡=输入项（化肥+有机肥投入）−输出项（收获物带走量）　（3-8）

式中，输入项：化肥依据调查农户施肥包装袋上标识的养分含量计算；有机肥投入按照《中国有机肥料养分志》提供的标准值计算（全国农业技术推广服务中心，1999）。输出项：调查区作物产量按照农户实际调查值计算；大量研究指出，作物（秸秆和籽粒）养分含量是一项比较粗略的参数，随作物品种、气候、施肥状况等的不同而有较大的波动，但可供较大范围内区域农业养分收支估算之用（黄绍文等，2002）。本研究小麦、玉米、水稻、油菜和苹果每100kg经济产量所吸收的氮（N）、磷（P_2O_5）和钾（K_2O）养分量分别按2.58kg、1.10kg和

2.92kg，2.20kg、0.85kg 和 2.42kg（赵营，2006），1.46kg、0.62kg 和 1.92kg，4.3kg、2.7kg 和 8.7kg（邹娟等，2008），0.80kg、0.56kg 和 0.64kg（温树英，1993）计算。

（2）养分平衡评价方法

对于一个地区而言，农田养分不一定必须要达到 100% 的平衡。例如，在施肥不增产的地区，一定要通过施肥来达到土壤养分平衡只会造成养分资源的严重浪费，作物产量并不会显著提高，可允许有净的平衡赤字。本研究采用鲁如坤等（1996）提出的养分允许平衡盈亏率方法对农田养分平衡状况进行评价。养分允许平衡盈亏率是指当地条件下养分平衡计算所得的结果虽有亏缺或盈余，但是允许的，即养分亏缺时并不会影响作物产量，盈余时也不会造成养分浪费。计算公式为

$$B=\left(\frac{1-S}{E}-1\right)\times 100\% \tag{3-9}$$

式中，B 为某养分允许平衡盈亏率；S 为土壤养分贡献率，是指不施某一养分时，作物产量相当于全肥产量的百分比；E 为某一养分肥料利用率，用相对值表示，如肥料利用率为 30%，则用相对值 0.3 表示。其中，$S=\frac{1}{D}\times 100\%$，$D$ 为某一养分平均增产率，用相对值表示，如增产率为 30%，则 $D=1+30\%=1.3$。

例如，某地区氮肥平均增产率为 30%，氮肥利用率为 30%，则该地区土壤氮素允许平衡盈亏率为 $B_{\mathrm{N}}=\left[\frac{1-1/(1+0.3)}{0.3}-1\right]\times 100\%=-23\%$，说明该地区土壤氮素在 23% 的亏损状况下短期内并不影响作物产量，是允许范围内赤字。

（二）结果与分析

1. 小麦种植体系养分平衡研究

（1）肥料投入状况

陕西省各区域小麦肥料投入量情况表明（表 3-2），陕西全省小麦氮（N）、磷（P_2O_5）、钾（K_2O）肥投入量分别为 207kg/hm^2、123kg/hm^2 和 42kg/hm^2，其中化肥氮、磷、钾投入量分别为 183kg/hm^2、110kg/hm^2 和 21kg/hm^2，分别占氮、磷、钾总投入量的 88.4%、89.4% 和 50.0%；有机肥氮、磷和钾投入量分别为 24kg/hm^2、13kg/hm^2 和 21kg/hm^2，分别占氮、磷、钾总投入量的 11.6%、10.6% 和 50.0%。小麦氮、磷养分投入主要来自于化肥，而钾养分投入化肥和有机肥各占一半。渭北旱塬、关中灌区和陕南秦巴山区氮肥投入量分别为 226kg/hm^2、213kg/hm^2 和 144kg/hm^2；磷肥投入量分别为 135kg/hm^2、124kg/hm^2 和 88kg/hm^2；钾肥投入量分别为 52kg/hm^2、42kg/hm^2 和 16kg/hm^2。

表 3-2　陕西省各区域小麦肥料投入量情况　（单位：kg/hm^2）

区域	肥料种类	氮（N）		磷（P_2O_5）		钾（K_2O）	
		平均值	标准差	平均值	标准差	平均值	标准差
渭北旱塬	化肥	185	83	112	55	23	34
	有机肥	41	217	23	99	29	111
关中灌区	化肥	195	67	115	69	22	33
	有机肥	18	42	9	25	20	41
陕南秦巴山区	化肥	137	56	84	46	11	22
	有机肥	7	37	4	22	5	28
全省	化肥	183	74	110	63	21	33
	有机肥	24	131	13	61	21	72

（2）土壤养分平衡状况

陕西省各区域小麦产量及养分吸收情况表明（表 3-3），渭北旱塬、关中灌区和陕南秦巴山区小麦产量平均值分别为 $4269kg/hm^2$、$6437kg/hm^2$ 和 $3742kg/hm^2$，全省平均值为 $5334kg/hm^2$。根据每 100kg 经济产量养分吸收量可以估算全省小麦氮（N）、磷（P_2O_5）和钾（K_2O）养分吸收量平均值分别为 $138kg/hm^2$、$59kg/hm^2$ 和 $156kg/hm^2$，渭北旱塬分别为 $110kg/hm^2$、$47kg/hm^2$ 和 $125kg/hm^2$，关中灌区分别为 $166kg/hm^2$、$71kg/hm^2$ 和 $188kg/hm^2$，陕南秦巴山区分别为 $97kg/hm^2$、$41kg/hm^2$ 和 $109kg/hm^2$。

表 3-3　陕西省各区域小麦产量及养分吸收情况　（单位：kg/hm^2）

区域	产量	养分吸收量		
		氮（N）	磷（P_2O_5）	钾（K_2O）
渭北旱塬	4269±1153	110	47	125
关中灌区	6437±1037	166	71	188
陕南秦巴山区	3742±970	97	41	109
全省	5334±1585	138	59	156

根据养分输入、输出量计算得到陕西省各区域小麦种植体系养分平衡状况（图 3-1）。由图 3-1 可以看出，陕西省各区域小麦种植体系氮（N）、磷（P_2O_5）养分均处于盈余状态，钾（K_2O）养分均亏缺。全省氮、磷盈余量平均值分别为 $69kg/hm^2$ 和 $64kg/hm^2$，渭北旱塬平均值分别为 $116kg/hm^2$ 和 $88kg/hm^2$，关中灌区平均值分别为 $47kg/hm^2$ 和 $53kg/hm^2$，陕南秦巴山区平均值分别为 $47kg/hm^2$ 和 $47kg/hm^2$。全省钾亏损量平均值为 $114kg/hm^2$，渭北旱塬、关中灌区和陕南秦巴

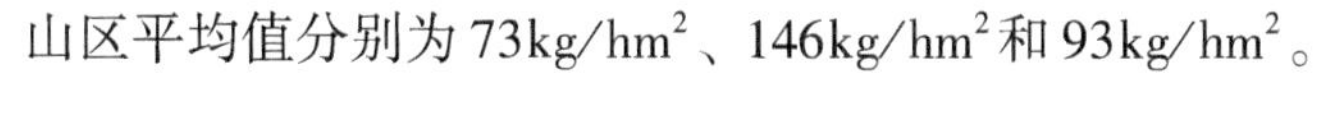

山区平均值分别为 73kg/hm²、146kg/hm²和 93kg/hm²。

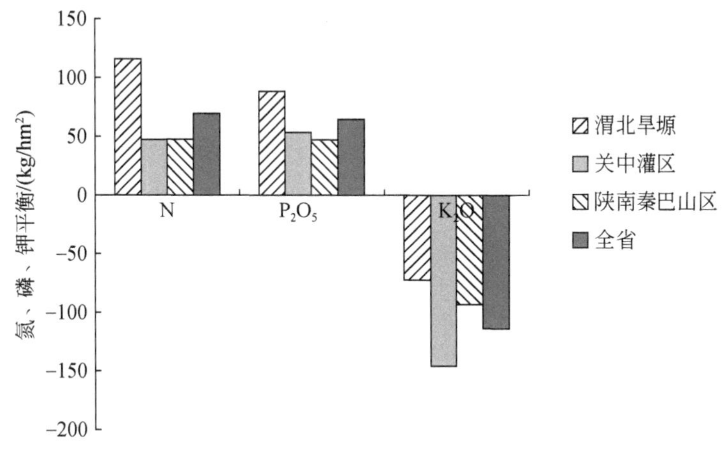

图 3-1　陕西省各区域小麦种植体系养分平衡状况

（3）土壤养分平衡状况的评价

根据养分允许平衡盈亏率方法，对陕西省各区域小麦种植体系养分平衡状况进行评价。由表 3-4 可见，陕西全省小麦种植体系氮素允许平衡盈亏率为 9.3%，说明氮素在短期内有一定量的盈余，不会对周边环境产生影响，但实际盈亏率为 50.4%，较其允许平衡盈亏率高出 41.1 个百分点，且渭北旱塬、关中灌区和陕南秦巴山区氮素实际盈亏率较其允许平衡盈亏率也分别高出 100.2 个百分点、21.7 个百分点和 17.5 个百分点，说明陕西省各区域小麦种植体系氮素投入量均大大超出了合理的范围，可能会造成环境问题，应减少投入量，尤其是渭北旱塬。

表 3-4　陕西省各区域小麦种植体系养分平衡盈亏率情况

养分	区域	相对产量	肥料利用率/%	允许平衡盈亏率/%	实际盈亏率/%
氮(N)	渭北旱塬	1.41	27.5	5.0	105.2
	关中灌区	1.42	27.5	6.6	28.3
	陕南秦巴山区	1.57	27.5	31.7	49.2
	全省	1.43	27.5	9.3	50.4
磷（P_2O_5）	渭北旱塬	1.24	11.6	68.0	187.5
	关中灌区	1.20	11.6	44.9	75.1
	陕南秦巴山区	1.19	11.6	34.6	113.8
	全省	1.21	11.6	50.2	109.6

续表

养分	区域	相对产量	肥料利用率/%	允许平衡盈亏率/%	实际盈亏率/%
钾（K_2O）	渭北旱塬	1.17	31.3	-54.8	-58.3
	关中灌区	1.12	31.3	-65.3	-77.7
	陕南秦巴山区	1.15	31.3	-57.4	-85.4
	全省	1.14	31.3	-61.3	-73.0

注：相对产量值均为陕西省各区域多年多点试验的平均值；肥料利用率来自文献（张福锁等，2008）；实际盈亏率=[（收入-支出）/支出]×100%。

陕西全省小麦种植体系磷素允许平衡盈亏率为50.2%，但实际盈亏率高达109.6%，较其允许平衡盈亏率高出59.4个百分点，且渭北旱塬、关中灌区和陕南秦巴山区磷素实际盈亏率较其允许平衡盈亏率也分别高出119.5个百分点、30.2个百分点和79.2个百分点。鲁如坤等（1996）认为，当磷肥增产率在10%～25%时，磷平衡应有适量的盈余，但应控制在20%之内。由此可见，陕西省整体上磷肥用量明显偏高，应减少投入量，尤其是渭北旱塬。

陕西全省小麦种植体系钾素允许平衡盈亏率为-61.3%，说明短期内小麦在钾素投入有61.3%的赤字情况下并不影响产量，是短期允许范围内的赤字，但实际盈亏率为-73.0%，较其允许平衡盈亏率低出11.7个百分点，且渭北旱塬、关中灌区和陕南秦巴山区钾素实际盈亏率较其允许平衡盈亏率也分别低出3.5个百分点、12.4个百分点和28.0个百分点，说明陕西省各区域小麦种植体系钾素投入量均低于小麦收获时钾素的携出量。何园球和黄小庆（1998）认为，为了保护土壤养分，除非资金不足或肥料缺乏等特殊情况下可以短期有在允许平衡盈亏率范围内的赤字。土壤-作物系统养分应基本保持平衡，若土壤钾素长期处于大量亏缺状态，会严重影响农业生产的可持续发展（刘冬碧等，2009；黄绍文等，2000；湖北省农业科学院土壤肥料研究所，1996）。因此，陕西省小麦种植中应增加钾肥投入，以保证作物稳产高产，尤其是陕南秦巴山区。

2. 玉米种植体系养分平衡研究

（1）肥料投入状况

陕西省各区域玉米肥料投入量情况表明（表3-5），陕西全省玉米氮（N）、磷（P_2O_5）、钾（K_2O）肥投入量分别为263kg/hm^2、82kg/hm^{2}和51kg/hm^2，其中化肥氮、磷、钾投入量分别为230kg/hm^2、63kg/hm^{2}和20kg/hm^2，分别占氮、磷、钾总投入量的87.5%、76.8%和39.2%；有机肥氮、磷和钾投入量分别为33kg/hm^2、19kg/hm^{2}和31kg/hm^2，分别占氮、磷、钾总投入量的12.5%、23.2%和60.8%。陕西全省玉米氮、磷养分投入主要来自化肥，而钾养分投入主要来自有机肥。陕北高原、渭北旱塬、关中灌区和陕南秦巴山区氮肥投入量分别为 331kg/hm^2、267kg/hm^2、248kg/hm^{2}和 218kg/hm^2；磷肥投入量分别为 150kg/hm^2、116kg/hm^2、50kg/hm^2 和 42kg/hm^2；钾肥投入量分别为 82kg/hm^2、78kg/hm^2、33kg/hm^2 和 20kg/hm^2。

表 3-5　陕西省各区域玉米肥料投入量情况　（单位：kg/hm^2）

区域	肥料种类	氮（N）		磷（P_2O_5）		钾（K_2O）	
		平均值	标准差	平均值	标准差	平均值	标准差
陕北高原	化肥	237	109	96	80	12	25
	有机肥	94	78	54	54	70	67
渭北旱塬	化肥	223	91	88	51	35	39
	有机肥	44	185	28	82	43	149
关中灌区	化肥	244	79	48	53	19	31
	有机肥	4	17	2	9	14	26
陕南秦巴山区	化肥	197	73	31	40	10	24
	有机肥	21	80	11	47	10	42
全省	化肥	230	89	63	62	20	32
	有机肥	33	105	19	53	31	83

（2）土壤养分平衡状况

陕西省各区域玉米产量及养分吸收情况表明（表 3-6），陕北高原、渭北旱塬、关中灌区和陕南秦巴山区玉米产量平均值分别为 7867kg/hm^2、7077kg/hm^2、6886kg/hm^{2}和 4872kg/hm^2，全省平均值为 6779kg/hm^2。根据每 100kg 经济产量养分吸收量可以估算全省玉米氮（N）、磷（P_2O_5）和钾（K_2O）养分吸收量平均值分别为 149kg/hm^2、58kg/hm^2 和 164kg/hm^2，陕北高原分别为 173kg/hm^2、67kg/hm^{2}和 190kg/hm^2，渭北旱塬分别为 156kg/hm^2、60kg/hm^2 和 171kg/hm^2，关中灌区分别为 151kg/hm^2、59kg/hm^2 和 167kg/hm^2，陕南秦巴山区分别为 107kg/hm^2、41kg/hm^{2}和 118kg/hm^2。

表 3-6　陕西省各区域玉米产量及养分吸收情况　（单位：kg/hm^2）

区域	产量	养分吸收量		
		氮（N）	磷（P_2O_5）	钾（K_2O）
陕北高原	7867±1799	173	67	190
渭北旱塬	7077±2155	156	60	171
关中灌区	6886±1209	151	59	167
陕南秦巴山区	4872±1525	107	41	118
全省	6779±1877	149	58	164

根据养分输入、输出量计算得到陕西省各区域玉米种植体系养分平衡状况(图 3-2)。由图 3-2 可以看出，除关中灌区磷亏损 9kg/hm^{2}外，陕西省各区域玉米种植体系氮（N)、磷（P_2O_5）养分均处于盈余状态，钾（K_2O）养分均亏缺。全省氮、磷盈余量平均值分别为 114kg/hm^{2}和 24kg/hm^2，各区域间，陕北高原氮、磷盈余量最高，平均值分别为 158kg/hm^{2}和 83kg/hm^2，其次为渭北旱塬（平均值分别为 111kg/hm^{2}和 56kg/hm^2）和陕南秦巴山区（平均值分别为 111kg/hm^{2}和 1kg/hm^2)，关中灌区最低，平均值分别为 97kg/hm^{2}和−9kg/hm^2。全省钾亏损量平均值为 113kg/hm^2，陕北高原、渭北旱塬、关中灌区和陕南秦巴山区平均值分别为 108kg/hm^2、93kg/hm^2、134kg/hm^{2}和 98kg/hm^2。

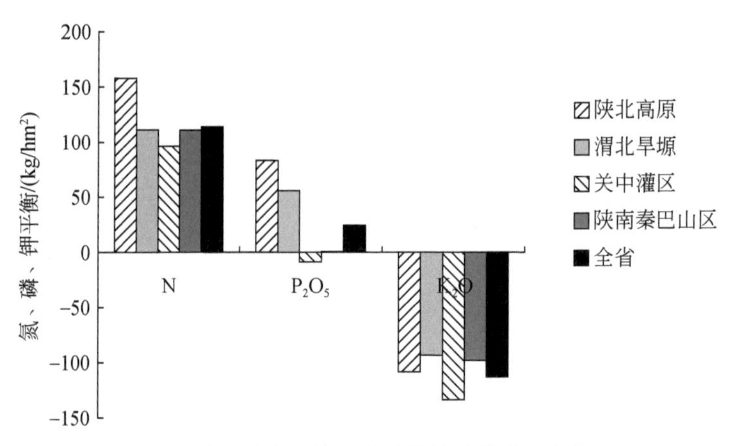

图 3-2 陕西省各区域玉米种植体系养分平衡状况

(3) 土壤养分平衡状况的评价

根据养分允许平衡盈亏率方法，对陕西省各区域玉米种植体系养分平衡状况进行评价。由表 3-7 可见，陕西全省玉米种植体系氮素允许平衡盈亏率为 10.4%，说明氮素在短期内有一定量的盈余，不会对周边环境产生影响，但实际盈亏率为 76.3%，较其允许平衡盈亏率高出 65.9 个百分点，且陕北高原、渭北旱塬、关中灌区和陕南秦巴山区氮素实际盈亏率较其允许平衡盈亏率也分别高出 96.9 个百分点、71.4 个百分点、54.0 个百分点和 73.8 个百分点，说明陕西省各区域玉米种植体系氮素投入量均大大超出了合理的范围，可能会造成环境问题，应减少投入量，尤其是陕北高原。

陕西全省玉米种植体系磷素允许平衡盈亏率为 31.5%，实际盈亏率为 42.3%，鲁如坤等（1996）认为，当磷肥增产率在 10% ~25% 时，磷平衡应有适量的盈余，但应控制在 20% 之内，由此可见，陕西省整体上磷肥投入量是合适的。各区域间，陕北高原和渭北旱塬磷素实际盈亏率分别为 124.3% 和 92.8%，

表 3-7　陕西省各区域玉米种植体系养分平衡盈亏率情况

养分	区域	相对产量	肥料利用率 /%	允许平衡盈亏率 /%	实际盈亏率 /%
氮（N）	陕北高原	1.35	27.5	-5.7	91.2
	渭北旱塬	1.38	27.5	0.1	71.5
	关中灌区	1.43	27.5	9.7	63.7
	陕南秦巴山区	1.55	27.5	29.6	103.4
	全省	1.44	27.5	10.4	76.3
磷（P_2O_5）	陕北高原	1.22	11.6	55.5	124.3
	渭北旱塬	1.20	11.6	42.5	92.8
	关中灌区	1.17	11.6	24.6	-14.6
	陕南秦巴山区	1.17	11.6	24.0	1.4
	全省	1.18	11.6	31.5	42.3
钾（K_2O）	陕北高原	1.19	31.3	-49.2	-56.9
	渭北旱塬	1.13	31.3	-63.7	-54.5
	关中灌区	1.11	31.3	-68.1	-80.2
	陕南秦巴山区	1.16	31.3	-56.4	-83.0
	全省	1.13	31.3	-63.2	-68.9

注：相对产量值均为陕西省各区域多年多点试验的平均值；肥料利用率来自文献（张福锁等，2008）；实际盈亏率=[（收入-支出）/支出]×100%。

较其允许平衡盈亏率分别高出 68.8 个百分点和 50.3 个百分点，磷肥用量明显偏高，应减少投入量。而关中灌区为亏损状态，且实际盈亏率较其允许平衡盈亏率低 39.2 个百分点。关中灌区为小麦-玉米轮作种植制度，为充分发挥磷肥的后效，农民习惯将磷肥施在小麦季，因此本研究会出现小麦季磷肥投入过量而玉米季投入过少的现象，但这是一种合理的施肥方式。本研究小麦-玉米轮作种植体系，磷素为盈余状态，盈余量为 $44kg/hm^2$。

陕西全省玉米种植体系钾素允许平衡盈亏率为-63.2%，说明短期内玉米在钾素投入有 63.2% 的赤字情况下并不影响产量，是短期允许范围内的赤字，但实际盈亏率为-68.9%，较其允许平衡盈亏率低 5.7 个百分点，且陕北高原、关中灌区和陕南秦巴山区钾素实际盈亏率较其允许平衡盈亏率也分别低 7.7 个百分点、12.1 个百分点和 26.6 个百分点，说明陕西省各区域玉米种植体系钾素投入量低于玉米收获时钾素的携出量。因此，陕西省玉米种植中应增加钾肥投入，以保证作物稳产高产。

3. 水稻种植体系养分平衡研究

（1）肥料投入状况

陕南秦巴山区水稻肥料投入量情况表明（表 3-8），陕南秦巴山区水稻氮（N）投入量为 38 ~ 631kg/hm^2，平均值为 169kg/hm^2，其中化肥提供的氮平均值为 159kg/hm^2，占氮总投入量的 94. 1%；有机肥提供的氮平均值为 10kg/hm^2。磷（P_2O_5）投入量为 0 ~ 496kg/hm^2，平均值为 68kg/hm^2，其中化肥提供的磷平均值为 62kg/hm^2，占磷总投入量的 91. 2%；有机肥提供的磷平均值为 6kg/hm^2。钾（K_2O）投入量为 0 ~ 363kg/hm^2，平均值为 54kg/hm^2，其中化肥提供的钾平均值为 45kg/hm^2，占钾总投入量的 83. 3%；有机肥提供的钾平均值为 9kg/hm^2。该区域水稻氮、磷、钾养分主要由化肥提供。

表 3-8　陕南秦巴山区水稻肥料投入量情况　（单位：kg/hm^2）

指标	总投入量			化肥			有机肥		
	氮（N）	磷（P_2O_5）	钾（K_2O）	氮（N）	磷（P_2O_5）	钾（K_2O）	氮（N）	磷（P_2O_5）	钾（K_2O）
最大值	631	496	363	256	180	150	470	421	293
最小值	38	0	0	30	0	0	0	0	0
平均值	169	68	54	159	62	45	10	6	9
标准差	42	30	42	28	17	30	33	25	24

（2）土壤养分平衡状况

陕南秦巴山区水稻产量及养分吸收情况表明，陕南秦巴山区水稻产量平均值为 7822±1039kg/hm^2。根据每 100kg 经济产量养分吸收量可以估算水稻氮（N）、磷（P_2O_5）和钾（K_2O）养分吸收量平均值分别为 114kg/hm^2、48kg/hm^2 和 150kg/hm^2。

根据养分输入、输出量计算得到陕南秦巴山区水稻种植体系养分平衡状况。水稻种植体系氮、磷养分均处于盈余状态，钾养分亏缺。氮、磷盈余量平均值分别为 55kg/hm^{2}和 20kg/hm^2，钾亏损量平均值为 96kg/hm^2。

（3）土壤养分平衡状况的评价

根据养分允许平衡盈亏率方法，对陕南秦巴山区水稻种植体系养分平衡状况进行评价。由表 3-9 可见，陕南秦巴山区水稻种植体系氮素允许平衡盈亏率为 13. 0%，说明氮素在短期内有一定量的盈余不会对周边环境产生影响，但实际盈亏率为 48. 0%，较其允许平衡盈亏率高出 35. 0 个百分点，说明陕南秦巴山区水稻种植体系氮素投入量大大超出了合理的范围，可能会造成环境问题，应减少投入量。

表 3-9　陕南秦巴山区水稻种植体系养分平衡盈亏率情况

养分	相对产量	肥料利用率/%	允许平衡盈亏率/%	实际盈亏率/%
氮(N)	1.45	27.5	13.0	48.0
磷（P_2O_5）	1.12	11.6	-5.6	40.2
钾（K_2O）	1.12	31.3	-64.8	-64.0

注：相对产量值均为陕西省各区域多年多点试验的平均值；肥料利用率来自文献（张福锁等，2008）；实际盈亏率=[（收入-支出）/支出]×100%。

陕南秦巴山区水稻种植体系磷素允许平衡盈亏率为-5.6%，说明该区域水稻生产中允许短期内磷素投入有一定量的赤字，并不影响产量，但实际盈亏率为40.2%，较其允许平衡盈亏率高出45.8个百分点。鲁如坤等（1996）认为，当磷肥增产率在10%～25%时，磷平衡应有适量的盈余，但应控制在20%之内。由此可见，该区域磷肥用量明显偏高，应减少投入量。

陕南秦巴山区水稻种植体系钾素允许平衡盈亏率为-64.8%，说明短期内水稻在钾素投入有64.8%的赤字情况下并不影响产量，是短期允许范围内的赤字，但实际盈亏率为-64.0%，在允许亏损范围内，由此可见，陕南秦巴山区水稻钾素投入量是合适的。但因此，陕南秦巴山区水稻种植中仍应增加一定量的钾肥投入，以保证作物稳产高产。

4. 油菜种植体系养分平衡研究

（1）肥料投入状况

陕南秦巴山区油菜肥料投入量情况表明（表3-10），陕南秦巴山区油菜氮（N）投入量为27～549kg/hm^2，平均值为179kg/hm^2，其中化肥提供的氮平均值为145kg/hm^2，占氮总投入量的81.0%；有机肥提供的氮平均值为34kg/hm^2。磷（P_2O_5）投入量为0～261kg/hm^2，平均值为80kg/hm^2，其中化肥提供的磷平均值为62kg/hm^2，占磷总投入量的77.5%；有机肥提供的磷平均值为18kg/hm^2。钾（K_2O）投入量为0～522kg/hm^2，平均值为54kg/hm^2，其中化肥提供的钾平均值为34kg/hm^2，占钾总投入量的63.0%；有机肥提供的钾平均值为20kg/hm^2。该区域油菜氮、磷、钾养分主要由化肥提供。

表 3-10　陕南秦巴山区油菜肥料投入量情况　（单位：kg/hm^2）

指标	总用量			化肥			有机肥		
	氮（N）	磷（P_2O_5）	钾（K_2O）	氮（N）	磷（P_2O_5）	K_2O	氮（N）	磷（P_2O_5）	钾（K_2O）
最大值	549	261	522	434	225	360	251	168	260
最小值	27	0	0	10	0	0	0	0	0
平均值	179	80	54	145	62	34	34	18	20
标准差	60	38	50	40	28	36	50	26	31

（2）土壤养分平衡状况

陕南秦巴山区油菜产量及养分吸收情况表明，陕南秦巴山区油菜产量平均值为2355±481kg/hm^2。根据每100kg经济产量养分吸收量可以估算油菜氮（N）、磷（P_2O_5）和钾（K_2O）养分吸收量平均值分别为101kg/hm^2、64kg/hm^{2}和205kg/hm^2。

根据养分输入、输出量计算得到陕南秦巴山区油菜种植体系养分平衡状况。油菜种植体系氮、磷养分均处于盈余状态，钾养分亏缺。氮、磷盈余量平均值分别为78kg/hm^{2}和16kg/hm^2，钾亏损量平均值为151kg/hm^2。

（3）土壤养分平衡状况的评价

根据养分允许平衡盈亏率方法，对陕南秦巴山区油菜种植体系养分平衡状况进行评价。由表3-11可见，陕南秦巴山区油菜种植体系氮素允许平衡盈亏率为74.0%，说明氮素在短期内有一定量的盈余，不会对周边环境产生影响，但实际盈亏率为76.7%，较其允许平衡盈亏率高出2.7个百分点，说明陕南秦巴山区油菜种植体系氮素投入量超出了合理的范围，可能会造成环境问题，应减少投入量。

表3-11　陕南秦巴山区油菜种植体系养分允许和实际平衡盈亏率情况

养分	相对产量	肥料利用率/%	允许平衡盈亏率/%	实际盈亏率/%
氮(N)	1.92	27.5	74.0	76.7
磷（P_2O_5）	1.24	11.6	65.7	25.8
钾（K_2O）	1.16	31.3	-55.2	-73.6

注：相对产量值均为陕西省各区域多年多点试验的平均值；肥料利用率来自文献（张福锁等，2008）；实际盈亏率=[（收入-支出）/支出]×100%。

陕南秦巴山区油菜种植体系磷素允许平衡盈亏率为65.7%，而实际盈亏率为25.8%，在允许盈余范围内，由此可见，陕南秦巴山区油菜磷素投入量是合适的。

陕南秦巴山区油菜种植体系钾素允许平衡盈亏率为-55.2%，说明短期内油菜在钾素投入有55.2%的赤字情况下并不影响产量，是短期允许范围内的赤字。钾素实际盈亏率为-73.6%，较其允许平衡盈亏率低18.4个百分点。因此，陕南秦巴山区油菜种植中应增加钾肥投入，以保证作物稳产高产。

5. 苹果种植体系养分平衡研究

（1）肥料投入状况

陕西省各区域苹果肥料投入量情况表明（表3-12），陕西全省苹果园氮（N）、磷（P_2O_5）、钾（K_2O）肥投入量分别为734kg/hm^2、465kg/hm^{2}和325kg/hm^2，其中化肥氮、磷、钾投入量分别为558kg/hm^2、358kg/hm^{2}和208kg/hm^2，分别占氮、磷、钾总投入量的76.0%、77.0%和64.0%；有机肥氮、磷和钾投入量分别为176kg/hm^2、107kg/hm^{2}和117kg/hm^2，分别占氮、磷、钾总投入量的24.0%、23.0%和36.0%。陕西省苹果氮、磷、钾养分主要来自于化肥。陕北高原、渭北旱塬和关中灌区氮肥投入量分别为620kg/hm^2、894kg/hm^{2}和761kg/hm^2；磷肥投入量分别为404kg/hm^2、524kg/hm^{2}和553kg/hm^2；钾肥投入量分别为153kg/hm^2、474kg/hm^{2}和492kg/hm^2。

表 3-12 陕西省各区域苹果肥料投入量 （单位：kg/hm^2）

区域	肥料种类	氮（N）		磷（P_2O_5）		钾（K_2O）	
		平均值	标准差	平均值	标准差	平均值	标准差
陕北高原	化肥	490	219	318	198	73	86
	有机肥	130	58	86	51	80	41
渭北旱塬	化肥	587	301	362	176	255	207
	有机肥	307	541	162	195	219	255
关中灌区	化肥	619	259	447	304	382	269
	有机肥	142	55	106	56	110	53
全省	化肥	558	274	358	208	208	214
	有机肥	176	289	107	113	117	147

（2）土壤养分平衡状况

陕西省各区域苹果产量及养分吸收情况表明（表3-13），陕北高原、渭北旱塬和关中灌区苹果产量平均值分别为30.3t/hm^2、29.8t/hm^{2}和46.1t/hm^2，全省平均值为32.1t/hm^2。根据每100kg经济产量养分吸收量可以估算全省苹果氮（N）、磷（P_2O_5）和钾（K_2O）养分吸收量平均值分别为257kg/hm^2、180kg/hm^{2}和205kg/hm^2，陕北高原分别为242kg/hm^2、170kg/hm^{2}和194kg/hm^2，渭北旱塬分别为239kg/hm^2、167kg/hm^{2}和191kg/hm^2，关中灌区分别为369kg/hm^2、258kg/hm^{2}和295kg/hm^2。

表 3-13 陕西省各区域苹果产量及养分吸收情况

区域	产量/(t/hm^2)	养分吸收量/(kg/hm^2)		
		氮（N）	磷（P_2O_5）	钾（K_2O）
陕北高原	30.3±5.7	242	170	194
渭北旱塬	29.8±10.2	239	167	191
关中灌区	46.1±8.3	369	258	295
全省	32.1±10.2	257	180	205

根据养分输入、输出量计算得到陕西省各区域苹果种植体系养分平衡状况（图 3-3）。由图 3-3 可以看出，除陕北高原钾素处于亏损状态外，各区域苹果种植体系氮、磷、钾养分均处于盈余状态。全省氮、磷、钾盈余量平均值分别为 477kg/hm^2、285kg/hm^2 和 120kg/hm^2，陕北高原平均值分别为 378kg/hm^2、234kg/hm^2 和 －41kg/hm^2，渭北旱塬平均分别为 655kg/hm^2、357kg/hm^2 和 283kg/hm^2，关中灌区平均分别为 392kg/hm^2、295kg/hm^2 和 197kg/hm^2。

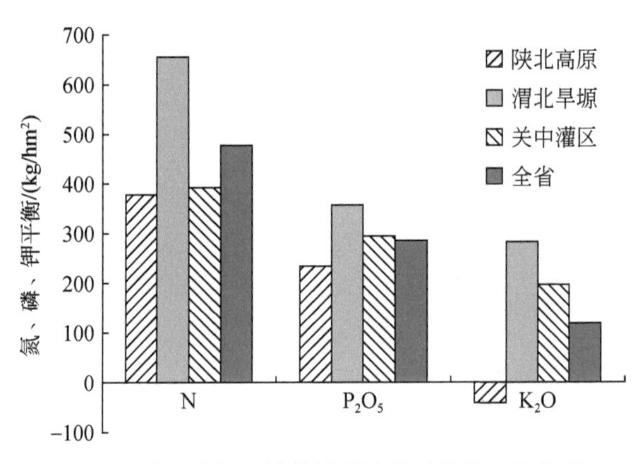

图 3-3　陕西省各区域苹果种植体系养分平衡状况

（3）土壤养分平衡状况的评价

根据养分允许平衡盈亏率方法，对陕西省各区域苹果种植体系养分平衡状况进行评价。由表 3-14 可见，陕西全省苹果种植体系氮素允许平衡盈亏率为 3.0%，说明氮素在短期内有一定量的盈余，不会对周边环境产生影响，但实际盈亏率为 186.0%，较其允许平衡盈亏率高出 183.0 个百分点，且陕北高原、渭北旱塬和关中灌区氮素实际盈亏率较其允许平衡盈亏率也分别高出 85.7 个百分点、314.0 个百分点和 19.2 个百分点，说明陕西省各区域苹果种植体系氮素投入量均大大超出了合理的范围，可能会造成环境问题，应减少投入量，尤其是渭北旱塬。

表 3-14　各区域苹果种植体系养分平衡盈亏率

养分	区域	相对产量	肥料利用率/%	允许平衡盈亏率/%	实际盈亏率/%
氮（N）	陕北高原	1.88	27.5	70.1	155.8
	渭北旱塬	1.20	27.5	−39.4	274.6
	关中灌区	2.06	27.5	86.9	106.1
	全省	1.40	27.5	3.0	186.0

续表

养分	区域	相对产量	肥料利用率/%	允许平衡盈亏率/%	实际盈亏率/%
磷（P_2O_5）	陕北高原	1.49	11.6	183.1	138.1
	渭北旱塬	1.12	11.6	-6.3	213.6
	关中灌区	1.32	11.6	107.0	114.0
	全省	1.20	11.6	45.5	158.8
钾（K_2O）	陕北高原	1.36	31.3	-15.3	-21.1
	渭北旱塬	1.10	31.3	-70.2	148.2
	关中灌区	1.39	31.3	-10.0	66.6
	全省	1.18	31.3	-50.6	58.3

注：相对产量值均为陕西省各区域多年多点试验的平均值；肥料利用率来自文献（张福锁等，2008）；实际盈亏率=[（收入-支出）/支出]×100%。

陕西全省苹果种植体系磷素允许平衡盈亏率为45.5%，但实际盈亏率高达158.8%，较其允许平衡盈亏率高出113.3个百分点，且渭北旱塬和关中灌区磷素实际盈亏率较其允许平衡盈亏率也分别高出219.9个百分点和7.0个百分点。陕北高原磷素实际盈亏率在允许盈余范围内。鲁如坤等（1996）认为，当磷肥增产率在10%～25%时，磷平衡应有适量的盈余，但应控制在20%之内。由此可见，渭北旱塬磷肥用量明显偏高，应减少投入量，而陕北高原和关中灌区磷肥投入合适。

陕西全省苹果种植体系钾素允许平衡盈亏率为-50.6%，说明短期内苹果在钾素投入有50.6%的赤字情况下并不影响产量，是短期允许范围内的赤字，但实际盈亏率为58.3%，较其允许平衡盈亏率高出108.9个百分点，且渭北旱塬和关中灌区钾素实际盈亏率较其允许平衡盈亏率也分别高出218.4个百分点和76.6个百分点，说明渭北旱塬和关中灌区苹果种植体系钾素投入过高，应减少钾肥投入。陕北高原钾素实际盈亏率为-21.1%，较其允许平衡盈亏率低5.8个百分点。因此，陕北高原苹果种植中应增加钾肥投入，以保证作物稳产高产。

（三）讨论

陕西省小麦、玉米、水稻、油菜和苹果五大种植体系氮素均处于盈余状态，全省氮素平均盈余量分别为69kg/hm^2、114kg/hm^2、55kg/hm^2、78kg/hm^{2}和477kg/hm^2，且各区域氮素投入量均大大超出了合理盈余范围。由此可见，陕西省氮肥投入过量现象非常严重，这也是我国当前农业生产中存在的普遍现象（Cui et al.，2006）。刘芬等（2013a，2014）对渭北旱塬小麦和玉米的研究指出，过量施氮作物产量不会增加，并且经济收益和肥料利用效率均会显著降低。过量施氮不仅严重浪费了资源，同时过量的氮素会通过气体和硝酸盐的形式进入大气和地下水，对环境造成潜在威胁。Liu 等（2013）的研究指出，自 20 世纪 80 年代以来，大量施氮导致我国氮沉降量增加了约 8kg/hm^2。同时，Guo 等（2010）的研究指出，过去 30 年我国农田土壤 pH 平均下降了约 0.5 个单位，出现显著酸化现象，其中氮肥过量施用是导致农田土壤酸化的最主要原因。除此，过量施氮还会导致土壤硝酸盐大量累积，污染地下水。Zhang 等（2013）在 *PNAS* 上发表的文章指出，每吨氮肥从生产、运输到施用过程共排放约 13.5t 等当量 CO_2。因此，应减少全省各区域各种植体系的氮肥投入量，降低氮肥过量施用带来的环境污染。

从总体来讲，与氮素相同，陕西省小麦、玉米、水稻、油菜和苹果五大种植体系磷素也均处于盈余状态，全省磷素平均盈余量分别为 64kg/hm^2、24kg/hm^2、20kg/hm^2、16kg/hm^{2}和 285kg/hm^2。通过对各区域各种植体系磷素养分平衡状况的分析，可以看出，小麦种植体系各区域磷素投入量均大大超出了合理盈余范围；玉米种植体系全省整体上磷素投入量是合适的，但各区域间差异较大，陕北高原和渭北旱塬磷素实际盈亏率较其允许平衡盈亏率分别高出 68.8 个百分点和 50.3 个百分点，磷肥用量明显偏高，而关中灌区为亏损状态，且实际盈亏率较其允许平衡亏损率高出 39.2 个百分点；水稻种植体系磷素投入量超出合理盈余范围 45.8 个百分点；油菜种植体系磷素投入量合适；对于苹果种植体系，渭北旱塬磷素投入量明显偏高，而陕北高原和关中灌区磷素投入量合适。Cao 等（2012）的研究指出，土壤速效磷含量与磷盈余量呈极显著正相关，每 100kg/hm^{2}磷盈余可使我国土壤有效磷水平提高 1.44 ~ 5.74mg/kg。因此，从土壤养分角度来讲，磷盈余有利于土壤养分的提高，但磷肥生产需要消耗大量的资源，而磷矿作为主要原材料，是一种不可再生资源，具有耗竭性。目前全球可开采的磷矿资源非常有限，而我国磷矿资源也存在丰而不富、分布偏远、难以开采、品位低下、难以为继的现状（张卫峰等，2005）。过量施磷导致磷矿资源大量浪费，同时，磷肥生产过程中会产生大量的废气、废水和废渣，对土壤酸化、水体富营养化和烟尘、粉尘排放等环境问题贡献极大（王振刚，2004）。除此，过量施磷还会导致土壤磷素大量积累，使农田磷的环境风险增大（张凤华等，2009）。因此，应减少陕西省各区域小麦种植体系、陕北高原和渭北旱塬玉米种植体系、陕南秦巴山区水稻种植体系以及渭北旱塬苹果种植体系的磷肥投入量，从而实现作物高产、肥料高效的双赢局面。

（四）小结

1）陕西省小麦、玉米、水稻、油菜和苹果五大种植体系氮素均处于盈余状态，全省氮素平均盈余量分别为 69kg/hm^2、114kg/hm^2、55kg/hm^2、78kg/hm^2 和 477kg/hm^2，且各区域各种植体系氮素盈余量均大大超出了合理盈余范围，因此，应减少全省各区域各种植体系的氮肥投入量。

2）陕西省小麦、玉米、水稻、油菜和苹果五大种植体系磷素均处于盈余状态，全省磷素平均盈余量分别为 64kg/hm^2、24kg/hm^2、20kg/hm^2、16kg/hm^2 和 285kg/hm^2。各区域小麦种植体系、陕北高原和渭北旱塬玉米种植体系、陕南秦巴山区水稻种植体系以及渭北旱塬苹果种植体系磷素盈余量均超出了合理盈余范围，因此，应减少相应区域及种植体系的磷肥投入量。

3）除苹果外，陕西省小麦、玉米、水稻和油菜种植体系钾素均处于亏损状态，平均亏损量分别为 114kg/hm^2、113kg/hm^2、96kg/hm^2 和 151kg/hm^2。除水稻钾素实际盈亏率在允许亏损范围内，小麦、玉米和油菜种植体系各区域钾素亏损量均大大超出了合理亏损范围，因此，应增加小麦、玉米和油菜种植体系各区域的钾肥投入量。陕西省苹果种植体系总体钾素盈余量平均为 120kg/hm^2，各区域间差异较大，陕北高原、渭北旱塬和关中灌区钾素盈亏量分别为 −41kg/hm^2、283kg/hm^2 和 197kg/hm^2。

二、陕西省主要农作物推荐施肥指标体系建立——以关中灌区冬小麦为例

关中号称“八百里秦川”，农业历史悠久，是闻名全国的粮棉油高产区。全区土地面积约占陕西省的 19.5%，而粮食产量约占陕西省总产量的 52.9%，并集中了陕西省 60.2% 的人口，是陕西省的精华之地。20 世纪 80 年代全国第二次土壤普查期间，陕西省土壤肥料工作者在全国第二次土壤普查养分分级标准的基础上，根据陕西省关中灌区土壤养分含量状况，建立了针对本研究区域的土壤养分丰缺指标（陕西省农业勘察设计院，1982）和推荐施肥指标（陕西省第二次土壤普查办公室，1992）。经过近 30 年的化肥使用和土壤培肥，土壤肥力发生了巨大变化（任意等，2009；摄晓燕等，2010；王伟妮等，2012），冬小麦品种、产量水平和栽培方式等也发生了很大变化，且施肥目标也已从过去的单一追求高产向高产、优质、高效和环保等多目标过渡，原有的指标体系已不能满足区域内农业发展要求，迫切需要建立一套符合本研究区域农业现状的施肥指标体系，以指导作物合理施肥。

以测土配方施肥项目为依托，2008 年陕西关中灌区共完成冬小麦“3414”试验 95 个，本书以研究区域冬小麦试验结果为基础，对冬小麦施肥指标体系进行研究，旨在摸清研究区域冬小麦氮、磷、钾施肥效果、建立冬小麦土壤养分丰

缺指标和推荐施肥模型、确定不同肥力水平下的推荐施肥量，为提高研究区域农田综合生产能力与肥料利用效率提供依据。

（一）材料与方法

1. 试验设计

试验采用“3414”设计方案，即氮、磷、钾三因素，每因素四水平，共14个处理。四水平的含义：0水平指不施肥，2水平指当地推荐施肥量，1水平=2水平×0.5（施肥不足水平），3水平=2水平×1.5（过量施肥水平）。14个处理分别为$N_0P_0K_0$、$N_0P_2K_2$、$N_1P_2K_2$、$N_2P_0K_2$、$N_2P_1K_2$、$N_2P_2K_2$、$N_2P_3K_2$、$N_2P_2K_0$、$N_2P_2K_1$、$N_2P_2K_3$、$N_3P_2K_2$、$N_1P_1K_2$、$N_1P_2K_1$、$N_2P_1K_1$。

2008年关中灌区共设置冬小麦“3414”试验95个，涉及12个测土配方施肥项目县（区），包括户县①、周至县、秦都区、渭城区、武功县、乾县、三原县、临渭区、潼关县、陈仓区、凤翔县和扶风县。各试验点因土壤肥力水平不同，所采用的具体氮、磷、钾肥推荐施用量存在差异，平均2水平施肥量：N为200kg/hm^2、P_2O_5为115kg/hm^{2}和K_2O为78kg/hm^2。选择当地高、中、低不同肥力水平的地块作为试验田。

2. 试验方法

试验采用多点无重复设置，小区面积为20～25 m^2，同一试验小区面积相同。小麦供试品种为“小偃22”和“西农979”等当地主栽品种，试验时间为2008年10月～2009年6月。供试肥料为尿素（含N 46%）、过磷酸钙（含P_2O_5 12%）和氯化钾（含K_2O 60%）。磷、钾肥作为基肥一次性施入；氮肥总量的30%～60%作为基肥，其余部分在拔节期追施，具体的基追肥比例根据当地土壤肥力状况确定。试验区周围设1 m宽以上的保护行，其他的栽培管理措施与大田生产一致。收获时去除边行，按小区单收单打，并计产。

3. 土样采集和测定

每个田间试验实施前，按规范取一混合基础土样。采用常规方法（鲍士旦，2000）测定土壤主要理化性状，其中pH为电位法，有机质为油浴加热-重铬酸钾容量法，碱解氮为碱解扩散法，有效磷为0.5mol/L碳酸氢钠浸提-钼锑抗比色法，速效钾为1mol/L乙酸铵浸提-火焰光度计法。供试土壤pH为8.0±0.3，有机质含量为（14.8±2.9）g/kg，碱解氮为（68.3±19.9）mg/kg，有效磷为（25.9±11.4）mg/kg，速效钾为（152.1±35.4）mg/kg。

---

① 现为鄠邑区。

4. 数据整理与分析

各指标计算方法为

增产率=(全肥区经济产量-缺素区经济产量)/缺素区经济产量×100% (3-10)

农学效率=(全肥区经济产量-缺素区经济产量)/(全肥区施肥量-缺素区施肥量) (3-11)

土壤贡献率=不施肥区经济产量/全肥区经济产量×100% (3-12)

肥料贡献率=(全肥区经济产量-不施肥区经济产量)/全肥区经济产量×100 (3-13)

缺素区相对产量=缺素区产量/全肥区产量×100% (3-14)

采用 Excel 软件进行数据统计与分析。

(二) 结果与分析

1. 土壤养分丰缺指标的制定

以各试验点土壤速效氮、磷、钾养分测定值为横坐标，缺素区相对产量值为纵坐标，绘制散点图，采用对数模型拟合曲线（孙义祥等，2009；陈新平和张福锁，2006）（图 3-4），得出回归方程。需要指出的是，由于田间试验受众多不可控因素的影响，少量结果会出现明显的偏差，但从散点图可以看出，只要剔除部分与整体趋势有明显偏离的试验点（在土壤速效养分含量较低时，相对产量却极高或在土壤速效养分含量很高时，相对产量却极低），剩余试验点整体分布趋势可满足对数模型所描述的动态特征。

以相对产量 70%、80%、90% 和 95% 为划分标准（<70% 为极低，70% ~ 80% 为低，80% ~90% 为中等，90% ~95% 为高，>95% 为极高），根据回归方程得出对应的土壤速效养分值，即土壤速效养分的丰缺指标临界值。本研究土壤碱解氮、有效磷和速效钾的丰缺指标临界值从小到大依次为 48mg/kg、77mg/kg、123mg/kg 和 155mg/kg；9mg/kg、17mg/kg、36mg/kg 和 51mg/kg；53mg/kg、88mg/kg、147mg/kg 和 190mg/kg。

本研究所有试验点土壤碱解氮、有效磷和速效钾含量分别为 28.8 ~ 127.0mg/kg、4.4 ~46.9mg/kg 和 78.0 ~221.0mg/kg，因此，缺氮区和缺磷区相对产量 95% 所对应的碱解氮含量（155mg/kg）和有效磷含量（51mg/kg）以及缺钾区相对产量 70% 所对应的速效钾含量（53mg/kg）均为模型外推值，没有实际意义。因此，将土壤有效养分的 5 级指标简化为 4 级（碱解氮和有效磷含量去除极高等级，速效钾含量去除极低等级），同时，考虑到实际应用的方便性，将

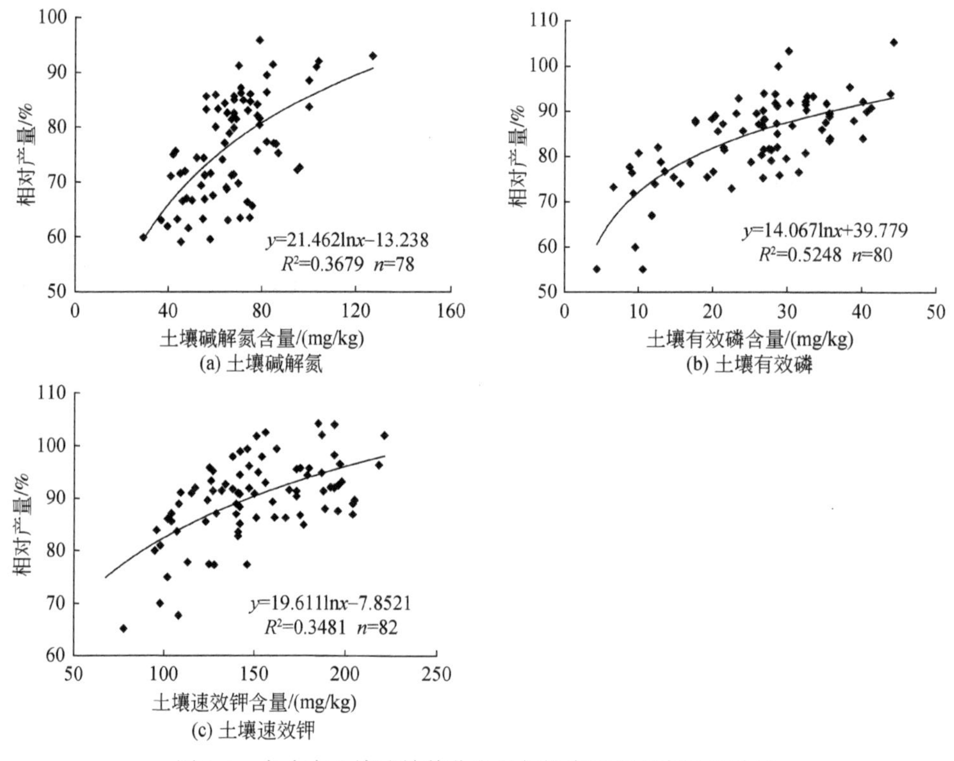

图 3-4　冬小麦土壤速效养分含量与缺素区相对产量的关系

指标进一步简化，即土壤碱解氮含量<50mg/kg 为极低，50～80mg/kg 为低，80～120mg/kg 为中等，>120mg/kg 为高；有效磷含量<10mg/kg 为极低，10～20mg/kg 为低，20～35mg/kg 为中等，>35mg/kg 为高；速效钾含量<90mg/kg 为低，90～150mg/kg 为中等，150～190mg/kg 为高，>190mg/kg 为极高。

2. 氮、磷、钾推荐施肥量的确定

采用一元二次模型对各试验点施肥量与产量结果进行拟合，并根据边际收益等于边际成本，计算氮、磷、钾肥最佳经济产量施用量，从而进一步建立冬小麦最佳施氮量与土壤碱解氮测定值、最佳施磷量与土壤有效磷测定值、最佳施钾量与土壤速效钾测定值的函数关系式，即氮、磷、钾施肥模型（图 3-5）。分别选用处理 2、处理 3、处理 6、处理 11 模拟氮肥推荐用量，处理 4～7 模拟磷肥推荐用量，处理 6、处理 8～10 模拟钾肥推荐用量。氮肥（N）、磷肥（P_2O_5）、钾肥（K_2O）和小麦分别以每千克 4 元、4.5 元、5 元和 1.8 元的平均市场价计算。

由图 3-5 可以看出，剔除部分试验异常点（在土壤速效养分含量较低时，最

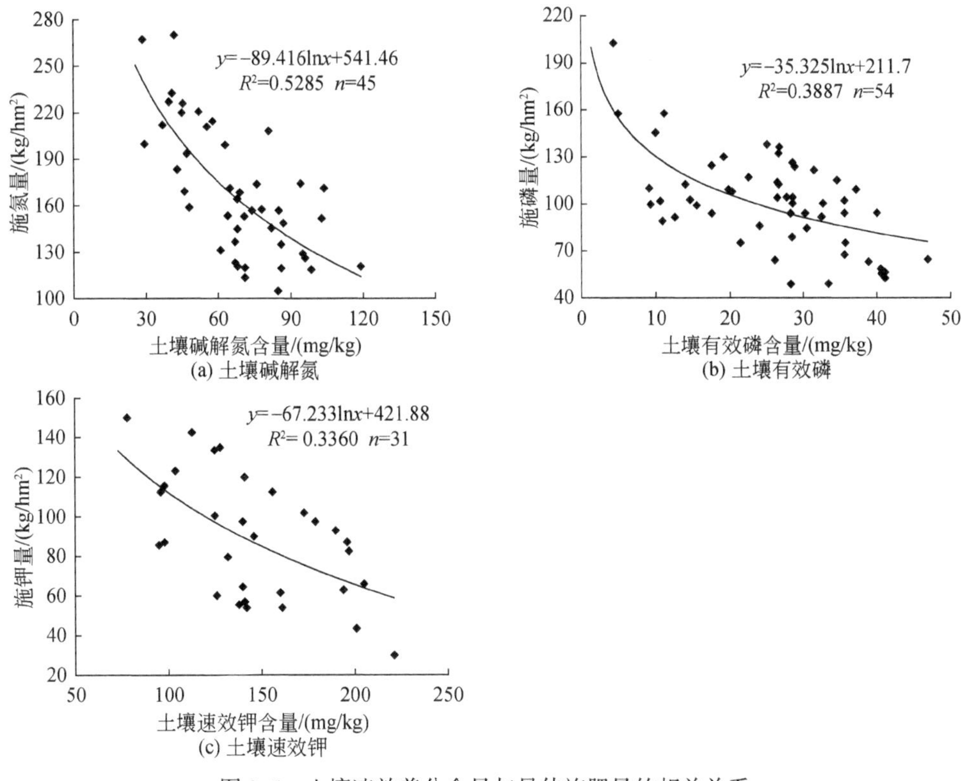

图 3-5　土壤速效养分含量与最佳施肥量的相关关系

佳施肥量为零或极低以及在土壤速效养分含量很高时，仍然计算出一个较高的施肥量）后，最佳施肥量和土壤养分测定值均呈现极显著对数负相关。回归关系式的建立，使得本来只有相对意义的土壤养分值转变成直接用于确定经济合理施肥量的参数。本研究氮、磷、钾回归方程标准误分布在 24. 1 ~ 30. 6kg/hm^2，平均值为 26. 8kg/hm^2，表明每公顷氮、磷、钾肥推荐用量平均误差在±26. 8kg。

将土壤养分丰缺指标代入函数式，求出各级丰缺指标下的经济合理施肥量。土壤碱解氮含量为 50mg/kg、80mg/kg 和 120mg/kg 时，最佳施氮量分别为 192kg/hm^2、150kg/hm^2 和 113kg/hm^2；有效磷含量为 10mg/kg、20mg/kg 和 35mg/kg 时，最佳施磷量分别为 130kg/hm^2、106kg/hm^2 和 86kg/hm^2；速效钾含量为 90mg/kg、150mg/kg 和 190mg/kg 时，最佳施钾量分别为 119kg/hm^2、85kg/hm^2 和 69kg/hm^2。考虑到实际操作的方便性，对推荐施肥量的值域划分进行适当的调整，见表 3-15。

表 3-15　关中灌区冬小麦不同养分水平下的推荐施肥量

养分	丰缺程度	相对产量/%	养分丰缺指标/(mg/kg)	推荐施肥量/(kg/hm^2)
碱解氮	高	>90	>120	0 ~ 110
	中等	80 ~ 90	80 ~ 120	110 ~ 150
	低	70 ~ 80	50 ~ 80	150 ~ 190
	极低	<70	<50	190 ~ 230
有效磷	高	>90	>35	0 ~ 90
	中等	80 ~ 90	20 ~ 35	90 ~ 110
	低	70 ~ 80	10 ~ 20	110 ~ 130
	极低	<70	<10	130 ~ 160
速效钾	极高	>95	>190	0 ~ 70
	高	90 ~ 95	150 ~ 190	70 ~ 90
	中等	80 ~ 90	90 ~ 150	90 ~ 120
	低	<80	<90	120 ~ 150

3. 推荐施肥效果验证

根据上述制定的推荐施肥指标和“大配方，小调整”的推广应用原则，2008 ~ 2009 年在本研究区域的 17 个县（市、区）共设置了 185 个示范试验，来验证关中灌区冬小麦推荐施肥效果。试验包括不施肥、农民习惯施肥和推荐施肥 3 个处理，其中农民习惯施肥区平均施肥量为 220kg/hm^2（N）、126kg/hm^2（P_2O_5）和 6kg/hm^2（K_2O），推荐施肥区为 195kg/hm^2（N）、117kg/hm^2（P_2O_5）和 73kg/hm^2（K_2O），除施肥量不同外，各处理其他管理措施均一致。结果表明，关中灌区冬小麦推荐施肥处理较农民习惯施肥处理平均增产 789kg/hm^2，变幅为 23 ~ 2532kg/hm^2，41.6% 的试验点集中于 600 ~ 900kg/hm^2［图 3-6（a）］；平均增收 1227 元/hm^2，变幅为 -271 ~ 4708 元/hm^2，31.9% 的试验点集中于 1000 ~ 1500 元/hm^2［图 3-6（b）］，有 3 个试验点出现增产不增收现象。农民习惯施肥处理和推荐施肥处理肥料贡献率分别为 28.1%（0.2% ~ 67.2%）和 36.3%（7.1% ~ 73.6%），氮、磷、钾肥农学效率分别为 5.0kg/kg（0.1 ~ 12.7kg/kg）和 6.7kg/kg（1.1 ~ 13.2kg/kg），推荐施肥处理较农民习惯施肥处理肥料贡献率提高 8.2 个百分点，每千克氮、磷、钾肥小麦增产量提高 1.7kg，具体频率分布状况如图 3-7 所示。综上可以说明，推荐施肥较农民习惯施肥具有显著的增产增收效果，是实现作物高产高效的有效途径。

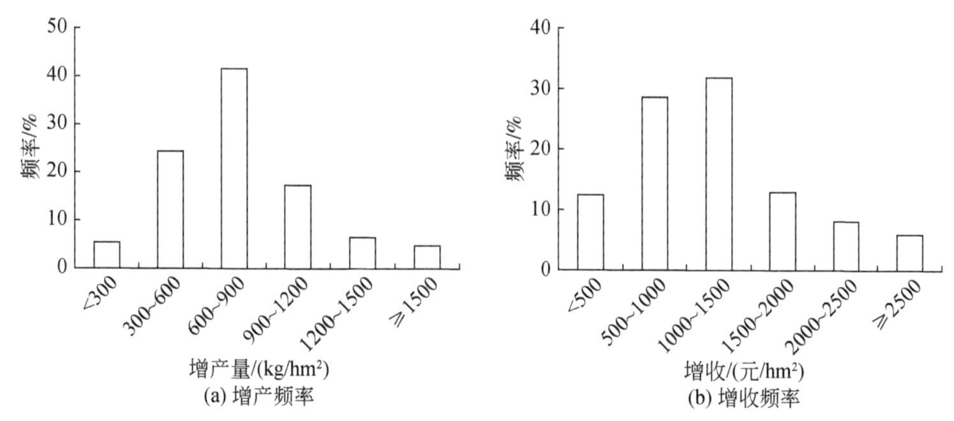

图 3-6　关中灌区冬小麦推荐施肥处理较农民习惯施肥处理增产和增收频率分布

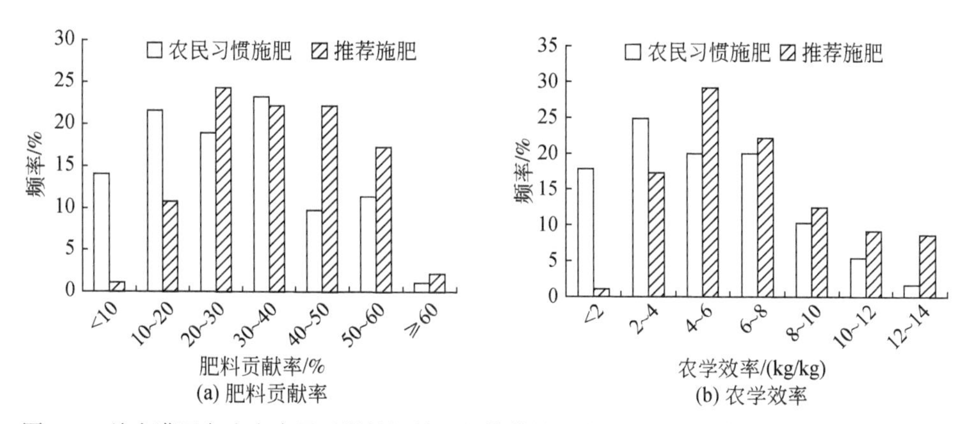

图 3-7　关中灌区冬小麦农民习惯施肥处理和推荐施肥处理肥料贡献率和农学效率频率分布

（三）讨论

1. 土壤养分丰缺指标

建立合理的土壤养分丰缺指标是有效利用土壤养分测试值进行推荐施肥的基础，缺素区相对产量是制定土壤养分丰缺指标的重要参数（Fageria et al., 1997）。国内外科研工作者曾采用不同相对产量值对土壤养分进行分级，多以4～5 级标准为主，Cope 和 Evans（1985）及 Fageria 等（1997）分别以相对产量值50%、75%、100%及70%、95%、100%为标准，将土壤速效养分划分为极低、低、中等和高 4 个级别，陈新平和张福锁（2006）、张福锁（2006）建议我国农田土壤大量元素养分划分级别可以采用<50%为极低，50%～75%为低，75%～95%为中，>95%为高的标准；黄德明等（1986）和林守宗等（1987）分别以相对产量75%、85%、95%、100%和50%、70%、90%、95%为标准，将土壤速效养分划分为极低、低、中等、高和极高5个级别。土壤养分丰缺状况是针对某个地区而言的，是一相对概念，应根据研究区域的土壤养分供应能力选择合适的相对产量值进行划分。

戢林等（2011）针对研究区域实际状况，对相对产量较为集中的75%~100%这一区域进行了细分，最终以相对产量75%、80%、85%、90%和95%作为划分标准，而部分研究者认为，由于作物生长受诸多因素的影响，产生的年度间产量变化幅度足以掩盖被划分过细的肥力级差，肥力等级划分为3级或4级就已足够（金耀青和张中原，1993；李娟等，2010；章明清等，2010）。

本研究所有试验点缺氮区、缺磷区和缺钾区相对产量分别为59.1%~95.8%、55.0%~105.3%和65.2%~104.2%，平均值分别为76.6%、84.2%和89.9%，分别有71.8%、95.0%和97.6%的试验点相对产量大于70%，综合考虑土壤氮、磷、钾养分状况及付莹莹等（2009）研究结果，采用相对产量70%、80%、90%和95%作为本研究区域冬小麦土壤养分丰缺指标划分依据。但由于本研究所有试验点土壤碱解氮、有效磷和速效钾含量分别为28.8~127.0mg/kg、4.4~46.9mg/kg和78.0~221.0mg/kg，而根据土壤速效养分含量与缺素区相对产量之间的回归方程计算得到的缺氮区和缺磷区相对产量95%所对应的碱解氮含量（155mg/kg）和速效磷含量（51mg/kg）以及缺钾区相对产量70%所对应的速效钾含量（53mg/kg）均为模型外推值，最终将土壤有效养分的5级指标简化为4级，即碱解氮和有效磷含量去除极高等级，速效钾含量去除极低等级。

20世纪70年代后期，关中灌区亩产150~300kg的川地，土壤速效氮和有效磷含量丰缺临界值分别为50mg/kg和8.7mg/kg（陕西省农业勘察设计院，1982）。80年代，陕西省在全省范围内，共布置了2000多个田间肥料试验，进行施肥推荐分区的研究，指出当时条件下关中灌区土壤碱解氮、有效磷含量丰缺临界值分别为69~87mg/kg和19~22mg/kg（陕西省第二次土壤普查办公室，1992）。由此可见，当前土壤速效养分丰缺临界值明显提高，这符合本研究区域土壤肥力变化趋势，据2005~2009年测土配方施肥项目数据统计，当前关中灌区土壤碱解氮、有效磷含量分别为68.4mg/kg和26.4mg/kg，与80年代全国第二次土壤普查时相比，增幅分别为27.4%和252.0%。

2. 推荐施肥量

肥料效应函数是确定最佳施肥量的主要方法（王兴仁等，1998），而肥料效应模型的选择尤为重要。王圣瑞等（2002）认为，一元施肥模型不仅拟合率高，且与三元二次肥料效应回归方程相比，推荐施肥量更符合实际。李文彪等（2011）采用一元二次肥料效应函数，建立了内蒙古河套灌区春小麦推荐施肥指标体系。

本研究分别采用三元二次、线性加平台和一元二次模型对施肥量与产量关系进行模拟，计算最佳肥料用量，并对结果进行合理性检验，前两者成功率较低，只有一元二次模型成功率较高，故最终采用一元二次函数作为确定最佳施肥量的肥料效应模型。根据汇总统计，氮、磷、钾肥一元二次模型的拟合率分别为69%、62%和36%，与他人研究相比（戢林等，2011），拟合率偏低，尤其是钾肥。杨俐苹等（2011）以内蒙古海拉尔地区油菜“3414”试验为例，对测土配方施肥指标体系建立中“3414”试验成功率普遍很低的原因进行了深入分析，并指出除了农技人员农业科研管理水平差异较大，2 水平设定不合理以及田间试验一些未知的非研究性因子干扰外，“3414”试验肥料用量水平数相对较少（只有4 个水平）也是一个重要原因。因此，各地方在“3414”试验方案实施前，应该在了解当地土壤养分限制因素的前提下进行肥料用量试验，而不是简单的一个地区采用一个试验方案，从而提高试验的成功率。

20 世纪 80 年代，在不考虑土壤肥力的前提下，关中灌区冬小麦推荐施肥量（最佳经济施肥量）为 141kg/hm^2（N）、133kg/hm^2（P_2O_5）（陕西省第二次土壤普查办公室，1992）。80 年代钾肥肥效试验证明，在关中灌区，施用钾肥无显著增产效果，因此当时推荐施肥研究中未考虑钾素。本研究在建立推荐施肥指标时，充分考虑了土壤肥力因素和钾肥肥效。当前中等肥力土壤的平均推荐施肥量为 130kg/hm^2（N）、100kg/hm^2（P_2O_5），与 80 年代相比，本研究建立的推荐施肥指标呈现出减氮、磷，增钾的特点，这与长期以来区域内肥料投入特点和土壤养分状况有关。王圣瑞（2002）对 1986 ~ 2000 年关中灌区麦田养分平衡的研究指出，1986 ~ 2000 年土壤氮、磷一直处于盈余状态，年盈余量平均为 46kg/hm^2 和 58kg/hm^2。陕西省虽为富钾土壤，但农民长期以来基本上不施用钾肥（同延安等，2004），每年作物带走大量钾素，土壤钾库长期处在被耗用状态，导致部分地区钾素严重亏损，长此以往必然会影响作物生长，因此可以通过施用有机肥或秸秆还田等的形式补充土壤钾素。

（四）小结

以相对产量 70%、80%、90% 和 95% 为标准划分土壤养分丰缺指标，并利用一元二次模型对各试验点施肥量与产量关系进行模拟，确定各试验点最佳经济产量施肥量，最终建立了关中灌区冬小麦基于土壤碱解氮、有效磷和速效钾测定值的氮、磷、钾推荐施肥模型，确定了不同肥力水平下的推荐施肥量。与原有指标相比，当前土壤速效养分丰缺临界值明显提高，推荐施肥指标呈现出减氮、磷，增钾的特点。示范试验证明推荐施肥较农民习惯施肥具有显著的增产增收效果。

三、陕西省主要农作物测土施肥效果验证

在我国，长期以来农民都是凭经验施肥，肥料用量及氮、磷、钾施用比例不合适、肥料利用效率低、作物产量无法实现最大化，不仅造成严重的资源浪费还对环境以及食品安全等方面产生一系列的负面影响（高祥照等，2001；谷洁和高华，2000；何小霞和曾思坚，2005；汤勇华和黄耀，2008；Ju et al.，2009）。同延安等（2004）在1997～2000年对陕西省1500多个农户肥料施用情况的调查表明，陕西省主要农作物氮肥过量施用情况严重，全省每年化肥氮损失量高达12.2万t。王小英等（2013a，2013b，2013c）对陕西省测土配方施肥项目县2005～2009年农户施肥调查数据的汇总分析指出，陕西省农户施肥中存在氮肥投入过量、磷肥投入过量和不足并存、钾肥投入严重不足的问题。因此，依据作物养分需求特点，合理施用氮、磷、钾肥已成为作物增产、肥料高效利用的关键。

2006～2010年陕西省针对主要农作物共完成田间肥效试验2092个，以此为数据基础，本研究建立了各生态区域主要农作物土壤养分丰缺指标和推荐施肥指标。为验证施肥指标的合理性，2007～2011年陕西省测土配方施肥项目在全省范围内开展了大量的示范试验。本研究试图利用陕西省测土配方施肥项目2256个三区示范试验，从区域角度分析当前条件下测土配方施肥措施与农民习惯施肥措施在作物产量、经济收益以及环境效益方面的优劣，为农民合理施肥提供依据。

（一）材料与方法

1. 试验设计

试验设三个处理：农民习惯施肥、推荐施肥和不施肥处理。其中推荐施肥区、农民习惯施肥区面积不少于200 m^2，不施肥区不少于30 m^2。除陕北高原不种植小麦外，小麦、玉米在全省各生态区域均有分布；水稻和油菜主要分布于陕南秦巴山区；苹果主要分布于陕北高原、渭北旱塬和关中灌区三个区域。剔除由自然灾害、人为管理等影响因素导致的无效试验后，2007～2011年陕西省针对主要农作物共完成有效试验2256个，其中小麦、玉米、水稻、油菜和苹果分别为812个、957个、181个、145个和161个，涉及75个县（市、区）。

2. 试验方法

农民习惯施肥处理完全按照当地农民习惯进行施肥管理；推荐施肥处理只是按照试验要求改变施肥数量和方式，不施肥处理，即对照处理不施任何化学肥

料，其他管理与农民习惯处理相同。农作物供试品种均为当地主栽品种，小麦主要供试品种为“小偃22”“西农979”“长旱58”“晋麦47”；玉米为“郑单958”“浚单20”“豫玉22号”“潞玉13号”；水稻为“宜香2292”“中优7号”；油菜为“秦油7号”“中双8号”“中油6303”；苹果为红富士。试验区周围设1m宽以上的保护行，其他的栽培管理措施与大田生产一致。收获时去除边行，按小区单收单打，并计产。

3. 土样采集和测定

每个田间试验实施前，采用多点混合法取一基础土样。采用常规方法（鲍士旦，2000）测定土壤主要理化性状，其中pH为电位法，有机质为油浴加热-重铬酸钾容量法，碱解氮为碱解扩散法，有效磷为0.5mol/L碳酸氢钠浸提-钼锑抗比色法，速效钾为1mol/L乙酸铵浸提-火焰光度计法。供试土壤主要理化性状见表3-16。

表3-16 供试土壤基本理化性状

作物	pH	有机质/(g/kg)	碱解氮/(mg/kg)	有效磷/(mg/kg)	速效钾/(mg/kg)
小麦（n=812）	7.8±0.4	14.7±4.9	69.3±33.2	22.3±13.4	157.1±51.2
玉米（n=957）	7.8±0.6	14.9±5.5	72.1±34.3	20.9±12.2	147.4±54.4
水稻（n=181）	6.5±0.6	20.3±5.6	122.0±33.0	18.8±8.4	111.7±33.4
油菜（n=145）	6.7±0.7	21.5±6.5	123.5±44.3	17.0±9.6	118.5±41.9
苹果（n=161）	8.1±0.3	12.0±2.8	62.5±22.7	15.5±9.0	150.6±50.1

4. 数据整理与分析

各指标计算方法（以推荐施肥处理为例）为

$$\text{农学效率}=(\text{推荐施肥区经济产量}-\text{不施肥区经济产量})/\text{推荐施肥区施肥量} \tag{3-15}$$

$$\text{肥料贡献率}=(\text{推荐施肥区经济产量}-\text{不施肥区经济产量})/\text{推荐施肥区经济产量}\times100\% \tag{3-16}$$

采用Excel软件进行数据统计与分析。

（二）结果与分析

1. 主要农作物推荐施肥增产效果评估

施肥是作物增产的重要措施。由表3-17可以看出，与不施肥处理相比，施肥处理（农民习惯施肥和推荐施肥）小麦、玉米、水稻、油菜和苹果均显著增产，且推荐施肥产量均高于农民习惯施肥。但由于气候条件、土壤肥力以及作物品种等因素的影响，不同试验点产量变幅较大，施肥增产效果差异也较大。与农民习惯施肥相比，小麦、玉米、水稻、油菜和苹果推荐施肥分别平均增产653kg/hm^2、908kg/hm^2、703kg/hm^2、341kg/hm^{2}和3232kg/hm^2，增产率分别为13.2%、13.2%、8.7%、15.7%和12.2%，以油菜增幅最大。

表 3-17　主要农作物推荐施肥增产效果

作物	产量/(kg/hm^2)			推荐施肥-不施肥		农民习惯施肥-不施肥		推荐施肥-农民习惯施肥	
	不施肥	农民习惯施肥	推荐施肥	增产量/(kg/hm^2)	增产率/%	增产量/(kg/hm^2)	增产率/%	增产量/(kg/hm^2)	增产率/%
小麦	3 786±1 456	5 299±1 523	5 951±1 621	2 076±1 033	64.2±45.6	1 423±933	45.2±39.5	653±421	13.2±8.7
玉米	5 489±1 891	7 286±1 991	8 195±2 185	2 706±1 330	59.3±49.3	1 797±1 146	40.6±39.5	908±676	13.2±10.8
水稻	5 745±1 411	8 471±1 033	9 174±1 006	3 430±1 332	67.7±37.6	2 726±1 288	54.4±33.3	703±542	8.7±6.6
油菜	1 221±299	2 291±364	2 632±400	1 411±377	126.5±56.0	1 070±346	96.7±48.5	341±224	15.7±13.0
苹果	24 651±10 288	30 176±10 636	33 407±10 581	8 756±6 036	43.7±38.5	5 524±5 259	27.8±32.0	3 232±2 286	12.2±7.9

2. 主要农作物推荐施肥经济效益评估

经济效益的高低是决定一项技术是否能够在生产中进行大面积推广的关键。由表3-18可以看出，与农民习惯施肥相比，陕西省主要农作物推荐施肥量均表现为减氮、增钾的特点。磷肥用量规律不一致，小麦、玉米和苹果有所降低，而水稻和油菜磷肥用量则有所增加。肥料总用量（$N+P_2O_5+K_2O$）均表现为推荐施肥处理高于农民习惯施肥处理。

假定除肥料外，农民习惯施肥、推荐施肥以及不施肥处理农药、劳动力和机械动力等其他农业生产要素的投入均一致，在此前提下对推荐施肥的经济效益进行评估。由于钾肥价格高于氮、磷肥，且推荐施肥钾肥及肥料总用量均较高，推荐施肥肥料成本高于农民习惯施肥。作物产量的增加成为推荐施肥经济收益高于农民习惯施肥的主要原因。较农民习惯施肥，推荐施肥可使小麦、玉米、水稻、油菜和苹果分别节本增收1063元/hm^2、1233元/hm^2、757元/hm^2、1086元/hm^{2}和15 841元/hm^2，以苹果经济效益最高（表3-18）。

表 3-18 主要农作物推荐施肥增收效果

作物	农民习惯施肥量/(kg/hm²)			推荐施肥量/(kg/hm²)			推荐施肥-农民习惯施肥/(元/hm²)		
	氮（N）	磷（P_2O_5）	钾（K_2O）	氮（N）	磷（P_2O_5）	钾（K_2O）	节约肥料成本	产粮增收	节本增收
小麦	208±70	127±56	12±40	185±58	113±41	65±32	−112±475	1 175±759	1 063±815
玉米	252±81	65±78	10±28	228±58	93±53	84±50	−403±460	1 635±1 217	1 233±1 242
水稻	166±29	68±23	31±26	159±32	79±20	86±20	−298±225	1 055±813	757±841
油菜	164±33	67±21	24±28	154±25	77±13	65±21	−210±186	1 296±850	1 086±860
苹果	460±179	383±176	138±131	467±130	331±141	244±148	−319±1 214	16 159±11 430	15 841±11 652

注：小麦、玉米、水稻、油菜、苹果以及氮（N）、磷（P_2O_5）、钾肥（K_2O）价格分别以2007～2011年该区域均价 1.8 元/kg、1.8 元/kg、1.5 元/kg、3.8 元/kg、5.0 元/kg、4.0 元/kg、4.5 元/kg、5.0 元/kg计算。

3. 主要农作物肥料贡献率和农学利用效率分析

肥料贡献率即肥料对作物产量的贡献率，反映了作物对肥料的依赖程度。由表3-19 可以看出，不同作物对肥料的依赖程度不同，表现为油菜>水稻>小麦>玉米>苹果。本研究小麦、玉米、水稻、油菜和苹果推荐施肥处理肥料贡献率分别为35.3%、33.2%、37.3%、53.3%和26.9%，较农民习惯施肥分别提高了8.1个百分点、8.2 个百分点、5.2 个百分点、7.1 个百分点和8.3 个百分点。

表 3-19 主要农作物肥料贡献率和农学效率

作物	肥料贡献率/%			农学效率/(kg/kg)		
	农民习惯施肥	推荐施肥	推荐施肥-农民习惯施肥	农民习惯施肥	推荐施肥	推荐施肥-农民习惯施肥
小麦	27.2±15.2	35.3±14.4	8.1±5.1	4.5±3.1	6.0±3.1	1.5±1.8
玉米	25.0±14.7	33.2±14.3	8.2±5.7	6.0±4.0	7.1±3.6	1.1±2.6
水稻	32.1±14.8	37.3±14.0	5.2±4.3	10.3±4.7	10.8±4.3	0.5±2.5
油菜	46.2±12.8	53.3±11.1	7.1±5.5	4.3±1.5	4.9±1.7	0.6±1.3
苹果	18.6±13.3	26.9±14.1	8.3±5.3	6.2±5.4	9.0±6.4	2.8±3.5

农学效率是作物施肥后增加的产量与施肥量的比值，它反映了单位施肥量增加作物产量的能力，是国际上表征农田肥料利用效率的常用参数（张福锁等，2008）。本研究小麦、玉米、水稻、油菜和苹果推荐施肥处理肥料农学效率分别为6.0kg/kg、7.1kg/kg、10.8kg/kg、4.9kg/kg和9.0kg/kg，较农民习惯施肥每千克肥料增产量分别提高了1.5kg、1.1kg、0.5kg、0.6kg和2.8kg。不同作物肥料利用效率不同，表现为水稻>苹果>玉米>小麦>油菜。

4. 陕西省推荐施肥增产、增收潜力分析

平衡施用氮、磷、钾肥既能满足农作物对营养元素的需求，提高作物产量，增加农民经济收入，同时又能提高肥料利用效率，避免肥料浪费，降低环境污染。根据本研究结果，若测土配方施肥技术在陕西省内全面推广，全省小麦、玉米、水稻、油菜和苹果可分别增产74.2万t、106.9万t、8.5万t、6.9万t和201.4万t，相当于目前全省各自总产量（陕西省统计局，2012）的18.1%、19.4%、10.1%、18.1%和22.3%；分别增收12.1亿元、14.5亿元、0.9亿元、2.2亿元和98.7亿元，总值约占全省生产总值（陕西省统计局，2012）的1.6%（表3-20）。

表3-20 陕西省主要农作物推荐施肥增产、增收潜力分析

作物	单位面积增产量/(kg/hm²)	单位面积节本增收/(元/hm²)	全省种植面积/10³hm²	全省增产/万t	全省增收/亿元
小麦	653	1 063	1 136.7	74.2	12.1
玉米	908	1 233	1 177.8	106.9	14.5
水稻	703	757	120.9	8.5	0.9
油菜	341	1 086	203.3	6.9	2.2
苹果	3 232	15 841	623.2	201.4	98.7

（三）讨论

在推荐施肥方面，多年来国内外学者开展了大量研究，发展了一些较为成熟的方法，如地力分级法、目标产量法、肥料效应函数法等（何萍等，2012）。本研究各区域不同作物推荐施肥量是在大量田间试验的基础上确定的，通过对测土配方施肥项目“3414”试验数据进行整理、分析，以缺素区相对产量划分土壤养分丰缺指标，并利用肥料效应模型对各试验点施肥量与产量关系进行模拟，确定各试验点最佳经济产量施肥量，最终建立各区域主要农作物基于土壤碱解氮、有效磷和速效钾测定值的氮、磷、钾推荐施肥模型，确定不同肥力水平下的推荐施肥量（刘芬等，2013b）。

氮肥作为我国最早使用的肥料品种，在农业增产中作用巨大，但随着氮肥的长期大量施用，过量施氮已成为当前农业生产中存在的普遍问题（Cui et al., 2006）。自20世纪80年代以来，我国农田生态系统氮素养分投入量以3.2%的年增长率持续增长，氮素平衡呈现出持续盈余的态势，并逐年上升（刘忠等，2009）。在我国，由于钾盐资源有限，长期依赖进口，钾肥价格相对较高，农民基本上不施用钾肥（Wu et al., 2013；Fan et al., 2005），但是每年作物收获带走大量钾素，土壤钾库长期处在被耗用状态，从而导致部分地区出现钾素亏损，钾肥肥效也日渐显现（Römheld and Kirkby, 2010；Zhang et al., 2010）。与当地农民习惯施肥相比，本研究主要农作物推荐施肥量均表现为减氮、增钾的特点。Zhang等（2013）研究指出每吨氮肥（N）从生产、运输到施用过程共排放约13.5t等当量CO_2，本研究采取的减氮措施不仅提高了氮肥利用效率，还降低了温室气体排放，具有显著的环境效益。由此可见，该区域减氮、增钾的平衡施肥措施不但提高了作物产量，增加了农民经济收益，同时减轻了过量施氮造成的环境压力。

（四）小结

与农民习惯施肥相比，小麦、玉米、水稻、油菜和苹果配方施肥分别平均增产653kg/hm²、908kg/hm²、703kg/hm²、341kg/hm²和3232kg/hm²，增产率分别为13.2%、13.2%、8.7%、15.7%和12.2%，分别节本增收1063元/hm²、1233元/hm²、757元/hm²、1086元/hm²和15 841元/hm²，肥料贡献率分别提高了8.1个百分点、8.2个百分点、5.2个百分点、7.1个百分点和8.3个百分点，每千克肥料增产量分别提高了1.5kg、1.1kg、0.5kg、0.6kg和2.8kg。通过合理施肥全省小麦、玉米、水稻、油菜和苹果可分别增产74.2万t、106.9万t、8.5万t、6.9万t和201.4万t，共增收128.4亿元。平衡施用氮、磷、钾肥是实现农业增产、农民增收、肥料高效利用的重要技术措施。

参考文献

鲍士旦. 2000. 土壤农化分析. 北京：中国农业出版社.

陈建耀，王亚，张洪波，等. 2006. 地下水硝酸盐污染研究综述. 地理科学进展，25（1）：34-44.

陈新平，张福锁. 2006. 通过“3414”试验建立测土配方施肥技术指标体系. 中国农技推广，22（4）：36-39.

戴相林，刘瑞，周建斌，等. 2012. 秦岭北麓地区农田土壤养分平衡状况演变分析. 西北农林科技大学学报（自然科学版），40（3）：191-199.

付春平，钟成华，邓春光. 2005. 水体富营养化成因分析. 重庆建筑大学学报，27（1）：

128-131.
付莹莹, 同延安, 李文祥, 等. 2009. 陕西关中灌区冬小麦土壤养分丰缺指标体系的建立. 麦类作物学报, 29 (5): 897-900.
高旺盛, 黄进勇, 吴大付, 等. 1999. 黄淮海平原典型集约农区地下水硝酸盐污染初探. 生态农业研究, 7 (4): 41-43.
高祥照, 马文奇, 杜森, 等. 2001. 我国施肥中存在问题的分析. 土壤通报, 32 (6): 258-261.
高祥照, 马常宝, 杜森. 2005. 测土配方施肥技术. 北京: 中国农业出版社.
高阳俊, 张乃明. 2003. 滇池流域地下水硝酸盐污染现状分析. 云南地理环境研究, 15 (4): 39-42.
巩建华, 柯尊伟, 李季. 2004. 河北省藁城市蔬菜种植区化肥施用与地下水硝酸盐污染研究. 农村生态环境, 20 (1): 56-59.
谷洁, 高华. 2000. 提高化肥利用率技术创新展望. 农业工程学报, 16 (2): 17-20.
国家环境保护总局科技标准司. 2001. 中国湖泊富营养化及其防治研究. 北京: 中国环境科学出版社.
何萍, 金继运, Mirasol F P, 等. 2012. 基于作物产量反应和农学效率的推荐施肥方法. 植物营养与肥料学报, 18 (2): 499-505.
何小霞, 曾思坚. 2005. 科学施肥与农业生产可持续发展. 生态环境, 14 (3): 443-444.
何园球, 黄小庆. 1998. 红壤农业生态系统养分循环、平衡和调控研究. 土壤学报, 35 (4): 501-509.
湖北省农业科学院土壤肥料研究所. 1996. 湖北土壤钾素肥力与钾肥应用. 北京: 中国农业出版社.
黄德明, 徐建铭, 武书敏, 等. 1986. 北京郊区小麦测土施肥技术研究——土壤养分丰缺指标法在测土施肥中的应用. 华北农学通报, 1 (1): 41-47.
黄德明. 2003. 十年来我国测土施肥的进展. 植物营养与肥料学报, 9 (4): 495-499.
黄绍文, 金继运, 左余宝, 等. 2000. 农田土壤养分平衡状况及其评价的试点研究. 土壤肥料, (6): 14-19.
黄绍文, 金继运, 左余宝, 等. 2002. 黄淮海平原玉田县和陵县试区粮田土壤养分平衡现状评价. 植物营养与肥料学报, 8 (2): 137-143.
戢林, 张锡洲, 李廷轩. 2011. 基于“3414”试验的川中丘陵区水稻测土配方施肥指标体系构建. 中国农业科学, 44 (1): 84-92.
金耀青, 张中原. 1993. 配方施肥方法及其应用. 沈阳: 辽宁科学技术出版社.
李娟, 章明清, 孔庆波, 等. 2010. 福建早稻测土配方施肥指标体系研究. 植物营养与肥料学报, 16 (4): 938-946.
李文彪, 郑海春, 郜翻身, 等. 2011. 内蒙古河套灌区春小麦推荐施肥指标体系研究. 植物营养与肥料学报, 17 (6): 1327-1334.
李宇轩. 2014. 中国化肥产业政策对粮食生产的影响研究. 北京: 中国农业大学博士学位论文.
林守宗, 赵树慧, 阎华. 1987. 潮土土壤养分丰缺指标与施肥的研究. 山东农业科学, (5):

25-27.
刘冬碧，余延丰，范先鹏，等. 2009. 湖北潮土区不同轮作制度下土壤养分平衡状况与评价. 土壤，41（6）：912-916.
刘芬，同延安，王小英，等. 2013a. 渭北旱塬小麦施肥效果及肥料利用效率研究. 植物营养与肥料学报，19（3）：552-558.
刘芬，同延安，王小英，等. 2013b. 陕西关中灌区冬小麦施肥指标研究. 土壤学报，50（3）：126-133.
刘芬，同延安，王小英，等. 2014. 渭北旱塬春玉米施肥效果及肥料利用效率研究. 植物营养与肥料学报，20（1）：48-55.
刘忠，李保国，傅靖. 2009. 基于DSS的1978–2005年中国区域农田生态系统氮平衡. 农业工程学报，25（4）：168-175.
鲁如坤，刘鸿翔，闻大中，等. 1996. 我国典型地区农业生态系统养分循环和平衡研究Ⅳ. 农田养分平衡的评价方法和原则. 土壤通报，27（5）：197-199.
马文奇，张福锁，张卫锋. 2005. 关乎我国资源、环境、粮食安全和可持续发展的化肥产业. 资源科学，27（3）：33-40.
孟红旗. 2013. 长期施肥农田的土壤酸化特征与机制研究. 杨凌：西北农林科技大学博士学位论文.
齐伟，徐艳，张凤荣. 2004. 黄淮海平原农区县域土壤养分平衡评价方法及其应用. 中国农业科学，37（2）：238-243.
全国农业技术推广服务中心. 1999. 中国有机肥料养分志. 北京：中国农业出版社.
任意，张淑香，穆兰，等. 2009. 我国不同地区土壤养分的差异及变化趋势. 中国土壤与肥料，（6）：13-17.
陕西省第二次土壤普查办公室. 1992. 陕西土壤. 北京：科学出版社.
陕西省农业勘察设计院. 1982. 陕西农业土壤. 西安：陕西科学技术出版社.
陕西省统计局. 2012. 陕西统计年鉴. 北京：中国统计出版社.
摄晓燕，谢永生，王辉，等. 2010. 陕西黄土区近30 a典型塿土剖面肥力演变研究. 水土保持通报，30（2）：150-153.
沈善敏. 1998. 中国土壤肥力. 北京：中国农业出版社.
舒金华. 1993. 我国主要湖泊富营养化程度的评价. 海洋与湖沼，24（6）：616-620.
司友斌，王慎强，陈怀满. 2000. 农田氮、磷的流失与水体富营养化. 土壤，4：188-197.
孙波，潘贤章，王德建，等. 2008. 我国不同区域农田养分平衡对土壤肥力时空演变的影响. 地球科学进展，23（11）：1201-1208.
孙义祥，郭跃升，于舜章，等. 2009. 应用"3414"试验建立冬小麦测土配方施肥指标体系. 植物营养与肥料学报，15（1）：197-203.
汤勇华，黄耀. 2008. 中国大陆主要粮食作物地力贡献率及其影响因素的统计分析. 中国环境科学学报，27（4）：1283-1289.
同延安，EmterydOve，张树兰，等. 2004. 陕西省氮肥过量施用现状评价. 中国农业科学，37（8）：1239-1244.

王圣瑞，陈新平，高祥照，等．2002．“3414”肥料试验模型拟合的探讨．植物营养与肥料学报，8（4）：409-413.
王圣瑞．2002．陕西省和北京市主要作物施肥状况与评价．北京：中国农业大学博士学位论文．
王伟妮，鲁剑巍，鲁明星，等．2012．水田土壤肥力现状及变化规律分析——以湖北省为例．土壤学报，49（2）：319-330.
王小英，刘芬，同延安，等．2013a．陕南秦巴山区油菜施肥现状评价．中国油料作物学报，35（2）：190-195.
王小英，同延安，刘芬，等．2013b．陕西省苹果施肥状况评价．植物营养与肥料学报，19（1）:206-213.
王小英，同延安，刘芬，等．2013c．陕南秦巴山区水稻施肥现状评价．应用生态学报，24（11）：3106-3112.
王兴仁，陈新平，张福锁，等．1998．施肥模型在我国推荐施肥中的应用．植物营养与肥料学报，4（1）：67-74.
王振刚．2004．湖北省磷肥生产环境影响的生命周期评价．武汉：武汉理工大学博士学位论文．
尉元明，朱丽霞，康凤琴．2004．甘肃不同生态区化肥施用量对农业环境的影响．干旱区研究，21（1）：59-63.
温树英．1993．红富士苹果规范化管理技术要点．北方果树，(1)：31-33.
杨俐苹，白由路，王贺，等．2011．测土配方施肥指标体系建立中“3414”试验方案应用探讨——以内蒙古海拉尔地区油菜“3414”试验为例．植物营养与肥料学报，17（4）：1018-1023.
杨学云，黎青慧，孙本华，等．2001．陕西省典型农区农田生态系统养分平衡研究．西北农林科技大学学报（自然科学版），29（2）：99-104.
叶学春．2004．测土配方施肥是农业发展的战略性措施．中国农技推广，(4)：4-6.
张凤华，廖文华，刘建玲．2009．连续过量施磷和有机肥的产量效应及环境风险评价．植物营养与肥料学报，15（6）：1280-1287.
张福锁．2006．测土配方施肥技术要览．北京：中国农业大学出版社．
张福锁．2011．测土配方施肥技术．北京：中国农业大学出版社．
张福锁，马文奇．2000．肥料投入水平与养分资源高效利用的关系．土壤与环境，9（2）：154-157.
张福锁，王激清，张卫峰，等．2008．中国主要粮食作物肥料利用率现状与提高途径．土壤学报，45（5）：915-924.
张维理，田哲旭，张宁，等．1995．我国北方农用氮肥造成地下水硝酸盐污染的调查．植物营养和肥料学报，1（2）：80-87.
张卫峰，马文奇，张福锁，等．2005．中国、美国、摩洛哥磷矿资源优势及开发战略比较分析．自然资源学报，20（3）：378-386.
张志明．2000．复混肥料生产与利用指南．北京：中国农业出版社．

章力建，任天志，王迎春，等．2006. 农业立体污染与水体富营养化解析．中国农业科技导报，8（1）：54-58.

章明清，李娟，孔庆波，等．2010. 福建甘薯氮磷钾施肥指标体系研究//中国植物营养与肥料学会2010年学术年会论文集．北京：中国农业出版社：180-189.

赵营．2006. 冬小麦/夏玉米轮作体系下作物养分吸收利用与累积规律及优化施肥．杨凌：西北农林科技大学硕士学位论文．

邹娟，鲁剑巍，刘锐林，等．2008. 4个双低甘蓝型油菜品种干物质积累及养分吸收动态．华中农业大学学报，27（2）：229-234.

Cao N, Chen X, Cui Z, et al. 2012. Change in soil available phosphorus in relation to the phosphorus budget in China. Nutrient Cycling in Agroecosystem, 94: 161-170.

Cope J T, Evans C E. 1985. Soil testing. Advances in Soil Science, 1: 201-228.

Cui Z L, Chen X P, Li J L, et al. 2006. Effect of N fertilization on grain yield of winter wheat and apparent N losses. Pedosphere, 16 (6): 806-812.

Fageria N K, Santos A B, Baligar V C. 1997. Phosphorus soil test calibration for lowland rice on an inceptisol. Agronomy Journal, 89 (5): 737-742.

Fan T, Stewart B A, Wang Y, et al. 2005. Long-term fertilization effects on grain yield, water-use efficiency and soil fertility in the dryland of Loess Plateau in China. Agriculture Ecosystems and Environment, 106: 313-329.

Guo J H, Liu X J, Zhang Y, et al. 2010. Significant Acidification in Major Chinese Croplands. Science, 327: 1008-1010.

Ju X T, Xing G X, Chen X P, et al. 2009. Reducing environmental risk by improving N management in intensive Chinese agricultural systems. Proceedings of the National Academy of Sciences of the United States of America, 106: 3041-3046.

Liu X, Zhang Y, Han W, et al. 2013. Enhanced nitrogen deposition over China. Nature, 494 (28): 459-463.

Römheld V, Kirkby E A. 2010. Research on potassium in agriculture: needs and prospects. Plant and Soil, 335: 155-180.

Wu L Q, Ma W Q, Zhang C C, et al. 2013. Current potassium-management status and grain-yield response of Chinese maize to potassium application. Journal of Plant Nutrition and Soil Science, 176: 441-449.

Zhang F S, Niu J F, Zhang W F, et al. 2010. Potassium nutrition of crops under varied regimes of nitrogen supply. Plant and Soil, 335: 21-34.

Zhang W F, Dou Z X, He P, et al. 2013. New technologies reduce greenhouse gas emissions from nitrogenous fertilizer in China. Proceedings of the National Academy of Sciences of the United States of America, 110 (21): 8375-8380.

第四章 有机物料培肥技术

第一节 有机物料培肥技术概述

一、有机物料培肥的基本内涵与技术优势

（一）基本内涵

合理进行土壤培肥，不仅是提高土壤质量的关键，也是保证土壤资源可持续利用的核心问题（郑昭佩和刘作新，2003）。研究表明，对耕地土壤培肥最有效的途径，就是施用有机物料或有机肥料，即土壤有机培肥（Almendros and Dorado，1999）。随着有机农业的蓬勃发展，提倡减少施用化肥和农药等化学合成物质的呼声越来越高，通过添加有机物料，培肥农田土壤越来越受到人们的重视。

（二）技术优势

通过有机培肥不但可以培肥地力，提高土壤质量和农产品品质，而且可以加强有机废弃物料的循环利用，减少环境污染和化肥用量。目前政府部门也大力支持和鼓励农民多施用有机肥料，这对培肥地力，提高农产品品质，改善农业生态环境有着重要的作用。侯光炯和张旭林（1991）认为，有机物料依靠日变幅较小的土壤水热周期性动态变化，给微生物创造了良好的生存环境，使其能够顺利经过腐殖化阶段，形成保水保肥力高的腐殖质，进而提高土壤肥力和作物产量及品质。唐继伟（2006）研究表明，施用化肥主要是通过增加土壤速效养分含量，从而提高土壤供肥强度，而添加有机肥则主要是通过改善土壤养分库容，从而提高土壤供肥容量。两者配合施用，则是兼顾两者双重特点，对于培肥土壤和提高作物产量，效果更为显著，从而推动了农业可持续发展。

二、有机物料培肥与环境效应

（一）对大气环境的影响

施用有机肥时，应根据其种类、土壤状况、作物种类、气候条件，并综合考虑环境因素来确定其用量、施用时间及施用方式等（樊羿和沈阿林，2005）。例如，动物粪尿中，有30%的氮以NH_3形式挥发损失，施用时应及时耕翻入土，减少其直接暴露空气的时间；丹麦规定对奶牛粪便最大用量不超过每公顷一头奶牛的粪便，并规定施入裸露土地上的粪便必须在施用后12小时内犁入土壤中，在冻土或被雪覆盖的土地上不得施用粪便；在德国，有机肥料的施用时间限制在每年的11月15日至次年的1月15日，养分最易流失的时间内禁止施用有机肥料，在土壤渍水、结冰和积雪期间禁止施用有机肥料（朱亮和张文妍，2002）。

目前，在世界范围内，秸秆还田不但被认为是促进农业节水、节成本、增产和增效的重要措施，也是保证农业可持续发展的有效途径。据统计，中国目前每年产生约7亿t的农作物秸秆，这些秸秆折合碳、氮、磷和钾量分别约为3亿t、300万t、70万t和700万t。近年来随着经济水平的不断发展，农村生活条件大有改善，作物秸秆被视为废弃物，每年4～5月，乡村便开始焚烧秸秆，严重污染空气，相关环保部门表示，秸秆露天燃烧所产生的烟尘污染是导致雾霾产生的主要因素之一。焚烧秸秆不仅会使秸秆本身的有机质被烧去，也会造成土壤中部分有机质发生损失。焚烧秸秆同样可以引起土壤水分蒸发、土壤结构破坏，也不利于土壤微生物生存（刘天学和纪秀娥，2003）。由此看来，我国虽然拥有丰富的秸秆资源，但利用率较低，与发达国家存在较大差距。作物秸秆本身含有大量植物所必需的营养元素，是重要的有机肥源，所以将其有效正确的归还农田将是农业生产良性循环发展的重要方式之一。如果将这些秸秆直接或间接归还到土壤中，不但可以充分利用秸秆的养分资源，而且有利于增加土壤碳库储量，改善土壤性状，减少环境污染，具有重要的生态环境意义（韩冰等，2008）。

（二）对土壤环境的影响

土壤健康质量是土壤净化容纳污染物质，维护和保障人类及动植物健康能力的量度。连年施用有机肥时，应考虑环境容量，防止重金属离子及有害物质的积累。中国科学院南京土壤研究所的试验认为，土壤施用垃圾肥的允许负荷量因土壤类型和作物种类不同而异，对于蔬菜和小麦种植，在黄棕壤上的允许负荷量分别为$25t/hm^2$与$15t/hm^2$，在红壤上的允许负荷量分别为$10t/hm^2$与$120t/hm^2$，在潮土上的允许负荷量分别为24t/hm^{2}与102t/hm^2，在负荷量范围内施用可使蔬菜和小麦增产，而不致影响农产品质量，并防止环境污染（郭春良，1997）；有研究表明（张青敏等，2000），在园林绿地上污泥堆肥用量控制在50t/hm^{2}以内不会对地表水和地下水产生不良影响；在美国，以每年每公顷施10t有机堆肥计，根据施用100年亦不导致土壤重金属污染的要求，限定了有机堆肥的重金属的最大允许浓度（MPC）（谷洁等，2004）。

第二节　国内外有机物料培肥技术发展动态

一、补给和更新土壤有机质

土壤有机质是土壤中最活跃的物质组成部分，对植物养分供应和土壤微生物生命活动至关重要，其数量和品质都与土壤肥力有密切关系。施用有机肥料是补给和更新土壤有机质的重要手段之一。据统计，中国南方耕地土壤中由有机物料转化来的土壤有机质约占土壤有机质年生成量（来自脱落根和根分泌物的有机质未计入内）的2/3（文启孝，1983）。长期以来，人们已经在有机质的数量方面作了大量的研究工作，近期人们越来越关注有机质的分解转化及其分组，进而提出了土壤活性有机质的概念（王清奎，2005）。

丹麦阿斯考（Askov）、德国E-field、英国Rothamsted和美国伊利诺斯州莫罗（Morrow）等世界著名的长期定位试验，在关于施用有机肥对土壤有机碳库影响的研究一致认为，有机肥和化肥配施以及单施有机肥对提高土壤有机质含量和土壤有机碳库储量有显著作用。李婕等（2014）研究指出，塿土长期施用有机肥能明显提高土壤有机质含量，特别是活性有机质含量。马俊艳等（2011）研究发现，施用有机肥可以增加土壤有机质含量，且以浅耕配施有机肥和秸秆处理的效果最为显著。杨长明和杨林章（2003）也指出，施用有机肥料或采用秸秆还田措施对保持和提高土壤有机碳水平至关重要，同时指出厩肥对土壤中有机碳的积累和增长有着明显作用和持续性影响。曾骏等（2008）研究提出，长期进行有机肥配施化肥或长期施用有机肥都可以显著提高土壤0～30cm土层的有机碳含量，降低无机碳含量。Bethlenfalvay（1992）等通过试验研究，发现施粪肥处理下土壤有机碳含量要比施氮肥、不施肥处理高。王伯仁等（2005）对红壤旱地长期进行定位监测，研究发现在该地进行有机肥、化肥料配施，能够不断提高土壤有机质含量，且施用有机肥料能够明显降低土壤交换性氢和交换性铝的含量，增加土壤养分强度，保证作物稳产和高产。李轶群等（2005）通过长期定位试验发现，土壤有机质平均值大小顺序为单施有机肥>有机肥+化肥>单施化肥，说明通过合理配施有机肥、化肥或单施有机肥均能显著增加土壤有机质含量，提高土壤肥力。

二、改善土壤理化性状

（一）土壤容重

土壤结构是土壤重要的物理性状之一，它直接影响土壤肥力的高低，而适当施用有机物料有利于形成良好的土壤结构，从而改善土壤的物理性状。

土壤容重是评价土壤物理性状好坏的重要指标，较小的土壤容重和较高的土壤总孔隙度可以促进土壤中微生物活动和土壤养分利用，并最终促进作物的生长和农业生产力的提高。王荣萍等（2011）研究了多肽有机肥对土壤物理性质的影响，结果表明，多肽肥与化肥配施可以降低白云区和南海里试验点的土壤容重，提高土壤总孔隙度，同时可提高土壤持水量。马俊艳等（2011）研究增施有机肥对设施菜地土壤特性的影响，结果显示，施用有机肥可显著降低土壤容重，且以深翻配施有机肥和秸秆处理的效果最为显著。

（二）土壤团聚体

土壤团聚体是土壤结构的基本单元，可影响土壤通气、透水、持水、保肥等多方面性质，起到协调土壤水、肥、气、热状况，影响土壤酶活性，维持和稳定土壤结构性等作用，是影响土壤肥力和土壤质量的重要因素之一（史奕等，2005），一般分为大团聚体（>250μm））和微团聚体（50～250μm）两种。国内外学者已对有机肥料培肥的土壤中的团聚体进行了较多研究，徐阳春和沈其荣（2000）发现，长期施用有机肥料会影响土壤不同粒级的组成情况，这主要是由于有机物质具有胶结作用，降低了小于2μm土壤颗粒的含量，增加了2～10μm土壤颗粒的含量，有助于改善土壤物理结构。Mikha和Rice（2004）进行了不同耕作措施和添加有机物料对土壤团聚体分布以及结合态碳、氮影响的研究，结果发现，施用有机物料能够提高被大团聚体保护的不稳定性碳和氮的数量。中国农业科学院土壤肥料研究所①的研究结果表明（黄不凡，1984），施用绿肥、秸秆或两者各半混合施用，都均可增加0. 25mm团聚体的数量及其水稳性，试验中以绿肥与秸秆各半混合施用区最优，秸秆施用区次之，绿肥施用区居第三位。土壤水稳性团聚体数量和质量的提高，有效地改善了土壤结构。熊国华等（2005）研

① 现为中国农业科学院农业资源与农业区划研究所。

究发现，设施栽培中施入不同有机物料的各处理比不施肥区大于0.25mm土壤团聚体，增加了33.46%～56.09%。

马俊艳等（2011）进行了增施有机肥对设施蔬菜地土壤的研究，结果表明，施用有机肥能显著降低土壤容重，且以深翻配施有机肥和秸秆处理的效果最为明显。高飞等（2010）在宁夏南部旱农区进行了有机肥对土壤物理性状的影响的研究，结果表明，与对照相比，施用有机肥显著降低了0～40cm土层土壤容重，增加了土壤孔隙度，改善了耕层土壤环境。王立刚等（2004）研究发现，施用有机物料对增加土壤有机质含量，降低土壤容重，增加土壤孔隙度等方面有重要影响，主要是因为有机质在土壤中能够分解形成腐殖酸，将土壤颗粒胶结成土壤团聚体，从而有利于吸附土壤水分和各种土壤养分离子。

三、改善土壤养分库容与特性

（一）土壤氮素

氮素是矿质元素中的核心元素，也被誉为“生命元素”，是农业生产中的主要限制因素之一（王建锋，2005）。有研究表明（黄涛，2014），单纯施用无机氮肥，土壤会有一个相对大的无机氮库，而相对小的有机碳氮库，减小了土壤的缓冲能力，增加了环境污染风险（图4-1）。有机无机配合，为微生物提供了碳源，既可以维持土壤相对较大的有机碳氮库，增加土壤的缓冲能力，又可以维持土壤较好的无机氮供应能力，提高土壤保水保肥性能（巨晓棠和谷保静，2014）。周建斌等（1993）研究指出，长期施用有机肥料大大增加了耕层土壤（0～20cm）的全氮含量，提高幅度可达92.1%，且下层土壤全氮含量增加效果更为明显。巨晓棠等（2004）进行了短期田间施肥试验和室内培养试验，结果发现，施用氮肥和有机肥能显著增加土壤有机氮组成。王淑平等（2002）进行了施用玉米残体对土壤有机氮组分特征影响的相关研究，结果发现，添加有机物料有助于提高土壤酸解氨基糖氮和氨基酸氮含量。在有机肥中，厩肥的作用优于绿肥和秸秆（张林康和徐富安，1995），有机、无机肥料配施对土壤保氮、供氮都有重要意义。

（二）土壤磷素

磷与氮一样，是植物生长发育不可缺少的营养元素之一。土壤中磷的储存形态主要是有机磷和无机磷两类。对于大多数土壤而言，以无机态磷为主。长期施用有机肥，使草甸碱土的全磷、速效磷和有机质含量均显著提高（赵晶等，2014）。王林权等（2002）通过土培试验发现，施用鸡粪可以明显提高土壤速效

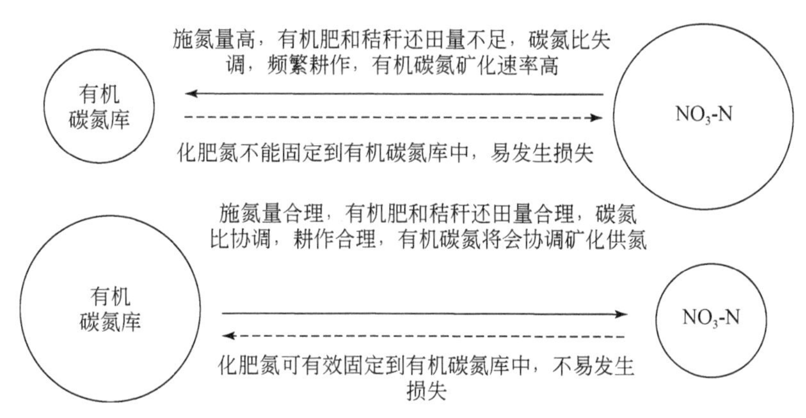

图 4-1 土壤碳氮管理旱作农田土壤有机-无机氮库转化概念模型

磷的含量。向春阳等（2005）通过长期定位试验发现，施用有机肥料有助于增加土壤 Fe-P、Al-P、Ca_2-P 及有机磷各组分的含量。赵明等（2004）利用室内培养法研究不同畜禽有机肥速效养分释放规律，结果表明，牛粪的速效磷释放量最高到达61.3%。施用有机肥料可以增加土壤有效磷的含量，一方面是因为有机物料自身腐解释放出部分磷；另一方面是因为有机肥的施用可以降低土壤对无机磷的固定，并促进无机磷的溶解。据国外报道（Heekyung et al., 2005），有机物料施入土壤后，不但通过自身释放磷素养分，而且能够刺激土壤微生物活化磷素养分，从而提高土壤磷的有效性。

（三）土壤钾素

中国农田作物所需要的钾主要依靠有机肥料中钾的循环和再利用，施用有机肥料能够增加土壤有效钾含量，因而对土壤钾的耗竭起到抑制作用。有机物料中的钾均呈无机态存在，所以有效性较高。例如，秸秆无论是施在水田还是旱地，都有50%～90%钾可被作物利用，其对作物的效果与化学钾肥基本一样。周晓芬和张彦才（2003）进行了有机肥对土壤钾素供应影响的研究，结果表明，各种有机物料均有助于增加土壤速效钾和缓效钾，使土壤供钾能力明显增强。刘义新等（2004）发现，添加有机物料有利于土壤储存态钾向速效钾转化，从而提高土壤钾的有效性。

四、提高土壤微生物活性和酶活性

（一）土壤微生物活性

土壤微生物是土壤生态系统的重要组成部分，其参与土壤有机质分解、腐殖质形成、土壤养分转化和循环等过程（Zelles，1999）。土壤微生物量是衡量土壤质量、维持土壤肥力和作物生产力的一个重要指标（Powlson et al.，1987）。土壤酶与土壤有机养分的转化密切相关，因此是反映土壤肥力高低的一项重要指标。通常来讲，施用有机肥可以将大量的微生物和酶带入土壤，也可以为土壤中微生物活动提供充足的养分和丰富的酶促基质，促进土壤微生物大量繁殖，从而提高土壤酶活性，改善土壤肥力状况。国内外大量的土壤酶活性研究（Bohme and Bohme，2006）表明，施用有机肥料可以提高土壤中微生物数量和多种土壤酶活性，有利于土壤养分的转化，因此土壤酶活性可以作为客观评价土壤生物活性和土壤肥力的指标。Liang 等（2005）研究了施用有机肥料对土壤酶活性的影响，结果表明，添加有机物料有效提高了土壤肥力和酶活性。长期施用有机肥或有机肥、化肥配施均可提高土壤脲酶、蔗糖酶和过氧化氢酶的活性。Benitez 等（2000）指出，与未施肥处理比较，施用有机肥料使胡椒根系的脲酶活性增加了 3 倍，脱氢酶活性增加了 1.5～2.5 倍。贾伟等（2008）提出，长期有机肥、化肥合理配施可以明显提高褐土土壤脲酶活性。李东坡等（2004）对吉林省公主岭市国家黑土肥力监测区 0～25cm 土层土壤脲酶和磷酸酶活性动态的研究表明，脲酶和磷酸酶活性顺序均为高量有机肥>低量有机肥>化肥>不施肥，且这两种酶活性与土壤微生物生物量碳、微生物生物量氮、微生物生物量磷、活性有机质、速效养分呈极显著正相关。高瑞和吕家珑（2005）对小麦和玉米轮作区长期定位施肥土壤酶活性的研究表明，与不施肥相比，长期施肥后，作物根系及其分泌物具有刺激土壤酶活性的作用，且厩肥与化肥配施对土壤酶活性的提高效果显著高于单施化肥。冯锐等（1999）的研究结果表明，施肥尤其是有机肥（秸秆、厩肥）配施化肥与不施肥相比，能够显著提高土壤中脲酶、碱性磷酸酶活性，而有机肥配施化肥与单施化肥相比，更能显著提高前述两种酶活性。

（二）土壤微生物生物量碳和微生物生物量氮

微生物生物量碳（MBC）和微生物生物量氮（MBN）是土壤微生物生物量中的重要组成部分，耕地表层土壤中微生物生物量碳一般占土壤有机碳总量的 3% 左右。Carter 等（1986）曾把土壤微生物碳含量作为由不同耕作制度引起的土壤生物学性质变化的一个指标。向土壤中添加有机物也会引起土壤微生物生物量的改变（沈其荣和余玲，1994）。Workneh 和 Van Bruggen（1994）发现，有机农业土壤同常规农作土壤相比，具有更高的微生物活性。Singh 和 Singh（1993）研究发现，在旱地水稻田中，秸秆配施化肥和单施秸秆，土壤微生物生物量氮分别比对照增加 77% 和 84%。Simek 等（1999）进行了 10 年以上有机无机肥料配施情况下土壤微生物生物量碳、微生物生物量氮的变化，均说明施肥可直接增加根系生物量及根系分泌物，促进了微生物生长，使土壤中微生物生物量碳和微生物生物量氮明显高于单施化肥处理。Manjaiah 和 Singh（2001）经过长期试验研究发现，化肥与有机肥合理配施可以显著提高土壤微生物生物量碳、微生物生物量氮的含量。邵兴芳等（2014）进行了长期有机培肥模式下黑土碳与氮变化及氮素矿化特征的研究，结果表明，高量有机肥的投入可以使土壤微生物生物量碳、微生物生物量氮分别增加约 1 倍和 50%。王晶等（2004）对吉林省公主岭市国家黑土肥力监测区 0～20cm 土层土壤微生物生物量碳的变化进行了研究，结果表明，长期施用氮、磷、钾化肥可使表层土壤微生物生物量碳含量保持在休闲处理水平，而高量有机肥（30t/hm^2）与无机肥配施的土壤微生物生物量碳含量比休闲处理高 1.75～1.96 倍。俞慎等（1999）在南方红壤上的研究结果表明，5 种不同施肥制度（厩肥、绿肥、秸秆、N+P+K 和对照）下的红壤微生物生物量碳含量顺序为厩肥>绿肥≈秸秆>N+P+K>对照，且差异均达到了极显著水平，厩肥、绿肥、秸秆和 N+P+K 处理土壤的微生物生物量碳含量分别是对照处理的 8.53 倍、5.79 倍、5.65 倍、3.35 倍。徐阳春等（2002）研究了长期免耕与施用有机肥对土壤微生物生物量碳、微生物生物量氮、微生物生物量磷的影响，结果显示，土壤生物生物量碳、微生物生物量氮与土壤有机碳、全氮和土壤碱解氮均呈极显著正相关关系，表明其与土壤肥力关系非常密切，可作为评价土壤肥力性状的生物学指标。李娟等（2008）提出，长期进行猪厩肥与化肥配施，有效提高了土壤微生物生物量碳、微生物生物量氮及土壤养分含量，增强了土壤酶活性，培肥了地力。

五、促进作物增产增效

有机肥料含有植物生长所必需的营养元素和植物生长调节物质，有助于刺激种子发芽和根系生长，增强作物呼吸和光合作用，促进作物生长发育，所以施用有机肥可以提高土壤对作物的供肥能力，从而提高作物产量。周航等（2012）研究长期有机肥配施化肥对毛竹产量影响的结果表明，与不施肥相比，菜饼配施化肥处理使毛竹产量显著增加了 75.2%。韩晓增等（2010）研究长期施用有机肥对黑土肥力及作物产量的影响发现，与不施肥处理相比，施用化肥、化肥配施低量有机肥和化肥配施高量有机肥的土壤玉米生物量分别增加 80.4%、101.6% 和 124.1%，表明施用有机肥能够显著提高黑土的生产能力，施用有机肥的土壤中含有丰富的有机质和各种养分，它不但是作物养分的直接给源，而且可以活化土壤中的潜在养分，增强生物学活性和增加作物的生物量。郭胜利等（2005）研究了施肥对半干旱地区小麦产量的影响后指出，大量施用有机肥，冬小麦产量明显高于对照和单施氮肥处理，而有机肥与化肥配施的处理增产效果更显著。Maynard 和 Hill（1994）研究得出，连年施用有机肥可明显提高蔬菜产量。钟希琼等（2005）研究结果表明，有机肥施用能大幅度提高蔬菜根活力和可食用部位可溶性糖含量，也能提高豆类和瓜类植株叶片叶绿素含量。叶美欢和罗应平（2005）通过试验证明，施用有机肥能够显著提高水稻产量。孔庆波等（2005）研究表明，施用有机肥也能通过提高冬小麦根系活力等作用来提高小麦产量。王孝娣等（2005）研究表明，有机肥料能够通过促进草莓新根生长，提高根系活力，大幅度增加单株产量。吴硕和张素君（1996）通过长期定位试验发现，施用有机肥能够明显提高玉米产量，而且有机肥后效优于化肥后效。近年来，生物有机肥的推广使用也越来越受到人们的关注。由于它集微生物肥料与有机肥料两者所长，易于大规模推广和使用（李庆康和杨卓亚，2003）。草炭生物有机肥、生物炭等都是新型的有机肥料。

尽管有机肥料在提高土壤肥力、增加作物产量、改善作物品质等方面具有举足轻重的作用，但施用方法不当同样会引发一系列的问题。张维理等（1995）的调查研究显示，施用大量有机肥料，会造成地下水硝酸盐含量的积累。周宝库和张喜林（2005）研究发现，长期单施有机肥料会造成土壤速效磷含量一定幅度的下降。还有试验表明，单施有机肥并不利于水稻的高产稳产，且在晚稻移栽后施肥，会引起水稻发育不良（徐明岗等，2002）。从以上问题可以看出，我们应加强有机物料科学合理施用技术的研究，防止不当施用有机物料对生态环境的破坏，如通过高温堆肥发酵技术、沼气厌氧发酵技术等对有机物料进行无害化处理，同时要严格把握有机物料的施用量和施肥方式。大量研究表明，有机无机肥合理配施，有助于提高作物产量，维持土壤养分平衡，更有利于可持续农业的发展（郑兰君和曾广永，2001）。

总而言之，结合不同区域的环境气候、种植制度和土壤条件等实际情况，对有机肥料的施用技术和效果进行综合研究，使其在作物-土壤生态系统养分转化、平衡以及土壤-植物-动物的食物链的养分循环中充分发挥提高肥料利用率，优化农业生态环境的作用，促进农业可持续发展。

第三节　有机物料培肥技术
农田管理实践与环境效应

一、关中平原不同秸秆还田模式对农田土壤周年生产力的影响

目前关中地区在小麦-玉米轮作一年两熟制粮食种植模式下，农业集约化生

产程度越来越高，养分供应主要依赖于化肥，有限的有机肥源几乎全部进入经济效益较高的果园或菜地，从而使农田土壤质量下降、农业生产成本提高、经济效益降低；而大量秸秆被随意弃置在田间地头或被直接焚烧，不仅造成秸秆资源极大的浪费，而且引起一系列环境问题（刘巽浩等，1998）。而就目前经济发展水平和区域实际情况来看，只有作物秸秆才能取代传统有机肥成为最重要的有机肥源，因此，提高关中地区作物秸秆的农业循环利用率已是当务之急（田霄鸿等，2009）。

近年来，对于秸秆还田在增加土壤有机质、提高土壤养分含量等方面已做了大量工作（刘定辉等，2008；孙星等，2008；吴婕等，2006），而对于采用何种方法及如何对秸秆还田在农业生产中总体效应进行评价的研究尚不多见。本研究通过结合试验区农业生产实际情况，研究各种不同秸秆还田模式下土壤肥力和农田生产经济效应的变化趋势，综合比较关中平原田块尺度上秸秆还田对农田土壤周年生产力的影响，旨在筛选较为合理的耕作管理模式，为关中地区农田土壤培肥和农业可持续发展提供理论依据。

（一）材料与方法

1. 试验区概况

西北农林科技大学三原试验站地处关中平原中部（108°52′E，34°36′N），海拔为427.4m，该地区属暖温带大陆性季风气候区，四季分明，气候温和；全年平均温度为12.9℃，年降水量为526.5mm左右，四季降水量差异悬殊，夏秋季降水相对较多，占年降水量的60%～70%，无霜期为218天，日照时数为2095.7h；以小麦-玉米一年二熟轮作体系为最主要的种植制度。

2. 供试土壤

供试土壤属于半淋溶土纲中红油土，耕层土壤中全氮为1.18g/kg，全磷为0.81g/kg，全钾为29.32g/kg，速效氮为20.26mg/kg，速效磷为52.64mg/kg，速效钾为122.82mg/kg，有机质含量为18.05g/kg。

作物收获后，田间每个处理进行多点采样，按照0～20cm和20～40cm两层同层次混合，风干后，除去杂物，研磨过0.25mm和1mm筛供测定土壤全量和速效养分及有机质含量。

3. 试验设计

为了与当地农业生产实际相结合和便于实施机械化操作，本试验采用了大型小区和裂区设计的思想，田间排列采用随机排列（6月玉米播种前小麦秸秆还田，共设置3个处理，即小麦秸秆粉碎直接还田、小麦秸秆高留茬覆盖还田和小麦秸秆不还田；在小麦秸秆还田基础上，10月进行玉米秸秆还田，共设置3个处理，即玉米秸秆粉碎直接还田、玉米秸秆粉碎覆盖免耕深松还田和玉米秸秆不还田）。秸秆还田模式在全年内采用完全组合，所以一个轮作期内共有 9 种不同的秸秆还田模式组合处理（表 4-1），每个处理重复 3 次，每个小区面积为 1112m^2（每小区内起 5 垄，每垄宽 0.5m，垄长 75m）。

表 4-1　秸秆还田模式组合

编号	小麦秸秆还田模式		代码	编号	玉米秸秆还田模式		代码
	名称	内容			名称	内容	
模式 1	小麦秸秆粉碎直接还田	小麦机械化高留茬收获+秸秆还田机粉碎+旋耕播种	WC	模式①	玉米秸秆粉碎直接还田	机械化收获+粉碎秸秆+浅旋整地+施肥播种	MC
模式 2	小麦秸秆高留茬覆盖还田	小麦机械化高留茬收获+硬茬播种	WH	模式②	玉米秸秆粉碎覆盖免耕深松还田	机械化收获+粉碎秸秆+深松+施肥播种	MM
模式 3	小麦秸秆不还田	小麦机械化低留茬收获+硬茬播种	WN	模式③	玉米秸秆不还田	玉米掰棒收获+施肥旋耕播种	MN

秸秆还田采用全程机械化操作，小麦和玉米秸秆均实施全量还田。在小麦秸秆还田时，为了避免出现小麦秸秆腐解与玉米幼苗生长争夺养分的现象，配施了 N（67.5kg/hm^2）、P_2O_5（22.5kg/hm^2），均作为基肥一次性施入，用于促进秸秆腐解。另外在苗期追施 N 75kg/hm^2，喇叭口期追施 N 45kg/hm^2；在玉米秸秆还田时，配施了 N（150kg/hm^2），P_2O_5（110kg/hm^2），均作为基肥一次性施入，肥料养分全部以尿素和磷酸氢二铵的形式施入。整个玉米生育期共灌水 2 次，分别在拔节期和抽雄期，灌水量约为 50mm；整个小麦生育期共灌水 2 次，分别在分蘖期和拔节期，灌水量约为 50mm。试验其他管理措施按照当地习惯，采取常规管理。

4. 测定与分析方法

试验以 2011 年 6 月和 10 月试验样品测定值作为各处理的指标值，应用模糊数学综合评判法对不同耕作处理下土壤肥力及周年生产力水平进行综合评价。

其中，小麦和玉米产量均采用小区测产估算法。种子、农药、化肥等成本投入按试验小区实际投入折算，粮食和农资价格按 2009 年该区域市场价计算。

在小麦、玉米收获后分 0～20cm、20～40cm 两层取样测定耕层土壤有机质、全量与速效氮、磷、钾等理化性质，土壤有机质（SOM）采用重铬酸钾外加热法测定，全氮（TN）采用开氏法测定，土壤速效氮（AN）采用浓度为 1 mol/L 的氯化钾溶液浸提、流动分析仪测定，全磷（TP）和全钾（TK）采用氢氧化钠熔融法，速效磷（AP）采用0.5 mol/L碳酸氢钠浸提-钼锑抗比色法测定，速效钾（AK）采用1 mol/L乙酸铵浸提-火焰光度计法测定。养分含量采用2011年6月和10月采集土壤样品测得值的平均值代表养分状况，土壤水分含量采用2011年10月采集土壤样品测得值。

试验数据采用Excel、DPS7.05统计软件进行方差分析和多重比较（SSR法）。

（二）结果与分析

1. 不同秸秆还田模式下土壤耕层养分和水分状况

通过对不同秸秆还田模式下土壤耕层养分和水分状况进行分析，结果表明，经过一年作物生长后，土壤中养分含量发生变化，且0~20cm土层含量变化较为明显（表4-2）。不同的养分表现出不同的变化趋势和变化幅度，如小麦秸秆粉碎直接还田（WC）与玉米秸秆粉碎直接还田（MC）及玉米秸秆不还田（MN）模式组合下耕层0~20cm土壤全氮含量较高，而小麦秸秆不还田（WN）与玉米秸秆粉碎覆盖免耕深松还田（MM）以及小麦秸秆高留茬覆盖还田（WH）和玉米秸秆粉碎直接还田（MC）模式组合下0~20cm土壤速效氮含量较高。总体而言，土壤中各种养分含量等呈现出复杂的变化，很难直接进行比较分析各种秸秆还田模式组合的优劣。

表4-2　不同秸秆还田模式下土壤耕层养分和水分状况

土层深度/cm	处理		TN/(g/kg)	TP/(g/kg)	TK/(g/kg)	AN/(mg/kg)	AP/(mg/kg)	AK/(mg/kg)	SOM/(g/kg)	水分/%
0~20	WH	MC	1.22b	0.90a	29.20ab	38.03a	45.30ab	278.05a	19.76bc	26.81 abc
		MM	1.20b	0.88ab	29.30ab	32.78ab	46.23ab	263.12ab	19.20c	26.71 abc
		MN	1.19b	0.83bc	29.52ab	28.06b	40.33b	265.97ab	19.28bc	27.03 abc
	WC	MN	1.34a	0.94a	29.66ab	34.29ab	52.43a	278.24a	21.70ab	27.68 ab
		MM	1.29ab	0.89ab	29.21ab	30.88ab	45.30ab	264.35ab	19.72bc	26.34 bc
		MC	1.40a	0.90a	29.79a	32.23ab	47.10ab	234.46b	22.39a	26.06 c
	WN	MC	1.22b	0.90a	29.38ab	34.44ab	42.60b	242.19ab	19.52bc	26.12 bc
		MM	1.29ab	0.81c	28.98b	38.13a	46.23ab	277.84a	21.26abc	28.27 a
		MN	1.21b	0.78c	29.49ab	30.06ab	43.47ab	230.63b	19.52bc	26.35 bc
20~40	WH	MC	0.81a	0.77ab	29.04ab	30.17ab	28.20a	167.00a	11.50ab	22.16 a
		MM	0.80a	0.77ab	29.10ab	28.73abc	27.63a	161.40a	11.72ab	21.88 ab
		MN	0.85a	0.74bc	29.45a	25.44bc	27.73a	163.05a	13.03a	22.44 ab

续表

土层深度/cm	处理		TN/(g/kg)	TP/(g/kg)	TK/(g/kg)	AN/(mg/kg)	AP/(mg/kg)	AK/(mg/kg)	SOM/(g/kg)	水分/%
20 ~ 40	WC	MN	0. 86a	0. 72c	28. 95ab	27. 69abc	25. 97a	149. 98a	11. 67ab	22. 06 ab
		MM	0. 84a	0. 70c	28. 15b	24. 65bc	28. 70a	149. 42a	11. 16b	21. 23 bc
		MC	0. 84a	0. 79a	28. 80ab	31. 67a	28. 37a	170. 94a	11. 88ab	20. 53 c
	WN	MC	0. 81a	0. 79a	28. 83ab	26. 33abc	27. 77a	178. 28a	11. 81ab	21. 92 ab
		MM	0. 82a	0. 72bc	28. 65ab	26. 78abc	28. 27a	161. 63a	11. 89ab	22. 08 ab
		MN	0. 80a	0. 71c	28. 99ab	24. 57c	26. 87a	149. 16a	11. 12b	21. 80 ab

注：同列不同字母表示差异显著（$P<0.05$）。

2. 不同秸秆还田模式下土壤肥力综合评价

土壤肥力质量变化受很多土壤属性的影响，各土壤肥力因素对土壤肥力质量高低的敏感度和贡献有所不同，其实测值的量纲也各异，所以在比较土壤肥力综合指标高低时，不能将各单项肥力指标进行直接比较或简单地相加。通过采用模糊数学的综合评价原理，结合试验实际，将 TN、TP、TK、AN、AP、AK 和 SOM 7 个土壤养分因素和土壤水分含量 1 个土壤环境因素指标按照其各自对土壤肥力与农业生产影响特点，采用相应隶属度函数进行转换。

在实际生产中，土壤养分效应曲线均呈现为“S”型，所以其隶属度函数也采用“S”型曲线［图 4-2（a）］，相应的隶属度函数为式（4-1），函数转折点的相应取值见表 4-3；而土壤水分反映农田土壤通气保水状况，是表征农作物生长环境的重要参数之一，其对作物生长的影响特点呈现出典型的抛物线型，因此用土壤水分反映土壤肥力环境也符合抛物线型隶属度函数曲线［图 4-2（b）］，相应的隶属度函数为式（4-2），函数转折点的相应取值见表 4-4（刘世平等，2009）。

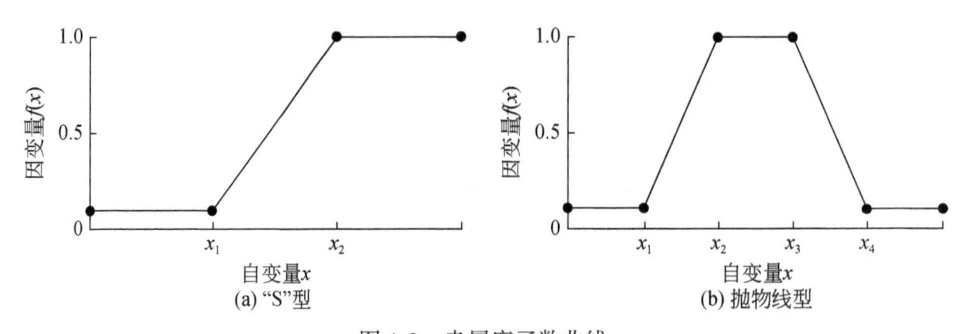

图 4-2　隶属度函数曲线

$$
f(x)=\begin{cases} 0.1 & x<x_1 \\ 0.9\times\dfrac{(x-x_1)}{(x_2-x_1)}+0.1 & x_1\leqslant x\leqslant x_2 \\ 1 & x>x_2 \end{cases} \tag{4-1}
$$

$$
f(x)=\begin{cases} 0.1 & x<x_1 \text{ 或 } x>x_4 \\ 0.9\times\dfrac{(x-x_1)}{(x_2-x_1)}+0.1 & x_1<x<x_2 \\ 1 & x_2\leqslant x\leqslant x_3 \\ 1-0.9\times\dfrac{(x-x_3)}{(x_4-x_3)} & x_3\leqslant x\leqslant x_4 \end{cases} \tag{4-2}
$$

表 4-3 "S"型隶属度函数曲线转折点取值

土层深度/cm	转折点	SOM/(g/kg)	TN/(g/kg)	TP/(g/kg)	TK/(g/kg)	AN/(mg/kg)	AP/(mg/kg)	AK/(mg/kg)
0～20	X_1	19	1.0	0.7	28.5	25	40	230
	X_2	23	1.5	1.0	30	40	55	280
20～40	X_1	10	0.8	0.7	28	24	25	145
	X_2	14	0.9	0.8	30	32	30	180

表 4-4 抛物线型隶属度函数曲线转折点取值 （单位:%）

转折点	0～20cm	20～40cm
X_1	25	20
X_2	27	22
X_3	28	23
X_4	30	25

依据各肥力指标对土壤肥力综合变化的影响程度，采用多元统计中的主因子分析法，计算出各肥力指标的公因子方差，其值大小表示该项肥力指标对土壤肥力总体变异的贡献，由此求得各项肥力指标的权重值（表4-5）。

表 4-5　土壤肥力指标公因子方差和权重值

指标类型	指标名称	0～20cm		20～40cm	
		公因子方差	权重	公因子方差	权重
养分指标	TN	0.93	0.1417	0.98	0.1486
	TP	0.97	0.1482	0.95	0.1434
	TK	0.91	0.1391	0.94	0.1418
	AN	0.96	0.1465	0.93	0.1410
	AP	0.84	0.1282	0.91	0.1381
	AK	0.97	0.1480	0.91	0.1383
	有机碳	0.97	0.1482	0.98	0.1488
	累计贡献	0.94	—	0.95	—
环境指标	土壤水分	—	1	—	1

依据各项肥力因素的隶属度值和权重，按照加乘法原则，把各层次 7 个养分指标和 1 个环境指标分别进行加法合成［式（4-3）和式（4-4）］，再对两个土壤层次养分指标和环境指标分别采用乘法合成，求得不同秸秆还田模式下土壤养分指标（NFI）值和作物所处的物理环境指标（EFI）值，然后对相互独立的养分指标值和环境指标值按照其对当地农业生产实际中的贡献率大小，按养分指标 0.75、环境指标 0.25 的权重值进行加乘法合成，求得土壤综合肥力指标（IFI）［式（4-5）］。由此计算得到不同秸秆还田模式下土壤综合肥力指标值（表 4-6）。

$$\mathrm{NFI}=\sum f(N)\times W(N) \tag{4-3}$$

$$\mathrm{EFI}=\sum f(E)\times W(E) \tag{4-4}$$

$$\mathrm{IFI}=\mathrm{NFI}\times 0.75+\mathrm{EFI}\times 0.25 \tag{4-5}$$

式中，$f(N)$ 和 $f(E)$ 分别为养分指标和环境指标的隶属度值；$W(N)$ 和 $W(E)$ 分别为土壤养分指标和环境指标的权重系数。

综合肥力评价结果显示，WC-MN 和 WH-MC 两种秸秆还田模式组合下，综合肥力指标值分别为 0.4887 和 0.4826，综合肥力水平较高，而 WC-MM 和 WN-MN 两种秸秆还田模式组合下综合肥力指标值最低，综合肥力水平较低。

表 4-6　不同秸秆还田模式下土壤肥力的综合评价

处理		养分指标（NFI）			环境指标（EFI）			综合肥力指标（IFI）
		0～20cm	20～40cm	0～40cm	0～20cm	20～40cm	0～40cm	
WH	MC	0.62	0.55	0.3387	0.91	1.00	0.9145	0.4826
	MM	0.51	0.49	0.2531	0.87	0.95	0.8225	0.3955
	MN	0.43	0.55	0.2363	1.00	1.00	1.0000	0.4272

续表

处理		养分指标（NFI）			环境指标（EFI）			综合肥力指标（IFI）
		0～20cm	20～40cm	0～40cm	0～20cm	20～40cm	0～40cm	
WC	MN	0.80	0.40	0.3183	1.00	1.00	1.0000	0.4887
	MM	0.53	0.29	0.1529	0.70	0.65	0.4594	0.2295
	MC	0.65	0.66	0.4275	0.58	0.34	0.1953	0.3695
WN	MC	0.47	0.55	0.2599	0.60	0.96	0.5823	0.3405
	MM	0.64	0.43	0.2725	0.88	1.00	0.8785	0.4240
	MN	0.37	0.25	0.0920	0.71	0.91	0.6438	0.2299

3. 不同秸秆还田模式下农田生产投入与产出

通过对不同秸秆还田模式下农业生产实际成本投入和产量进行比较（表 4-7 和表 4-8），在其他条件既定的情况下，秸秆不还田比秸秆还田花费更多的人力、物力，其具体体现在小麦秸秆不还田比秸秆还田情况下的人工费平均高出 1250 元/hm^2，玉米秸秆不还田将在机械费用上比秸秆还田平均高出 800 元/hm^2，总体而言，两种秸秆均不还田（WN-MN）情况下总成本最高，达 15 101 元/hm^2，而 WH-MC 和 WH-MM 两种模式组合下总成本最低，为 13 512 元/hm^2。而不同模式下周年内作物产量差异也较大，其中 WH-MC 模式下周年产量最高，为 11 775.54kg/hm^2，WN-MN 模式下周年产量仅为 9480.4kg/hm^2，呈最低水平。WH-MC 模式下活劳动净产率和产投比均最高，对高效农业生产最为有利。

表 4-7 不同秸秆还田模式下农田投入和产出结构

处理		种子费/（元/hm^2）	化肥费/（元/hm^2）	灌溉费/（元/hm^2）	农药费/（元/hm^2）	机械费/（元/hm^2）	人工费/（元/hm^2）	小麦产量/（kg/hm^2）	玉米产量/（kg/hm^2）
WH	MC	1330	1824	4398	1401	3500	1059	4855.23	6920.31
	MM	1330	1824	4398	1401	3500	1059	4025.91	6095.87
	MN	1330	1824	4398	1401	4300	1059	4499.58	6266.59
WC	MN	1330	1824	4398	1401	4589	1059	4370.25	6962.08
	MM	1330	1824	4398	1401	3789	1059	4271.53	5847.24
	MC	1330	1824	4398	1401	3789	1059	4593.23	6422.69
WN	MC	1330	1824	4398	1401	3039	2309	5186.69	6309.25
	MM	1330	1824	4398	1401	3039	2309	4749.04	5023.32
	MN	1330	1824	4398	1401	3839	2309	4518.72	4961.68

表 4-8 不同秸秆还田模式下农田成本和产值分析

处理		周年产量/(kg/hm²)	总产值/(元/hm²)	物化劳动成本/(元/hm²)	活劳动成本/(元/hm²)	总成本/(元/hm²)	纯收入/(元/hm²)	物质投入净产率	活劳动净产率	产投比
WH	MC	11 775. 54	19 812	12 453	1 059	13 512	6 299	0. 59	6. 95	1. 47
	MM	10 121. 78	17 000	12 453	1 059	13 512	3 487	0. 37	4. 29	1. 26
	MN	10 766. 17	18 126	13 253	1 059	14 312	3 813	0. 37	4. 60	1. 27
WC	MN	11 332. 33	19 006	13 542	1 059	14 601	4 404	0. 40	5. 16	1. 30
	MM	10 118. 77	17 044	12 742	1 059	13 801	3 242	0. 34	4. 06	1. 23
	MC	11 015. 92	18 544	12 742	1 059	13 801	4 742	0. 46	5. 48	1. 34
WN	MC	11 495. 94	19 431	11 992	2 309	14 301	5 129	0. 62	3. 22	1. 36
	MM	9 772. 36	16 586	11 992	2 309	14 301	2 284	0. 38	1. 99	1. 16
	MN	9 480. 4	16 072	12 792	2 309	15 101	970	0. 26	1. 42	1. 06

注：小麦的单价按 1. 8 元/kg 计，玉米的单价按 1. 6 元/kg 计。

4. 不同秸秆还田模式下农田周年生产力评价

依据农业生产所倡导的高产、高效、优质、发展可持续农业的理论体系，参考区域实际农业生产现状，选择产量和产值作为高产的指标，选用低成本和高纯收入作为高效的指标，选用土壤肥力综合评价指标养分指标（NFI）和综合肥力指标（IFI）作为可持续发展指标，运用综合评分法对不同秸秆还田模式下农田周年生产力进行综合评价（刘世平等，2009）。其中将高产、高效和可持续指标分别按照高产为 35%、高效为 35%、可持续为 30% 的权重比例，确定各参评指标的具体权重。高产指标中周年产量为 20%，总产值为 15%；高效指标中总成本为 15%，纯收入为 20%；可持续指标中 NFI 为 10%，IFI 为 20%。同时将各项参评指标分为 5 级，进行量化打分（表 4-9），再根据各项指标的评分和各项指标权重，代入式（4-6），即得出各种秸秆还田模式农田生产力综合评分。

$$\sum W_iP_i = W_1P_1 + W_2P_2 + \cdots + W_iP_i \tag{4-6}$$

式中，$\sum W_iP_i$ 为某秸秆还田模式下周年生产力综合评分；P_1，P_2，…，P_i 为各项参评指标得分；W_1，W_2，…，W_i 为各项参评指标权重。

表 4-9 各项指标评分标准及评分

高产指标		高效指标		可持续指标		评分
周年产量/(kg/hm²)	总产值/(元/hm²)	总成本/(元/hm²)	纯收入/(元/hm²)	NFI	IFI	
11 900 ~ 11 400	20 000 ~ 19 200	13 500 ~ 13 825	6 400 ~ 5 300	0. 43 ~ 0. 36	0. 495 ~ 0. 440	5
11 400 ~ 10 900	19 200 ~ 18 400	13 825 ~ 14 150	5 300 ~ 4 200	0. 36 ~ 0. 29	0. 440 ~ 0. 385	4

续表

高产指标		高效指标		可持续指标		评分
周年产量/(kg/hm²)	总产值/(元/hm²)	总成本/(元/hm²)	纯收入/(元/hm²)	NFI	IFI	
10 900~10 400	18 400~17 600	14 150~14 475	4 200~3 100	0.29~0.22	0.385~0.330	3
10 400~9 900	17 600~16 800	14 475~14 800	3 100~2 000	0.22~0.15	0.330~0.275	2
9 900~9 400	16 800~16 000	14 800~15 125	2 000~900	0.15~0.08	0.275~0.220	1

结果显示，WH-MC 模式下，农田周年生产力综合评分最高，周年生产力最好，其次是 WC-MC 模式组合（表 4-10）。而 WN-MN 及 WN-MM 的模式组合，农田周年生产力分别排名倒数第一、第二。通过对小麦秸秆和玉米秸秆不同模式分别进行综合分析得出，小麦秸秆三种还田模式下，农田周年生产力状况呈现 WH>WC>WN，而玉米秸秆三种还田模式下，农田周年生产力状况呈现 MC>MN>MM（表 4-11）。可见 WH-MC 模式更有利于该地区农业生产发展。

表 4-10　不同秸秆还田模式下农田周年生产力综合评分

处理		周年产量	总产值	总成本	纯收入	NFI	IFI	综合评分
WH	MC	5	5	5	5	4	5	4.90
	MM	2	2	5	3	3	4	3.15
	MN	3	3	3	3	3	4	3.20
WC	MN	4	4	2	4	4	5	3.90
	MM	2	2	5	3	2	1	2.45
	MC	4	4	5	4	5	3	4.05
WN	MC	5	5	3	4	3	3	3.90
	MM	1	1	3	2	3	4	2.30
	MN	1	1	1	1	1	1	1.00

表 4-11　秸秆还田模式对农田土壤周年生产力的影响

处理	MC	MM	MN	均值
WH	4.90	3.15	3.20	3.75
WC	4.05	2.45	3.90	3.47
WN	3.90	2.30	1.00	2.40
均值	4.28	2.63	2.70	—

（三）讨论

1. 秸秆还田对土壤肥力状况的影响

作物秸秆含有大量有机质，是补充土壤碳库最主要途径之一，同时含有植物生长所必需的氮、磷、钾及其他中微量元素，秸秆归还农田，经过腐解就会释放出这些元素，作为土壤中植物营养元素补充的有效途径之一。相关研究表明，秸秆还田能够显著提高土壤肥力，协调土壤水肥气热等生态条件，为根系生长创造良好的土壤环境（徐祖祥，2003；孙星等，2008；孙伟红，2004）。据王应和袁建国（2007）研究表明，在黄土高原地区通过秸秆还田能有效提高土壤有机质，改善土壤肥力，促进农业生产。本研究中田块尺度上不同秸秆还田模式下，耕层土壤养分、土壤有机质及土壤水分均发生不同程度的变化，尤其是0～20cm土层含量变化更为明显，但总体呈现出复杂多样的变化趋势，就目前而言，很难直接进行比较分析各种秸秆还田模式组合的优劣。而依据模糊数学的综合评价原理进行土壤肥力综合分析发现，WC-MN和WH-MC两种秸秆还田模式组合下，综合肥力水平较高，而WC-MM和WN-MN两种秸秆还田模式组合下，综合肥力水平较低。可见，秸秆还田与不还田，甚至不同还田模式对农田土壤综合肥力及各肥力因素的影响有很大差别。因此，通过土壤肥力综合分析，结合农业生产实践，寻求一种合理的农田秸秆循环、高效、可持续利用方式十分必要。

2. 秸秆还田对农业生产成本投入和产出的影响

秸秆还田作为农田生产过程中的一个重要环节，对农业生产系统中物质能量流通、投入产出结构有着重要的影响（王小彬等，2006）。王应和袁建国（2007）研究表明，通过秸秆还田，玉米种植成本可降低789～1698元/hm^2。同时余延丰等（2008）研究表明，在江汉平原地区进行秸秆还田能明显提高水稻和小麦的产量，尤其是与化肥配合施用效果更显著。高亚军等（2008）研究也表明，合适的水肥配合条件下，秸秆覆盖能使冬小麦产量明显提高。本研究结果显示，在该地区小麦-玉米种植轮作制度下，采用WH-MC模式或WC-MM模式农田生产成本最低，周年内较WN-MN模式降低1589元/hm^2；而不同模式下周年内作物产量差异也较大，其中WH-MC模式周年产量最高，较WN-MN模式下周年产量提高2295.14kg/hm^2。因此，在WH-MC模式下活劳动净产率和产投比均达最高，这表明在该区域按照合理的秸秆循环利用模式进行农业生产，将对减少生产成本，提高农民收入有着重要的意义。

3. 秸秆还田对农田土壤周年生产力的影响

农田土壤周年生产力高低是评价农业高产、高效和可持续性的主要参数，不同的农业耕作措施对土壤周年生产力影响较大（刘世平等，2009）。本研究中通过对关中平原一年两熟轮作制下秸秆不同循环利用模式的组合，研究分析了其对农田土壤周年生产力的影响，结果显示，WH-MC 模式组合下，农田土壤周年生产力最好。这与不同秸秆还田模式对农业生产的效应及当地农业生产实际有很大关系。由于该地区属半湿润易旱气候分布区，且降水季节分布不均，蒸发量大，农业生产中容易出现季节性气候干燥，影响作物生长。而 WH 模式在土壤保水方面的效果相对较好，从而减弱了季节性干旱带来的影响，保障了农业生产。这也是夏季小麦秸秆还田效应中最为突出的作用机制。而 MC 模式遵循了秸秆归还农田，培肥土壤的原理。秸秆腐解对土壤物理、化学和生物学性状均产生重要影响，提高了农田土壤综合肥力。因此，采用 WH-MC 模式组合是实现该区域雨热条件下农业向高产、高效、可持续发展的重要途径之一。

二、添加有机物料对渭北旱塬土壤培肥效应的综合评价

渭北旱塬是传统旱作农业区，降水偏少，土壤瘠薄，生产水平较低。近年来，随着农业生产技术的不断提高，该地区耕地土壤肥力状况得到相应改善，但是土壤有机质含量仍然偏低，且作物产量低而不稳，属于落后的农业耕作区，所以培肥地力仍是实现该地区农业持续发展的关键措施。充分利用有机肥源，不仅可以提高土壤肥力，而且可以降低生产成本，提高资源的利用率。

以往人们多采用部分土壤性质或环境因素与作物产量的相关关系来表征培肥后土壤肥力的提高（阚文杰和吴启堂，1994），这样较难综合反映土壤肥力的高低，所以需要选择较客观、全面的方法对其进行评价，目前主成分分析、聚类分析、因子分析等方法已被用于土壤肥力的综合评价。而本研究通过不同有机物料与化肥配合施用来培肥土壤，采用命名清晰性高，应用侧重于成因清晰性评价的因子分析法和聚类分析法（姚荣江等，2009；张华和张甘霖，2001），对不同有机培肥措施下土壤肥力指标进行评价，旨在阐明有机物料对提升土壤质量的作用，从而为寻求合理的培肥措施提供理论依据和技术支撑。

（一）材料与方法

1. 试验区概况

田间试验（2007 年 9 月 ~2010 年 9 月）在西北农林科技大学甘井旱农试验基地进行。该基地位于合阳县甘井镇甘井村（35°19′87″ N，110°05′22″ E），海拔约为 880 m，属温带大陆性季风气候，年降水量为 572mm，其中 7 ~9 月的降水占全年降水量的 55%，年蒸发量为 1833mm，年均温度为 9 ~ 10℃，全年无霜期为 160 ~ 200 天，≥10 ℃积温为 2800 ~ 4000℃。冬春干旱，四季多风。供试土壤

为塿土，其理化性质见表4-12。

表4-12　供试土壤理化性质（0～20cm）

指标	pH	有机质/(g/kg)	全氮/(g/kg)	速效磷/(mg/kg)	速效钾/(mg/kg)
数值	8.24	12.5	0.81	10.7	108

2. 试验设计

试验共设7个处理，分别为：①不施肥（CK）；②施用化肥（T_1）；③化肥+低量秸秆（玉米茎叶3750kg/hm^2，干质量，下同，T_2）；④化肥+中量秸秆（玉米茎叶7500kg/hm^2，T_3）；⑤化肥+高量秸秆（玉米茎叶15 000kg/hm^2，T_4）；⑥化肥+秸秆堆肥（7500kg/hm^2，T_5）；⑦化肥+厩肥（15 000kg/hm^2，T_6），每个处理重复3次，采用随机区组设计，小区面积为27m^2（4.5m×6m）。氮（N）、磷（P_2O_5）、钾（K_2O）化肥施用量均分别为150kg/hm^2、90kg/hm^2、60kg/hm^2，化肥品种为尿素、磷酸二铵和硫酸钾。秸秆堆肥（干物料含有机碳30.03%，全氮0.91%，全磷0.36%，全钾0.65%）为粉碎的玉米秸秆（干物料含有机碳45.01%，全氮0.92%，全磷0.15%，全钾1.18%）加入少量鸡粪及EM菌剂堆制而成。厩肥为农户垫土牛圈粪（干物料含有机碳15.1%，全氮0.95%，全磷0.35%，全钾1.23%）。有机物料施用量的确定主要依据有机碳的含量，并考虑当地实际情况和经济因素。秸秆堆肥与厩肥的有机碳用量基本相当。粉碎的玉米秸秆、秸秆堆肥、厩肥及化肥均于冬小麦播种前作为基肥一次性施入。小麦生育期无肥料施入。供试作物为冬小麦，品种为“晋麦47号”。2007年9月23日播种，基本苗密度约为270万株/hm^2。

3. 数据处理

数据分析采用SPSS 16.0软件的Factor Analysis和Cluster Analysis及Excel软件进行。

（二）结果与分析

1. 不同有机培肥措施下土壤肥力评价指标的选取

为了综合评价土壤培肥效果，需要对土壤肥力指标进行筛选。选取的土壤质量评价指标以能够显著影响土壤生产力的养分为主（刘晓冰和邢宝山，2002）。通常情况下，土壤质量评价包括土壤物理、化学和生物三大类指标（路鹏等，2007）。刘世梁等（2006）研究指出，评价使用频率较高且稳定性较好的耕地土壤质量因子主要有10项，分别为有机质、全氮、全磷、全钾、有效磷、速效钾、pH、CEC、质地、耕层厚度。根据科学性、合理性和可比性的土壤质量评价原则，同时结合试区实际情况，本研究选取了能反映该区域土壤肥力状况的 12 项指标进行土壤肥力质量评价，包括有机质（X_1）、全氮（X_2）、全磷（X_3）、CEC（X_4）、速效氮（X_5）、速效磷（X_6）、速效钾（X_7）、脲酶（X_8）、碱性磷酸酶（X_9）、水分（X_{10}）、微生物生物量碳（X_{11}），微生物生物量氮（X_{12}）具体测定值见表 4-13。

表 4-13　各指标分析结果

处理	X_1/(g/kg)	X_2/(g/kg)	X_3/(g/kg)	X_4/(mg/kg)	X_5/(mg/kg)	X_6/(mg/kg)	X_7/(mg/kg)	X_8/[μg/(g·h)]	X_9/[μg/(g·h)]	X_{10}/%	X_{11}/(mg/kg)	X_{12}/(mg/kg)
CK	12.40b	0.79b	0.41a	16.78e	20.61b	6.41 b	117.16c	71.33e	70.08c	16.02b	156.84e	16.57f
T_1	12.81ab	0.85ab	0.44a	18.06d	28.51ab	8.97 b	148.10ab	90.36d	71.90bc	17.01a	262.90d	21.17e
T_2	13.05ab	0.86a	0.41a	18.54cd	31.78a	8.29 b	139.50b	97.85cd	73.12abc	16.61ab	279.33cd	27.49d
T_3	13.58a	0.87a	0.42a	20.20ab	32.27a	10.39b	143.28ab	101.70bc	73.80abc	16.61ab	299.00c	31.12c
T_4	12.91ab	0.88a	0.43a	20.22ab	33.38a	8.74b	152.50ab	101.84abc	75.88ab	17.22a	301.10c	25.20d
T_5	12.68ab	0.88a	0.45a	20.48a	35.92a	24.32a	158.96a	112.55a	77.60a	16.52ab	452.95a	47.68a
T_6	12.96ab	0.87a	0.43a	19.25bc	33.84a	11.76b	152.00ab	109.19ab	76.43ab	16.78ab	379.88b	39.48b

注：同列不同字母表示差异显著（$P<0.05$）。

2. 不同有机培肥措施下土壤肥力质量评价方法的选择

因子分析法是主成分分析法的扩展，它主要是研究如何以最少的信息丢失，将众多原始变量浓缩成少数的几个因子变量，以及如何将因子变量具有较强可解释性的一种多元统计分析方法（王芳，2003）。其特点是命名清晰性高，应用上侧重成因清晰性的综合评价（林海明和张文霖，2005）。本研究所选取的指标之间的相关系数大部分大于 0.3，同时原有变量通过了 Bartlett 球形度检验（$P=0.00$）和 KMO 检验（KMO 值为 0.71），均符合因子分析的前提条件，因此本研究可采用因子分析法对不同有机培肥措施下的土壤肥力质量进行评价。

（1）土壤肥力质量的因子分析

把原始数据进行标准化，依据因子分析方法（Martin et al.，2006）的原理，运用 SPSS 16.0 统计软件可计算出各指标的相关系数矩阵（表 4-14），各指标变量旋转后的因子载荷矩阵，各因子所对应的特征值、贡献率和累计贡献率等（表 4-15）。前三个主因子的贡献率已达 80.5%，说明前三个主因子能把土壤全部指标提供信息的 80.5% 反映出来，因此利用因子分析法评价土壤肥力质量是可靠的。由表 4-15 可以看出，第一主因子（Z_1）上，微生物生物量碳、微生物生物量氮、脲酶、速效磷有较大正值。土壤微生物生物量碳、微生物生物量氮和土壤酶活性与土壤物理、化学和生物学性质和农业耕作措施有着显著的相关性（王俊华等，2007），因此，第一主因子可定义为微生物活性因子；第二主因子（Z_2）上，水分、有机质和全氮有较大正值，其中全氮可反映土壤养分的总储量，土壤有机质含量也是评价土壤养分的重要指标之一（武云天等，2004），故可定义为养分供应容量因子；第三主因子（Z_3）上，CEC、速效氮有较大正值，其中速效氮反映了土壤供给作物养分强度的大小，且与CEC之间有显著的相关性，故可定义为养分供应强度因子。

表 4-14　各指标的相关系数矩阵

指标	X_1	X_2	X_3	X_4	X_5	X_6	X_7	X_8	X_9	X_{10}	X_{11}	X_{12}
X_1	1	0.68**	0.12	0.17	0.22	0.05	0.45*	0.35	0.57**	0.66**	0.06	0.12
X_2		1	-0.28	0.65**	0.71**	0.35	0.72**	0.67**	0.62**	0.76**	0.51*	0.49*
X_3			1	-0.53*	-0.25	-0.29	-0.33	-0.3	-0.17	-0.06	-0.44*	-0.28
X_4				1	0.56**	0.5*	0.60**	0.75**	0.4	0.36	0.72**	0.66**
X_5					1	0.32	0.55**	0.52*	0.23	0.43*	0.51*	0.48*
X_6						1	0.48*	0.69**	0.38	-0.02	0.75**	0.78**
X_7							1	0.74**	0.61**	0.61**	0.70**	0.61**
X_8								1	0.64**	0.34	0.82**	0.80**
X_9									1	0.56**	0.49*	0.58**
X_{10}										1	0.14	0.13
X_{11}											1	0.94**
X_{12}												1

* $P<0.05$；** $P<0.01$。

表 4-15　旋转因子载荷矩阵

指标	Z_1	Z_2	Z_3
X_1	0.06	0.888	-0.175
X_2	0.291	0.817	0.413
X_3	-0.186	0.126	-0.778
X_4	0.523	0.263	0.663
X_5	0.236	0.402	0.635
X_6	0.875	-0.028	0.14
X_7	0.533	0.587	0.362
X_8	0.795	0.391	0.283

续表

指标	Z_1	Z_2	Z_3
X_9	0.549	0.653	-0.065
X_{10}	-0.055	0.904	0.221
X_{11}	0.868	0.101	0.406
X_{12}	0.921	0.134	0.224
特征值	4.039	3.474	2.148
方差贡献率/%	33.657	28.948	17.9
累计方差贡献率/%	33.657	62.605	80.505

（2）土壤肥力质量的得分与排名

为了更清楚直观地比较各培肥处理下土壤肥力质量状况，需要计算出各处理的因子得分。因子得分函数 Z_i 表达式：$Z_i = b_i X$，其中 b_i 是 SPSS 软件中表“Component Score Coefficient Matrix”的第 i 列向量（表 4-14）。通过把各公因子的特征值贡献率作为权数进行加权求和，就可得到综合评价指标值（表 4-15）。

$$Z_{综} = \sum_{i=1}^{m} (v_i/p) Z_i \tag{4-7}$$

式中，v_i/p 在 SPSS 软件中表“Total Variance Explained”下“Rotation Sums of Squared Loadings”（旋转后因子对 X 的方差）栏的“% of Variance”。

表 4-16 和表 4-17 显示第一主因子得分最高的是 T_5，其次是 T_6 和 T_3，说明 T_5、T_6 和 T_3 在提高微生物生物量碳、微生物生物量氮、速效磷和土壤脲酶含量方面占有明显优势，表明中量秸秆、秸秆堆肥和厩肥能显著提高土壤微生物学活性，对土壤具有较好的培肥作用，这也与近年来大量研究结果相吻合（赵兰波，1996）；T_2 和 T_4 得分较低，但还是明显高于 CK 和 T_1，表明低、高量秸秆对提高土壤酶活性、改善土壤肥力也具有一定作用。第二主因子得分最高的为 T_4，其次为 T_3，表明中、高量秸秆均可提高土壤有机质和全氮的含量，增加土壤养分供应容量；得分较低的是 T_5 和 T_2，说明化肥与低量秸秆和秸秆堆肥配合施用，都未能有效提高土壤有机质和全氮的含量，改善土壤养分容量状况。第三主因子得分较高的为 T_4，表明施用高量秸秆明显增加了土壤速效氮和 CEC 含量，提高了土壤养分供应强度；其次是 T_5、T_3、T_6 和 T_2，说明化肥与秸秆堆肥、中低量秸秆及厩肥配施，活化了速效养分，均可提高土壤养分供应强度。

表 4-16　因子得分系数矩阵

因子	X_1	X_2	X_3	X_4	X_5	X_6	X_7	X_8	X_9	X_{10}	X_{11}	X_{12}
Z_1	-0.015	-0.088	0.145	-0.008	-0.136	0.333	0.055	0.211	0.185	-0.186	0.235	0.31
Z_2	0.334	0.23	0.137	-0.02	0.063	-0.115	0.125	0.033	0.187	0.316	-0.092	-0.069
Z_3	-0.234	0.153	-0.552	0.325	0.378	-0.157	0.061	-0.062	-0.278	0.103	0.037	-0.122

表 4-17 表明，综合得分位居前列的分别是 T_5、T_6和 T_4。其中 T_5处理得分最高，主要分布在微生物活性因子和养分供应强度因子的得分上，即全氮、速效氮和速效磷含量较高，土壤微生物生物量碳、微生物生物量氮和土壤酶活性也高于其他处理，说明施用秸秆堆肥不但有效增加了土壤养分储量，还提高了土壤微生物活性。T_6处理得分高主要集中在微生物活性因子、养分供应容量因子和养分供应强度因子的得分上，即脲酶、全氮和速效氮含量高，施用厩肥有促进脲酶活性的作用，并且提高了土壤供氮的能力。综合得分最低的是 CK、T_2和 T_1。T_2、T_1处理均在微生物活性因子和养分供应容量因子上得分较低，说明施用低量秸秆和单施化肥都不利于土壤养分容量的提高，在增强土壤微生物活性方面也无明显优势。

表 4-17　不同处理各因子得分及综合得分

处理	Z_1		Z_2		Z_3		综合	
	得分	排名	得分	排名	得分	排名	得分	排名
CK	-1.165	7	-0.834	7	-0.963	7	-80.578	7
T_1	-0.571	5	0.234	3	-0.463	6	-20.708	6
T_2	-0.297	4	0.114	5	-0.203	5	-10.325	5
T_3	0.055	3	0.307	2	-0.100	3	8.948	4
T_4	-0.579	6	0.338	1	1.449	1	16.224	3
T_5	1.812	1	-0.349	6	0.452	2	58.944	1
T_6	0.745	2	0.190	4	-0.172	4	27.494	2

（3）土壤肥力质量的聚类分析

为了使评价结果更加清晰，将各处理的主因子得分作为评价其肥力的新指标，用欧氏距离作为衡量各处理肥力差异大小，采用最短距离法对各处理进行系统聚类，结果如图 4-3 所示。

由表 4-17 综合得分可以看出，各处理上土壤肥力质量排列顺序为 $T_5>T_6>T_4>T_3>T_2>T_1>CK$。从系统聚类图（图 4-3）来看，我们可以把 7 个处理分为 4 类：一等＝{T_5}；二等＝{T_6}；三等＝{T_3，T_4}；四等＝{T_1，T_2，CK}。不同施肥处理土壤肥力质量等级相比较而言，T_5最高，T_6较高，T_3、T_4次之，说明秸秆堆肥配施化肥土壤肥力质量最高，厩肥配施化肥较高，中高量秸秆与化肥配施次之。T_1和T_2与CK处于同一等级，说明单施化肥的培肥作用不大，而秸秆用量不足也同样达不到好的培肥效果。这一结果表明，在进行培肥土壤时，首先要施用一定量的化肥来满足作物生长对养分的需求，然后要注意配合施用有机肥，用来提高土壤有机质含量，改善土壤团聚状况，增强土壤酶活性，提高土壤系统生产力，从而达到培肥土壤的目的（徐明岗等，2008；薛冬等，2005；Kaur et al.，2007）。

综合聚类距离尺度

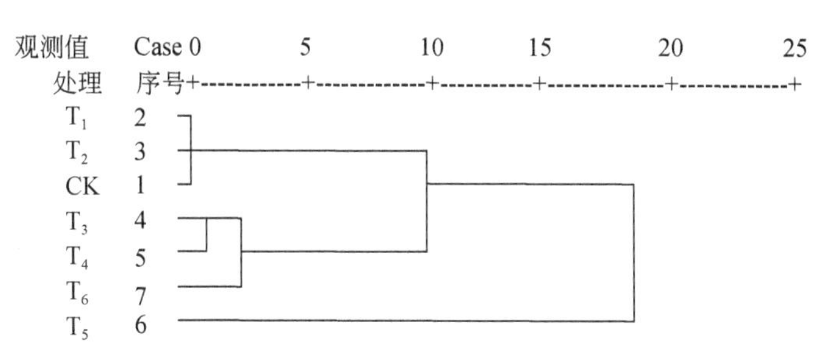

图4-3　不同有机培肥措施下土壤质量评价系统聚类图

（4）不同有机培肥措施下土壤肥力质量评价与产量的关系

产量是土壤肥力的综合反映，不同施肥处理对土壤肥力特性的影响必然要反映到作物产量的变化上（王生录和陈炳东，1999）。由有机物料培肥试验产量结果直观图（图4-4）发现，施加不同量的玉米秸秆，对旱地冬小麦籽粒产量的影响不显著，施加秸秆堆肥后，籽粒产量显著提高，施加厩肥同样有明显的增产效果。表4-18是不同施肥处理下籽粒产量和通过因子分析得到的综合得分的排名，产量与综合得分的排名顺序也基本一致，说明通过这两种方法进行土壤肥力质量评价所得到的结果是可信的。

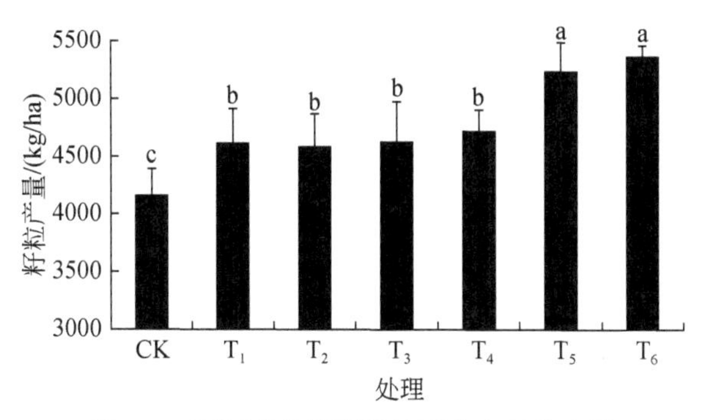

图4-4　不同有机培肥措施下小麦籽粒产量

表 4-18　不同施肥处理小麦籽粒产量与综合得分排名

处理	产量/(kg/hm^2)	产量排名	综合得分	综合排名
CK	4166c	7	-80.578	7
T_1	4620b	5	-20.708	6
T_2	4589b	6	-10.325	5
T_3	4637b	4	8.948	4
T_4	4725b	3	16.224	3
T_5	5235a	2	58.944	1
T_6	5367a	1	27.494	2

（三）讨论

土壤微生物生物量是土壤活性养分的储存库，是植物生长可利用养分的重要来源，它的大小反映了参与调控土壤中能量和养分循环以及有机物质转化的微生物数量（Taylor et al.，2002）。有研究表明，合理的施肥措施有利于改善土壤理化性质和微生物区系，使土壤微生物生物量碳、微生物生物量氮含量有所增加，土壤肥力有所提高（Albiach et al.，2000）。化肥与有机肥配合施用，土壤微生物生物量明显增加，主要是因为有机物料的输入为微生物的生长繁殖提供了足量的碳源，刺激了土壤微生物的活性，土壤微生物生物量呈现较高值（邱莉萍等，2004）。土壤酶是土壤营养代谢的重要驱动力，它参与土壤各种生物化学反应过程，与土壤供应养分能力密切相关，在许多重要营养元素的生物化学循环中起着重要作用（唐玉姝等，2008；李东坡等，2004；Dick，1984）。大量的土壤酶活性研究表明，有机物料含有丰富的酶，畜禽粪尿中的酶活性是土壤中的酶活性的几十至几百倍；有机物料能增强土壤酶活性，特别是与土壤养分转化有关的酶活性，进而提高土壤肥力。张辉等（2006）试验结果表明，有机肥施入土壤后土壤脲酶、磷酸酶、蔗糖酶活性都有明显提高，促进了土壤有机质的分解转化和速效养分的释放。本研究结果显示，位居因子分析的综合得分首位的是秸秆堆肥处理，且主要分布在微生物活性因子和养分供应强度因子的得分上，说明施用秸秆堆肥大大提高了土壤微生物活性，同时有效增加了土壤养分的积累，从而保证了充分的养分供应，使得本处理下土壤肥力质量等级也最高，这也与高峻岭等（2008）关于含有玉米秸秆和高比例牛粪的有机肥有利于土壤有机质的积累，土壤速效磷含量与有机肥施磷总量呈正相关的研究结果基本一致。

周晓芬和张彦才（2003）进行了有机肥对土壤钾素供应影响的研究，结果表明，3 种厩肥（鸡粪、牛厩肥、猪厩肥）和麦秸施入土壤均可明显增加土壤速效钾和缓效钾含量，土壤供钾能力增强。罗安程等（1999）研究了有机肥料对水稻根际土壤中酶活性影响，指出有机肥料的施用大大促进了根系磷酸酶及 ATP 酶的活性。本研究中施用厩肥的土壤质量综合评价得分也较高，且主要集中在土壤微生物活性因子、养分供应容量因子和养分供应强度因子的得分上，施用厩肥增强了脲酶活性，提高了全氮和速效氮的含量，说明施用厩肥对增强土壤酶活性和土壤养分的补充有较大影响。而研究中单施化肥处理与低量秸秆处理得分最低，且土壤肥力质量等级也最低，主要是因为这两种处理在提高养分储量和微生物活性方面无明显优势，且不利于保持土壤养分平衡，说明单施化肥或少量秸秆还田在短期内对培肥土壤作用不明显。

化肥配施有机肥，一方面可以通过有机肥直接补充土壤养分，提高土壤对作物的供肥能力，同时又可以通过调节土壤与化肥养分的释放强度与速率，使作物在整个生育阶段得到均衡的矿质营养，从而提高作物产量。本研究中施加秸秆堆肥后，籽粒产量显著提高，施加厩肥同样有明显的增产效果，与单施化肥相比，分别提高了 13. 31% 和 16. 17% 。郭胜利等（2005）研究了施肥对半干旱地区小麦产量的影响后指出，大量施用有机肥，冬小麦 17 年平均产量（$2.6t/hm^2$）较对照提高了 70% ，而有机肥配施化肥的产量显著（$P<0.05$）高于其他施肥处理。

虽然有机物料在提高土壤肥力及作物产量、品质等方面具有相当重要的作用，但对有机物料的研究，应继续结合不同地区的气候、土壤条件和种植制度，研究其在作物-土壤生态系统中的养分转化、循环和平衡，充分发挥和利用土壤养分资源及有机物料在提高肥料利用率中的作用。

（四）结论

1）应用侧重于成因清晰性评价的因子分析法，对不同有机培肥处理下土壤肥力质量进行了客观、清晰地评价，得出各处理土壤肥力质量排列顺序为 $T_5>T_6>T_4>T_3>T_2>T_1>CK$，即筛选出秸秆堆肥与化肥配施处理是本试验中最优的一种培肥模式。化肥配施秸秆堆肥显著提高了土壤有机质和养分含量，增强了土壤脲酶和蔗糖酶活性。

2）聚类分析使评价结果更加清晰，系统聚类图将 7 个施肥处理分为 4 类，最后得出秸秆堆肥配施化肥土壤肥力质量最高，厩肥配施化肥较高，中高量秸秆配施化肥次之，与因子分析结果基本吻合。

3）从有机物料培肥试验的产量效应可以得出施用秸秆堆肥和厩肥有明显的增产效果，这也与因子分析和聚类分析结果基本一致，说明利用因子分析对不同有机培肥模式下土壤肥力质量进行评价是客观的、可靠的。

参考文献

樊羿，沈阿林．2005. 有机肥资源利用对环境的影响及对策．河南农业科学，(6)：1004-3268.
冯锐，毕江涛，王晓．1999. 不同培肥措施对塿土酶活性的影响．土壤通报，30（5)：212-213.
高飞，贾志宽，韩清芳．2010. 有机肥对宁夏南部旱农区土壤物理性状及水分的影响．西北农林科技大学学报（自然科学版)，(7)：105-110.
高峻岭，宋朝玉，李祥云，等．2008. 不同有机肥配比对蔬菜产量和品质及土壤肥力的影响．中国土壤与肥料，(1)：48-51.
高瑞，吕家珑．2005. 长期定位施肥土壤酶活性及其肥力变化研究．中国生态农业学报，13（1)：143-145.
高亚军，郑险峰，李世清，等．2008. 农田秸秆覆盖条件下冬小麦增产的水氮条件．农业工程学报，24（1)：55-59.
谷洁，高华，李鸣雷，等．2004. 养殖业废弃物对环境的污染及肥料化资源利用．西北农业学报，13（1)：132-135.
郭春良．1997. 农业发展与环境保护．厦门科技，(1)：31 -32.
郭胜利，党廷辉，郝明德．2005. 施肥对半干旱地区小麦产量，NO_3-N 累积和水分平衡的影响．中国农业科学，38（4)：754-760.
韩冰，王效科，逯非，等．2008. 中国农田土壤生态系统固碳现状和潜力．生态学报，28（2)：612-619.
韩晓增，王凤仙，王凤菊，等．2010. 长期施用有机肥对黑土肥力及作物产量的影响．干旱地区农业研究，28（1)：67-71.
侯光炯，张旭林．1991. 论覆盖和等高垄作相结合收到水土保持和免灌高产效益//刘明钊．土壤学论文选集．成都：四川科学技术出版社．
黄不凡．1984. 绿肥、麦秸还田培养地力的研究．土壤学报，(2)：10-19.
黄涛．2014. 长期碳氮投入对土壤碳氮库及环境影响的机制．北京：中国农业大学博士学位论文．
贾伟，周怀平，解文艳，等．2008. 长期秸秆还田秋施肥对褐土微生物碳、氮量和酶活性的影响. 华北农学报，23（2)：138-142.
巨晓棠，谷保静．2014. 我国农田氮肥施用现状、问题及趋势．植物营养与肥料学报．20（4)：783-795.
巨晓棠，刘学军，张福锁．2004. 长期施肥对土壤有机氮组成的影响．中国农业科学，37（1)：87-91.
阚文杰，吴启堂．1994. 一个定量综合评价土壤肥力的方法初探．土壤通报，25（6)：245-247.
孔庆波，聂俊华，张青．2005. 生物有机肥对调亏灌溉下冬小麦苗期生长的影响．河南农业科学，(2)：51-53.
李东坡，武志杰，陈利军，等．2004. 长期不同培肥黑土磷酸酶活性动态变化及其影响因素．植物营养与肥料学报，10（5)：550-553.

李婕，杨学云，孙本华，等．2014. 不同土壤管理措施下塿土团聚体的大小分布及其稳定性．植物营养与肥料学报，20（2）：346-354.
李娟，赵秉强，李秀英，等．2008. 长期有机无机肥料配施对土壤微生物学特性及土壤肥力的影响．中国农业科学，41（1）：144-152.
李庆康，杨卓亚．2003. 生物有机肥肥效机理及应用前景展望．中国生态农业学报，11（2）：78-80.
李轶群，牛富兰，张存岭，等．2005. 砂姜黑土连续培肥对作物产量和土壤养分含量的影响．安徽农学通报，11（2）：41-44.
林海明，张文霖．2005. 主成分分析和因子分析的异同和 SPSS 软件——兼与刘玉玫、卢纹岱等同志商榷．统计研究，(3)：65-69.
刘定辉，蒲波，陈尚洪，等．2008. 秸秆还田循环利用对土壤碳库的影响研究．西南农业学报，21（5）：1316-1319.
刘世梁，傅伯杰，刘国华，等．2006. 我国土壤质量及其评价研究的进展．土壤通报，37（1）：137-143.
刘世平，陈后庆，陈文林，等．2009. 不同耕作方式与秸秆还田周年生产力的综合评价．农业工程学报，25（4）：82-85.
刘天学，纪秀娥．2003. 焚烧秸秆对土壤有机质和微生物的影响研究．土壤，35（4）：347-348.
刘晓冰，邢宝山．2002. 土壤质量及其评价指标．农业系统科学与综合研究，18（2）：109-111.
刘巽浩，王爱玲，高旺盛．1998. 实行作物秸秆还田促进农业可持续发展．作物杂志，(5)：1-5.
刘义新，韩移旺，唐坤，等．2004. 结晶有机肥对土壤供钾能力及钾在烟株的分布特点．植物营养与肥料学报，10（1）：107-109.
路鹏，苏以荣，牛铮，等．2007. 土壤质量评价指标及其时空变异．中国生态农业学报，15（4）：190-194.
罗安程，Subedi T B，章永松，等．1999. 有机肥对水稻根际土壤中微生物和酶活性的影响．植物营养与肥料学报，5（4）：321-327.
马俊艳，左强，王世梅，等．2011. 深耕及增施有机肥对设施菜地土壤肥力的影响．北方园艺，(24)：186-190.
邱莉萍，刘军，王益权．2004. 土壤酶活性和土壤肥力的关系研究．植物营养与肥料学报，10（3）：277-280.
邵兴芳，徐明岗，张文菊，等．2014. 长期有机培肥模式下黑土碳与氮变化及氮素矿化特征．植物营养与肥料学报，20（2）：326-335.
沈其荣，余玲．1994. 有机无机肥料配合施用对滨海盐土土壤生物量态氮及土壤供氮特征的影响．土壤学报，31（3）：287-294.
史奕，陈欣，闻大中．2005. 东北黑土团聚体水稳定性研究进展．中国生态农业学报，13（4）：95-98.

孙伟红. 2004. 长期秸秆还田改土培肥综合效应的研究. 泰安：山东农业大学硕士学位论文.
孙星，刘勤，王德建，等. 2008. 长期秸秆还田对剖面土壤肥力质量的影响，中国生态农业学报，16（3）：587-592.
唐继伟，林治安，许建新，等. 2006. 有机肥与无机肥在提高土壤肥力中的作用. 中国土壤与肥料，(3)：44-47.
唐玉姝，慈恩，颜廷梅，等. 2008. 太湖地区长期定位试验稻麦两季土壤酶活性与土壤肥力关系. 土壤学报，(5)：1000-1006.
田霄鸿，南雄雄，Abro Shaukat Ali，等. 2009. 对发展关中平原循环农业的认识与实践. 科技成果管理与研究，31（5）：22-26.
王伯仁，徐明岗，文石林. 2005. 长期不同施肥对旱地红壤性质和作物生长的影响. 水土保持学报，19（1）：97-100.
王芳. 2003. 主成分分析与因子分析的异同比较及应用. 统计教育，(5)：14-17.
王建锋. 2005. 长期定位施肥对设施土壤理化性质及黄瓜生育影响的研究. 沈阳：沈阳农业大学硕士学位论文.
王晶，解宏图，张旭东，等. 2004. 施肥对黑土土壤微生物生物量碳的作用研究. 中国生态农业学报，12（2）：118-120.
王俊华，尹睿，张华勇，等. 2007. 长期定位施肥对农田土壤酶活性及其相关因素的影响. 生态环境，16（1）：191-196.
王立刚，李维炯，邱建军，等. 2004. 生物有机肥对作物生长、土壤肥力及产量的效应研究. 土壤肥料，(5)：12-16.
王林权，周春菊，王俊儒. 2002. 鸡粪中的有机酸及其对土壤速效养分的影响. 土壤学报，39（2）：268-275.
王清奎，汪思龙，冯宗炜，等. 2005. 土壤活性有机质及其与土壤质量的关系. 生态学报，25（3）：513-519.
王荣萍，李淑仪，廖新荣，等. 2011. 水产加工废物生产多肽有机肥对豇豆生长和土壤物理性质的影响. 中国农学通报，27（31）：233-238.
王生录，陈炳东. 1999. 陇东旱塬土壤培肥效果研究. 土壤通报，(4)：171-174.
王淑平，周广胜，姜亦梅，等. 2002. 玉米植株残体留田对土壤生化环境因子的影响. 吉林农业大学学报，24（6）：54-57.
王小彬，蔡典雄，华珞，等. 2006. 土壤保持耕作——全球农业可持续发展优先领域. 中国农业科学，39（4）：741-749.
王孝娣，王海波，秦菲菲，等. 2005. 生物有机肥对日光温室草莓生长发育的影响. 落叶果树，37（2）：8-10.
王应，袁建国. 2007. 秸秆还田对农田土壤有机质提升的探索研究. 山西农业大学学报，27（6）120-126.
文启孝. 1983. 中国土壤的合理利用和培肥（下册）. 北京：北京出版社.
吴婕，朱钟麟，郑家国，等. 2006. 秸秆覆盖还田对土壤理化性质及作物产量的影响. 西南农业学报，19（2）：192-195.

吴硕，张素君．1996. 玉米连作和长期施肥效应．土壤通报，27（2）：67-69.
武云天，Schoenau J J，李凤民，等．2004. 土壤有机质概念和分组技术研究进展．应用生态学报，15（4）：717-722.
向春阳，马艳梅，田秀平．2005. 长期耕作培肥对白浆土磷组分及其有效性的影响．作物学报，31（1）：48-52.
熊国华，林咸永，章永松，等．2005. 施用有机肥对蔬菜保护地土壤环境质量影响的研究进展．科技通报，21（1）：84-90.
徐明岗，邹长明，秦道珠，等．2002. 有机无机肥配合施用下的稻田氮素转化与利用．土壤学报，(39)：147-156.
徐明岗，李冬初，李菊梅．等．2008. 化肥有机肥配施对水稻养分吸收和产量的影响．中国农业科学，41（10）：3133-3139.
徐阳春，沈其荣．2000. 长期施用不同有机肥对土壤各粒级复合体中 C、N、P 含量与分配的影响．中国农业科学，33（5）：65-71.
徐阳春，沈其荣，冉伟．2002. 长期免耕与施用有机肥对土壤微生物生物量碳、氮、磷的影响．土壤学报，39：89-96.
徐祖祥．2003. 连续秸秆还田对作物产量和土壤养分的影响．浙江农业科学，(1)：35-36.
薛冬，姚槐应，何振立，等．2005. 红壤酶活性与肥力的关系．应用生态学报，16（8）：1455-1458.
杨长明，杨林章．2003. 有机–无机肥配施对水稻剑叶光合特性的影响．生态学杂志，22（1）：1-4.
姚荣江，杨劲松，陈小兵，等．2009. 苏北海涂围垦区土壤质量模糊综合评价．中国农业科学，42（6）：2019-2027.
叶美欢，罗应平．2005. 绿源生物有机肥在水稻上的肥效试验．广西农业科学，36（1）：35-36.
余延丰，熊桂云，张继铭，等．2008. 秸秆还田对作物产量和土壤肥力的影响，47（2）：169-171.
俞慎，李勇，王俊华，等．1999. 土壤微生物生物量作为红壤质量生物指标的探讨．土壤学报，36（3）：413-421.
曾骏，郭天文，包兴国，等．2008. 长期施肥对土壤有机碳和无机碳的影响．中国土壤与肥料，(2)：11-14.
张华，张甘霖．2001. 土壤质量指标和评价方法．土壤，33（6）：326-330.
张辉，李维炯，倪永真．2006. 生物有机无机复合肥对土壤性质的影响．土壤通报，37（2）：273-277.
张林康，徐富安．1995. 有机肥和化肥在长期三熟制中的作用．土壤肥料，(6)：5-8.
张青敏，陈卫平，胡国臣，等．2000. 污泥有效利用研究进展．农业环境保护，(1)：58 -61.
张维理，田哲旭，张宁，等．1995. 我国北方农用氮肥造成地下水硝酸盐污染的调查．植物营养与肥料学报，1（2）：80-87.
赵晶，孟庆峰，周连仁，等．2014. 长期施用有机肥对草甸碱土土壤酶活性及养分特征的影响．

中国土壤与肥料，(2)：23-34.

赵兰波．1996. 施用作物秸秆对土壤的培肥作用．土壤通报，27（2）：76-78.

赵明，赵征宇，蔡葵，等．2004. 畜禽有机肥料当季速效氮磷钾养分释放规律．山东农业科学，(5)：59-61.

郑兰君，曾广永．2001. 有机肥、化肥长期配合施用对水稻产量及土壤养分的影响．中国农学通报，17（3）：48-50.

郑昭佩，刘作新．2003. 土壤质量及其评价．应用生态学报，14（1）：131-134.

钟希琼，王惠珍，邓日烈，等．2005. 生物有机肥对蔬菜生理性状和品质的影响．佛山科学技术学院学报，23（2）：74-76.

周宝库，张喜林．2005. 长期施肥对黑土磷素积累，形态转化及其有效性影响的研究．植物营养与肥料学报，11（2）：143-147.

周航，黎青，杨文叶，等．2012. 有机肥配施化肥对毛竹产量和土壤养分的影响．安徽农业科学，40（4）：2108-2109，2146.

周建斌，李昌纬，赵伯善，等．1993. 长期施肥对塿土底土养分含量的影响．土壤通报，24（1）：21-23.

周晓芬，张彦才．2003. 有机肥料对土壤钾素供应能力及其特点研究．中国生态农业学报，11（2）：61-63.

朱亮，张文妍．2002. 农村水污染成因及其治理对策研究．水资源保护，(2)：17-20.

Albiach R, Canet R, Pomanes F, et al. 2000. Microbial biomass content and enzymatic activities after the application of organic amendments to a horticultural soil. Bioresource Technology, 75: 43-48.

Almendros G, Dorado J. 1999. Molecular characteristics related to the biodegradability of humic acid preparations. European Journal of Soil Science, 50: 227-236.

Benitez E, Melgar R, Sainz H, et al. 2000. Enzyme activities in the rhizosphere of pepper grown with olive cake mulches. Soil Biology and Biochemistry, (32): 1829-1835.

Bethlenfalvay G J. 1992. Mycorrhizae andCrop Productivity. USA: ASA Special Publication: 1-27.

Bohme L, Bohme F. 2006. Soil microbiological and biochemical properties affected by plant growth and different long-term fertilization. European Journal of Soil Biology, 42: 1-12.

Carter M R, Muth D C, Boswall R L. 1986. Determination of variability in soil physical properties and microbial biomass under continuous-planted corn. Canadian Journal of Soil Science, 66: 747-750.

Dick W A. 1984. Influence of Long term tillage and crop rotation combination on soil enzyme activities. Soil Science Society of America Journal, 48 (3): 569-574.

Heekyung C M P, Madhaiyan M, Seshadri S, et al. 2005. Isolation and characterization of phosphate solubilizing bateria from the rhizosphere of crop plants of Korea. Soil Biology and Biochemistry, (37): 1970-1974.

Kaur T, Brar B S, Dhillon N S. 2007. Soil organic matter dynamics as affected by long-term use of organic and inorganic fertilizers under maize-wheat cropping system. Nutrient Cycling in Agroecosystems, 10: 110-121.

Liang Y C, Si J, Nikolic M, et al. 2005. Organic manure stimulates biological activity and barley growth in soil subject to secondary salinization. Soil Biology and Biochemistry, 37: 1185-1195.

Manjaiah K, Singh D. 2001. Soil organic matter and biological properties after 26 years of maize-wheat-cowpea cropping as affected by manure and fertilization in a Cambisol in semiarid region of India. Agriculture Ecosystems and Environment, 86: 155-162.

Martin Y, Victor G J, David G R. 2006. Developing a minimum data set for characterizing soil dynamics in shifting cultivation systems. Soil and Tillage Research, 86: 84-98.

Maynard A A, Hill D E. 1994. Impacts of compost on vegetable yields. Biocycle, 35 (3): 66-67.

Mikha M M, Rice C W. 2004. Tillage and manure effects on soil and aggregate-associated carbon and nitrogen. Soil Science Society of America Journal, 68 (3): 809-816.

Powlson D S, Prookes P C, Christensen B T. 1987. Measurement of soilmicrobial biomass provides an early indication of changes in total soil organic matter due to straw incorporation. Soil Biology and Biochemistry, 19: 159-164.

Simek M, Hopkins D W, Kalcik J, et al. 1999. Biological and chemical properties of arable soils affected by long-term organic and inorganic fertilizer applications. Biology and Fertility of Soils, 29: 300-308.

Singh H, Singh K P. 1993. Effect of residue placement and chemical fertilizer on soil microbial biomass under tropical driland cultivation. Biology and Fertility of Soils, 16: 275-281.

Taylor T P, Wilson B, Mills M S, et al. 2002. Comparison of microbial numbers and enzymatic activities in surface soils and sub-soil using various techniques. Soil Biology and Biochemistry, 34: 387-401.

Workneh F, Van Bruggen. 1994. Microbial density, composition and diversity in organically and conventionally managed rhizosphere soil in relation to suppression of corky root of tomatoes. Applied Soil Ecology, (1): 219-230.

Zelles L. 1999. Fatty acid patterns of phospholipids and lipopolysaccharides in the characterization of microbial communities in soil. Biology and Fertility of Soils, 29: 111-129.

第五章 种植覆盖作物技术

第一节 种植覆盖作物技术概述

一、种植覆盖作物的基本内涵与技术优势

覆盖作物（cover crop）是指目标作物以外人为种植的牧草或其他植物，用以控制杂草或覆盖裸露地面（刘晓冰和邢宝山，2002）。根据种植目的不同，可将覆盖作物划为不同类型。当覆盖作物被用来减少主要作物养分（N、P）淋失时，称其为“截留作物”（catch crop），通常主要在作物收获后种植。例如，玉米收获后种植黑麦可以进一步利用土壤中的残留氮，这样可减少硝态氮对地下水污染的可能性，这种情况下，黑麦可作为冬季的覆盖作物。当覆盖作物被用来为主要作物提供养分，抑制杂草，改进土壤耕性时，称其为绿肥。绿肥是指直接翻埋或堆沤后作肥料施用的绿色植物体。夏季绿肥是在夏天作物生长期中占有部分时间的某些植物。利用短暂的轮作来改良贫瘠的土壤，或为多年生的庄稼准备地力（昭日格图等，2010）。豆科和非豆科作物都可用作夏季绿肥，豆科如豇豆、大豆、一年生苜蓿等；非豆科如稷、牧草或荞麦等。一般晚夏或秋天播种，冬季为土壤提供覆盖保护的作物称为冬季覆盖作物。经常选用豆科植物，以利用其固氮效益，如三叶草、巢菜属植物、苜蓿及芸苔属植物（饲料萝卜）。

二、种植覆盖作物与环境效应

据文献记载，早在3000年前我国的周朝就已应用覆盖作物来改善土壤生产力（Blevins et al.，1990）。世界上最早对覆盖作物在连作和轮作中进行试验的农场是美国亚拉巴马州的Old Rotation。该试验年限为100年（1896～1996年），该地区土壤退化严重，试验的主要目的是筛选出能够维持土壤生产力稳定发展的最佳土壤管理措施。Mitchell等（1996）发现，覆盖作物能维持棉花产量100年高

产，这是任何化学肥料不能相比的，作物高产的主要原因就是覆盖作物向土壤源源不断输入大量有机质的结果。1942 年，第二次世界大战爆发，造成化肥供应短缺，马里兰大学建议种植长柔毛野豌豆和其他一年生越冬豆类作物，以替代氮肥。随着农业生产对环境负荷的增大及人们对农业可持续发展的重视，覆盖作物所具备的多方面功能渐渐被重视。最新研究表示（Mayer，2020），美国艾奥瓦州研究农场（Iowa Learning Farms）和艾奥瓦州实践农场（Practical Farmers of Iowa）进行了一项为期十年的对在玉米和大豆地上种植谷类黑麦作为覆盖作物的保护性收益研究，结果显示这一实践改善了土壤质量。覆盖作物可能在头一两年内使产量略微下降，然而这种下降能够被克服并且最终大豆产量还可能会出现微升。覆盖作物不仅是氮素的供应者、土壤培肥的建设者和土壤侵蚀的保护者，而且在杂草防除、病虫防治、防止地（表）下水污染、美化环境、确保人类健康等各方面都起着非常重要的作用（刘晓冰和邢宝山，2002；昭日格图等，2010；Mayer，2020）。

第二节　国内外种植覆盖作物技术发展动态

一、减少水土流失

土壤侵蚀现象非常普遍，美国虽然应用土壤保护措施达 50 年以上，但每年由土壤侵蚀造成的土壤损失达 6.0×10^{9} t。Lee 等（1993）研究发现，美国拥有的 1.7×10^{8} hm^2 的农用耕地中，20% 的土地需要恢复肥力；澳大利亚每年因水土流失损失的土壤为 9.0×10^{7} t；非洲已经有 35% 的土地严重退化。而覆盖作物最重要的作用之一就是能够防止土壤发生侵蚀，造成水土流失。对一个作物的生长周期进行观测，种植覆盖作物可以减少土壤侵蚀，减少比例达 20.2% ~ 92.6%（表 5-1）。Mutchler 和 McDowell（1990）通过棉花试验发现，覆盖作物不但能减少土壤侵蚀，也能明显减少径流量（3.4% ~ 71.7%）。Moller 和 Reents 等（2009）也发现，种植覆盖作物能有效减少土壤流失，增加土壤有机质含量。总体看来，覆盖作物能够减少土壤侵蚀，主要是因为：①提供连续的土地覆盖，保护土壤免受风和强降雨的影响；②大量的植物残体分解，增加了土壤有机质含量；③改善了土壤团聚体分布和土壤结构，增加了土壤保水持水的能力；④有效阻止了土壤颗粒的分离和移动（刘晓冰和邢宝山，2002）。

表 5-1　不同耕作体系下覆盖作物与土壤侵蚀损失

夏季作物	冬季覆盖作物	耕作体系	土壤损失/(t/hm^2)	减少比例/%	地点与文献
大豆	无覆盖	免耕	2.69	0.00	密苏里（Rasnake et al., 1986）
	繁缕草		0.47	82.5	
	加拿大兰草		0.20	92.6	
大豆	无覆盖	常规	8.25	0.00	田纳西（Bradley and Shelton, 1987）
	小麦		1.85	77.6	
	无覆盖	免耕	0.124	0.00	
	小麦		0.099	20.2	
大豆	无覆盖	常规	9.98	0.00	肯塔基（Rasnake et al., 1986）
	小麦		1.26	87.4	
	无覆盖	免耕	0.47	0.00	
	小麦		0.30	36.2	
棉花	无覆盖	常规	82.37	0.00	密西西比（Mutchler and McDowell, 1990）
	长柔毛野豌豆		22.50	72.7	
	无覆盖	免耕	22.06	0.00	
	长柔毛野豌豆/小麦		2.54	88.5	

资料来源：刘晓冰和邢宝山（2002）。

二、对土壤养分循环的影响

（一）土壤氮循环

覆盖作物既可以作为氮源，也可以作为氮库。作为氮源，覆盖作物腐解后，作物残体可以将自己体内保存的氮素慢慢释放出来，为后季作物的生长提供养分；作为氮库，覆盖作物通过吸收和利用因挥发、淋溶而损失掉的不同形态的氮素，然后转化为植物自身的养分。

湿润温带条件下豆科冬季覆盖作物可积累氮素 67 ~ 170kg/hm^2，而相对干旱寒冷气候条件下积累氮素 37kg/hm^2（表 5-2）。有研究表明，豆科覆盖作物可提供氮素 62 ~ 135kg/hm^2，而非豆科覆盖作物提供的氮素数量较少（Herbert and Liu, 1997）。在种植食用高粱（目标作物）之前，用红三叶草进行覆盖，发现种植高粱可减少施氮 60kg/hm^2（Blevins et al., 1990）；长柔毛野豌豆作为覆盖作物种植后，甜玉米可不用再施肥（Herbert and Liu, 1997）。美国大西洋中部地区，芸薹属作物饲料萝卜作为一种新型的覆盖作物越来越被人们广泛应用（Weil and Kremen，2007）。Kristensen 和 Thorup-Kristensen（2004）发现，饲料萝卜吸收氮素的数量远远高于黑麦，两者吸收氮素量分别为 158kg/hm^2 和 90. 5kg/hm^2。

表 5-2　美国不同区域覆盖作物含氮量、C/N 及为粮食作物提供的相当于化肥（N）的数量

地点和土壤	耕作与夏季作物	覆盖作物	含氮量/(kg/hm^2)	C/N	相当于化肥（N）/kg
特拉华，砂壤土	免耕玉米	长柔毛野豌豆+燕麦	173	16	112
		燕麦	51	31	30
肯塔基，沉积壤土	免耕玉米	长柔毛野豌豆	103	13	75
		大花野豌豆	67	13	65
	免耕高粱	长柔毛野豌豆	103	13	126
		大花野豌豆	67	13	135
		黑麦	14	57	0
格鲁吉亚，黏壤土	免耕玉米	长柔毛野豌豆	128	11	123
		红三叶草	108	13	99
		小麦	33	22	—
宾夕法尼亚，沉积壤土	常规玉米	长柔毛野豌豆	170	9	112
内布拉斯加，沉积黏壤土	常规玉米	长柔毛野豌豆	37	8	62
	免耕玉米	长柔毛野豌豆	37	8	—
马萨诸塞，砂壤土	常规甜玉米	长柔毛野豌豆	145	12	134

资料来源：刘晓冰和邢宝山（2002）。

（二）土壤碳循环

覆盖作物主要通过呼吸、光合、有机质分解而在碳循环中起作用，这与目标作物相似。但不同的是，覆盖作物是在目标作物种植前或收获后截留碳。Kuo 等（1997）进行饲料玉米试验时，比较了黑麦、澳洲豌豆、长柔毛野豌豆的作用，发现土壤碳几乎增加了 2 倍，团聚体稳定性也提高了 50%；Bruce 等（1990）在免耕高粱生产体系中种植红三叶草，也得到了类似的结果。同时这两个试验得出覆盖作物地上部生物量达到 4 ~ 5t/hm^2，具有很大的增加土壤碳的潜力，并且认为非豆科覆盖作物更有利于增加土壤有机碳。Mutegi 等（2011）发现，饲料萝卜在生长期间和作物残体腐解后能为土壤提供数量可观的碳。Herbert 和 Liu（1997）发现不同覆盖作物的分解速率存在差异，如长柔毛野豌豆较黑麦分解更快，主要由不同木质素含量所致。而同种作物在不同收获时期的分解速率也不同，春季收获的长柔毛野豌豆在土壤中的分解速率远远低于在冬季收获的，这是由覆盖作物在不同时期体内的木质素和半纤维素含量比例不同所引起的（Honeycutt et al.，1993）。因此，决定碳转化的一个重要因素就是覆盖作物的化学组成。另外，覆盖作物对土壤碳循环的影响是一个缓慢的循序渐进的过程，种植覆盖作物后，前5年耕层土壤有机碳含量增加较少，而在5～10后才有可能显著增加。30cm耕层中土壤碳增加得很少，只有种植后的5～10年才可能显著增加（Ismail et al.，1994）。Lee等（1993）通过固碳模型对种植覆盖作物的百年定位试验土壤碳进行预测，结果发现，常规耕作处理下，百年后土壤碳减少0.4t/hm^2，而免耕加种植覆盖作物处理下土壤碳增加7.3t/hm^2。这说明长期种植覆盖作物可以弥补因耕作造成的损失，对改善土壤质量非常有益。

（三）减少养分淋溶

覆盖作物通过绿色覆盖，减少了土壤表土径流，同时径流沉积运输过程中的养分损失也随之减少。通常情况下，对地表水的质量影响较大的就是氮素和磷素，覆盖作物不但能减少这些养分的淋失，提高地表水质量，同时也能减少肥料投入。覆盖作物在减少NO_3-N淋溶方面效果明显。覆盖作物主要通过以下途径减少养分淋溶：①蒸发蒸腾作用，覆盖作物生长过程中需要消耗大量水分，这使土壤中水分相对减少；②氮的吸收同化，对于豆科覆盖作物，氮的吸收由作物含氮量和干物质量共同决定，如红三叶草含氮2%～3%，野豌豆含氮3%～4%，当两者干物质量相同时，红三叶草吸氮量是野豌豆的1.5～2倍（Doran et al.，1989）。对于非豆科覆盖作物（谷类），氮的吸收主要取决于干物质量。研究显示，谷类覆盖作物比豆科覆盖作物能够更加有效减少NO_3-N淋溶，分别减少淋溶70%和23%（刘晓冰和邢宝山，2002；王丽宏等，2007）。Kristensen和Thorup-Kristensen（2004）发现饲料萝卜比黑麦能够更有效地从土壤深层捕获NO_3-N，在1 m的土壤剖面表层，种植饲料萝卜的土壤含氮11.9kg/hm^2，种植黑麦的土壤含氮32.2kg/hm^2，而在1～2.5 m，种植饲料萝卜的土壤含氮6.2kg/hm^2，种植黑麦的土壤含氮27.2kg/hm^2。

三、抑制杂草生长

覆盖作物在防除杂草方面同样有很好的效果。通过与杂草竞争水分和养分，阻挡杂草生长所需的光照，通过化感作用来抑制杂草生长（昭日格图等，2010）。黑麦、燕麦、红三叶草和长柔毛野豌豆等常被用作抑制杂草有效的覆盖作物

(Maryland Department of Agriculture, 2009; Weil and Kremen, 2007)。而在美国大西洋中部地区，饲料萝卜作为一种新型的覆盖作物被广泛应用。饲料萝卜在秋天生长速度很快，具有很大的地上生物量，能够有效抑制杂草生长，而作物残体在冬天腐解速度也很快，初春的时候只有极少残留在田间，为后季作物提供了干净的苗床，这些优点使得饲料萝卜非常受农民的欢迎（Weil et al., 2009）。芸薹属作物包括饲料萝卜在防除杂草方面都有着比较明显的效果（Haramoto and Gallandt, 2004）。

第三节　种植覆盖作物技术农田管理实践与环境效应

一、美国马里兰州种植覆盖作物对土壤质量和作物生长的影响

土壤有机质（SOM）是决定土壤肥力和质量的关键因素，其影响土壤养分的固持与循环、土壤结构、土壤抗侵蚀能力和土壤生物过程（Weil and Magdoff, 2004; Lucas and Weil, 2012）。SOM 的水平通常是通过测定总有机碳（SOC）来估计的。SOC 是一个很大的碳库，主要由相对稳定的、不易分解的物质组成，所以通过测量 SOM 来比较土壤管理实践的结果需要很多年后才能看到变化（Weil et al., 2003）。目前，由各种土壤管理措施引起的土壤碳库微小的数量变化很难测定，即使这些变化会对土壤性质和伴随的微生物过程产生显著影响（Weil et al., 2003）。而活性有机碳（LOC）是土壤有机碳中相对较小的组分，它可以对土壤管理和施肥措施引起的土壤有机碳的变化迅速做出响应。(Weil and Magdoff, 2004)。土壤活性有机碳组分可影响土壤团聚体稳定性（Tisdall and Oades, 1982），并与土壤碳、氮的矿化直接相关（Gunapala and Scow, 1998），所以它是决定土壤质量的一个重要成分。

Culman 等（2012）对 12 项研究的荟萃分析发现，LOC 与稀释的高锰酸钾溶液（0. 02 mol/L）反应，相当于一个微生物过程（Weil et al. , 2003），相比其他常用的测量参数，如颗粒有机碳（POC）、微生物生物量碳（MBC）或总有机碳（TOC），它对由土壤管理措施或者环境引起的变化反应更灵敏。他们建议命名活性有机碳为“高锰酸盐易氧化有机碳”（permanganate oxidizable carbon, POXC）。最近的几项研究表明，在评估长期和短期的土壤管理实践对土壤质量的影响方面，POXC 是最敏感、最可靠的指标（Awale et al., 2013; Chen and Weil, 2010; DuPont et al., 2010; Melero et al., 2009; Morrow et al., 2016; Plaza-Bonilla et al.,

2014；Spargo et al.，2011；Veum et al.，2014）。研究发现，使用修正的高锰酸钾氧化法（Weil et al.，2003）测定的 POXC 对于由有机培肥措施（Miles and Brown，2011）、覆盖作物处理（Jokela et al.，2009）和高留茬种植制度（Miles and Brown，2011）引起的土壤有机碳含量的改变是非常敏感的。Lucas 和 Weil（2012）研究发现，测定土壤 POXC 可以为生产者改善土壤管理措施，提高土壤质量和作物产量提供理论依据。同时测定土壤 POXC 含量被认为是评估土壤活性炭组分最简单易行、经济的办法（Culman et al.，2012；Morrow et al.，2016；Lucas and Weil，2012）。

饲料萝卜是一种相对较新和独特的秋/冬季覆盖作物，被快速推广用于温和潮湿的北美地区。饲料萝卜具有很多独特的优点，包括减轻土壤压实（Chen and Weil，2010）、捕获深层土壤氮素、有效阻止氮素淋溶（Kristensen and Thorup-Kristensen，2004；Dean and Weil，2009）、增加土壤有效磷含量（White and Weil，2011），并且能够有效抑制杂草生长（Lawley et al.，2011）。

由于秋季（有效积温大于600℃）两个月的有利生长条件，饲料萝卜可以产出3～8t 的干物质量（20%～30%集中在露出地面的根茎部）。饲料萝卜在秋季快速生长，其可向土壤输入数量可观的有机物质（Mutegi et al.，2011，2013；Dean and Weil，2009）。特别需要注意的是，饲料萝卜的生物量可以快速分解，所以通过饲料萝卜添加到土壤系统中的碳具有快速的周转率（Kremen and Weil，2006）。尽管我们知道通过测定土壤 POXC 估测由种植饲料萝卜引起的土壤有机碳的变化可能更灵敏，但是关于种植覆盖作物对土壤 POXC 的影响鲜有报道。再者大多数关于覆盖作物和土壤管理措施对 SOC 影响的研究都集中在表层土壤（10～30cm），只有极少数的研究涉及深层土壤有机碳的变化（Baker et al.，2007；Jandl et al.，2014）。

本试验将青贮玉米作为主栽作物，青贮玉米收获后种植饲料萝卜，并将其饲料萝卜作为覆盖作物。通过测定作物生物量，萝卜地上部分吸碳量，土壤剖面（0～105cm）TOC、POXC 的含量、分布以及土壤碳氮比，将农民传统耕作措施（土地休闲）与种植饲料萝卜进行比较，其主要目的是：①通过测定土壤剖面 POXC 来评估由种植饲料萝卜所引起的土壤有机碳的变化；②测定饲料萝卜对土壤剖面 POXC 的影响；③探明玉米五叶期带状施用氮肥对土壤剖面 TOC 和 POXC 的影响；④确定不同土层有机碳和 POXC 之间的关系。

（一）材料和方法

1. 试验地点与试验设计

田间试验在美国农业部奶牛场（USDA Dairy Farm）试验基地进行。该试验基地位于美国马里兰州贝茨维尔市农业研究中心（39 °01′N，76 °89′W）。试验分别布置于 BARC1-18（2011 年 5 月 ~ 2012 年 8 月）和 BARC1-21（2012 年 5 月 ~ 2013 年 8 月）两块试验地。BARC1-18 土壤类型由克里斯蒂娜（Christiana）粉砂壤土与黏壤土共同组成。BARC1-21 位于距离 BARC1-18 1km 处，土壤类型由拉希特（Russett）砂壤土与克里斯蒂娜（Christiana）粉砂壤土共同组成。试验地耕层土壤（0 ~ 20cm）的基本理化性质见表 5-3。试验前，对 BARC1-18 和 BARC1-21 2008 ~ 2012 年、2008 ~ 2013 年的农田管理历史进行了调查，具体内容见表 5-4。图 5-1 是试验期间该区域的气象资料（降水和温度变化情况）。

表 5-3　耕层土壤基本理化性质

地点	黏粒含量/(g/kg)	粉粒含量/(g/kg)	砂粒含量(g/kg)	有机碳/(g/kg)	pH	速效磷/(mg/kg)	速效钾/(mg/kg)
BARC1-18	138	597	265	11.4	6.8	58	147
BARC1-21	152	620	228	15.2	6.3	73	105

表 5-4　BARC1-18 和 BARC1-21 试验地的农田管理历史

地点	年份	主要作物	覆盖作物	有机肥施用/(L/hm^2)
BARC1-18	2008	大豆	黑麦	无
	2009	青贮玉米	无	47 000
	2010	大豆	黑麦	无
	2011	青贮玉米	饲料萝卜	47 000
	2012	青贮玉米	黑小麦	无
BARC1-21	2008	青贮玉米	大麦	47 000
	2009	大豆	无	无
	2010	青贮玉米	小麦	无
	2011	大豆	小麦	无
	2012	青贮玉米	饲料萝卜	47 000
	2013	青贮玉米	—	—

本试验采用裂区设计，主因子为地表处理，设未覆盖（当地传统方式，No cover crop，NC）和覆盖（种植饲料萝卜，Forgae radish，RAD）两种处理（图 5-2）。副因子为施氮处理，设未施氮（Low N，低 N）和施氮（High N，高 N）两种处理。为了通过后季作物的生长和对氮素吸收的差别来跟踪追施的氮素，6 月中旬对青贮玉米进行追肥（侧施）时，仅在玉米行一侧施肥，并非两侧都施，故形成了未施氮和施氮区域（图 5-2）。肥料品种是尿素硝酸铵溶液

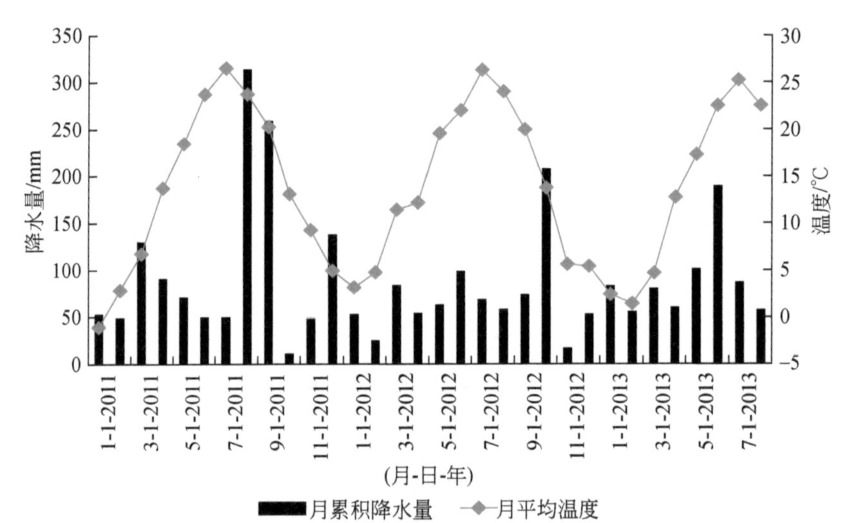

图 5-1　试验地点（BARC1-18 和 BARC 1-21）降水与温度状况（2011 年 1 月 ~2013 年 8 月）

(UAN)。每个区组面积为 9.5m×110m，主区面积为 4.6m×110m。为进一步探究无覆盖或覆盖作物条件下，追施不同数量氮肥是否有助于提高青贮玉米的产量，于次年 6 月对 BARC1-18 和 BARC1-21 进行再裂区设计，每个副处理设置 4 个施氮水平，分别为不施肥（N0）、56kg/hm^2（N1）、112kg/hm^2（N2）和 168kg/hm^2（N3）。副区面积为 4.6m×20m，重复 4 次，共 32 个副区。为田间作业方便，氮肥施用均采用条带设计。整个试验使用免耕处理。

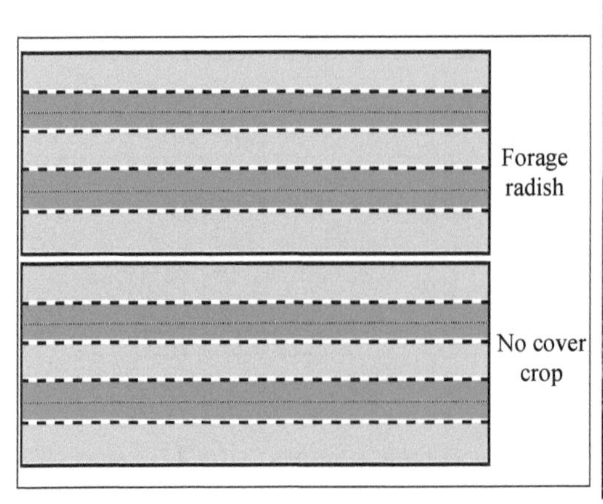

图 5-2　（左图和右图）田间小区（主副区）设计示意图

左图为田间小区（主副区）设计示意图，每个区组总体分为两个主区，即主处理为覆盖（Forgae radish，RAD）和未覆盖（No cover crop，NC），黑色虚线代表玉米行，点状线代表追施氮肥区域。阴影部分则代表副处理，其中深灰色为高量施氮处理，浅灰色为低量施肥处理。右图为田间小区实际划分情况。

BARC1-18 试验开始前采用大豆–黑麦–玉米轮作（表 5-4）。BARC1-21 试验开始前采用玉米–大麦–大豆或玉米–小麦–大豆轮作（前 4 年），均采用免耕耕作方式（表 5-4）。每年 8 月中下旬青贮玉米收获后，47 000L/hm^{2}的牛粪浆被涡轮增压机（型号：Houle 5300）撒入农田（表层 5cm）。8 月中下旬种植饲料萝卜，饲料萝卜种子（型号：JohnDeere 1590；9kg/hm^2）播种于收获后的玉米行之间，试验地 BARC1-18 和试验地 BARC1-21 主区长度分别是 100m 和 110m，宽度均为 4.6m。同时在旁侧设置对照区。饲料萝卜秋季生长非常迅速，至 12 月或次年 1 月因温度较低冻伤死亡。5 月种植青贮玉米（先锋，34B62），不施用任何肥料。6 月（五叶期）对玉米进行带状施肥，设置 4 个施肥水平，施用方法如上所述。8 月初玉米全部收获（CLAAS，JAGUAR 940）。

2. 田间采样

（1）植物样品采集与制备

初冬季节采集饲料萝卜地上和地下部分析样品（图 5-3）。每个小区（距离小区边界至少 1 m 处）随机采集两个 0.25 m^{2}样方内（选取施肥带或未施肥带的中心区域）的全部样品，用不锈钢小铲将饲料萝卜主根全部挖出，在田间用水将根系洗净，然后将饲料萝卜的茎叶与根系分开，茎叶和根系在65℃烘干后分别称重，粉碎过 1mm 筛待用。通过测定饲料萝卜的干物质量和全碳含量，得出单位面积碳含量，即单位面积碳含量=DM×C，式中，DM 为作物干物质量（kg/hm^2）；C 为作物全碳含量（kg/kg）。

（2）土壤样品采集

BARC1-18 分别在萝卜冬季死亡后（2012 年 2 月）和青贮玉米追肥 15 天后（2012 年 6 月）采集土壤样品（图 5-3）。BARC1-21 分别于 2012 年 12 月和 2013 年 5 月进行采集。用吉丁斯液压钻头（Giddings hydraulic probe）（钻头直径 3.81cm），采集土壤剖面 0～105cm 样品，每小区进行三点采样，采样点位于玉米行间的中心区域，将完整土样放置于 PVC 管（4cm）制成的样品槽内，每隔 15cm 对土样进行切割，相同处理小区的土样分层混合装袋，并用放有冰块的密封箱带回试验室。

3. 测定方法

对采集的所有新鲜土样进行称重，部分样品（约 15g）105℃下烘干进行水分测定。剩余样品自然风干后，分别过 0.25mm 和 1mm 筛，进行有机碳和 POXC 的测定。土壤和植株全氮、全碳含量使用 CHN 2000 元素分析仪进行测定（900℃）。

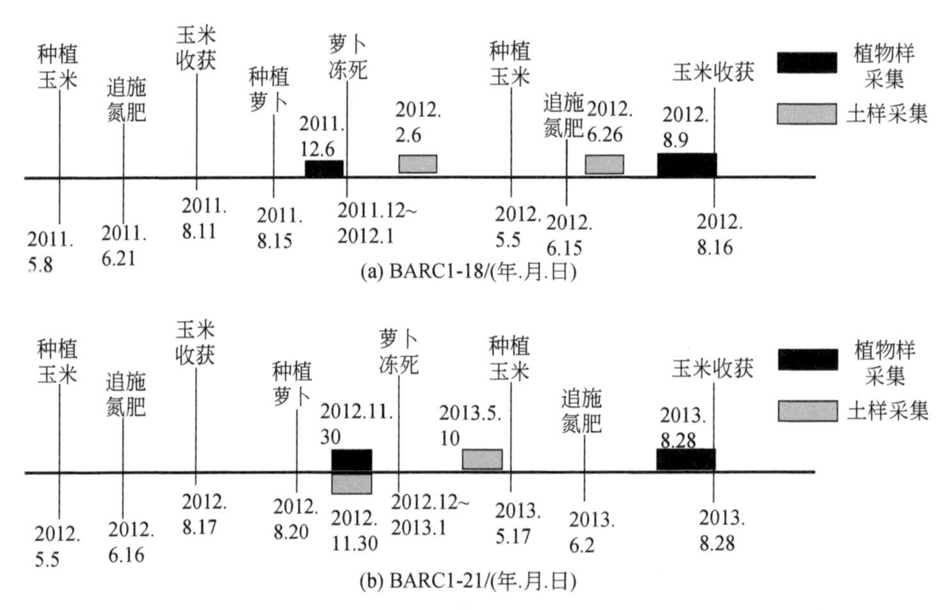

图 5-3　BARC1-18 与 BARC1-21 试验具体进程示意图（2011 年 5 月 ~ 2013 年 8 月）

测定 POXC 时，土样与稀释的高锰酸钾进行反应（Weil et al.，2003）。具体操作方法如下：称取 2.5g 风干土样，加入 20mL 高锰酸盐溶液，精确振荡 120s（振荡频率为 120 转/min）。其中高锰酸盐溶液的成分为 0.02mol/L 高锰酸钾和 0.1 mol/L $CaCl_2$的混合溶液，并用 0.1mol/L NaOH 将溶液 pH 调整到 7.2。振荡完毕后，将溶液静置 10min。吸取 1mL 上清液于 50mL 的离心管，加入 49mL 去离子水。稀释样品用 DU720 分光光度计在 550nm 处测定吸光值。通过用高锰酸钾浓度的改变值来计算 POXC 含量。样品 POXC 的计算公式如下（Weil et al.，2003）：

$$\text{POXC(mg/kg)} = [0.02\ \text{mol/L} - (a+bz)] \times (9000\ \text{mg C/mol}) \times \left(\frac{0.02\ \text{L 溶液}}{0.0025\text{kg 样品}}\right)$$

式中，0.02 mol/L 为高锰酸钾溶液浓度的初始值；a 和 b 分别为高锰酸钾浓度和吸光值的线性直线方程中的截距与斜率；z 为样品的吸光值，9000 mg C/mol 是指假设氧化过程中高锰酸钾浓度变化 1 mol/L 将消耗 9000 mgC。

4. 数据分析

试验均采用完全随机区组再裂区设计，四次重复，试验中获得的数据（表层土壤 0 ~ 30cm TOC，POXC；土壤剖面 0 ~ 105cm TOC；植物生物量；植物碳、氮含量）均采用 DPS 7.05 统计软件进行方差分析（ANOVA）和多重比较（LSD 法）。区组效应视为随机变量，覆盖处理和施肥水平视为固定变量。通过使用线性回归分析检验 TOC 和 POXC（0～30cm、30～60cm、60～105cm）之间的关系。作图软件选用 OriginPro 8.0。

（二）结果分析

1. 覆盖作物干物质量，碳、氮浓度，碳氮比

表 5-5 显示，饲料萝卜地上部分干物质量总体范围在 1965～3361kg/hm^2，地下部分在 1532～3748kg/hm^2。饲料萝卜生物量会随施氮量而变化，施用氮肥，无论是地上部生物量还是地下部生物量都明显高于未施氮处理。无论施氮与否，饲料萝卜地下部生物量均低于地上部。施氮与未施氮条件下杂草地上部生物量分别为 1056kg/hm^2 和 655kg/hm^2，明显小于饲料萝卜（3361kg/hm^2 和 2696kg/hm^2）（表 5-5）。

表 5-5 作物干物质量、碳氮含量和碳氮比

指标	覆盖作物	BARC1-18（2011 年 12 月）				BARC1-21（2012 年 12 月）			
		茎叶		根		茎叶		根	
		施氮	未施氮	施氮	未施氮	施氮	未施氮	施氮	未施氮
干物质量/(kg/hm^2)	饲料萝卜	3031a†	1965b	3748a	2172b	3361a	2696b	1853a	1532b
	杂草	—	—	—	—	1056c	655d	—	—
氮含量/(kg/hm^2)	饲料萝卜	78.5a	43.0b	75.3a	34.0b	110.7a	59.5b	34.1a	20.5b
	杂草	—	—	—	—	28.7c	16.9c	—	—
碳含量/(kg/hm^2)	饲料萝卜	1164.9a	734.8b	1452.0a	845.0b	1194.0a	948.4a	676.0a	558.8b
	杂草	—	—	—	—	373.8b	218.6b	—	—
碳氮比	饲料萝卜	15.1b	17.3a	20.1a	25.1a	11.0b	15.9a	20.4b	27.6a
	杂草	—	—	—	—	13.1b	12.7b	—	—

注：初冬分别采集萝卜和杂草植物样品，萝卜地下部分主要为直根。作物干物质总量和植株含碳或含氮量共同影响单位面积覆盖作物吸碳和吸氮量。BARC1-21 施氮条件下，萝卜地上部吸氮量显著高于未施氮处理，分别为 110.7kg/hm^2 和 59.5kg/hm^2。该试验地萝卜地上部捕获氮素数量几乎是未覆盖处理的 4 倍。无论施氮与否，BARC1-21 饲料萝卜地上部捕获碳含量几乎是杂草的 4 倍。饲料萝卜地下部碳氮比均高于地上部（23∶15）。施氮条件下，饲料萝卜地上部碳氮比低于杂草。

BARC1-18 施氮条件下，萝卜地上部和地下部吸氮总量为 153.8kg/hm^2，而不施氮条件下吸氮总量为 77.0kg/hm^2。BARC1-21 施氮条件下，萝卜地上部和地下部吸氮总量为 144.8kg/hm^2，而不施氮条件下吸氮总量为 80.0kg/hm^2。

2. 土壤碳氮比

覆盖处理下（BARC1-18 和 BARC1-21），表层土壤（0～15cm）碳氮比（C∶N）范围在 10∶1～12∶1。在施氮和未施氮条件下，饲料萝卜对深层土壤

(90～105cm) 碳氮比的影响最显著。然而，在施氮和未施氮条件下，未覆盖处理均显著增加了60～75cm土层的碳氮比。覆盖处理下，除了深层土壤(90～105cm) 碳氮比明显增加外，土壤剖面碳氮比总体有先增加后下降的趋势。两个试验点和不同施肥处理均取得一致的结果 (图5-4)。

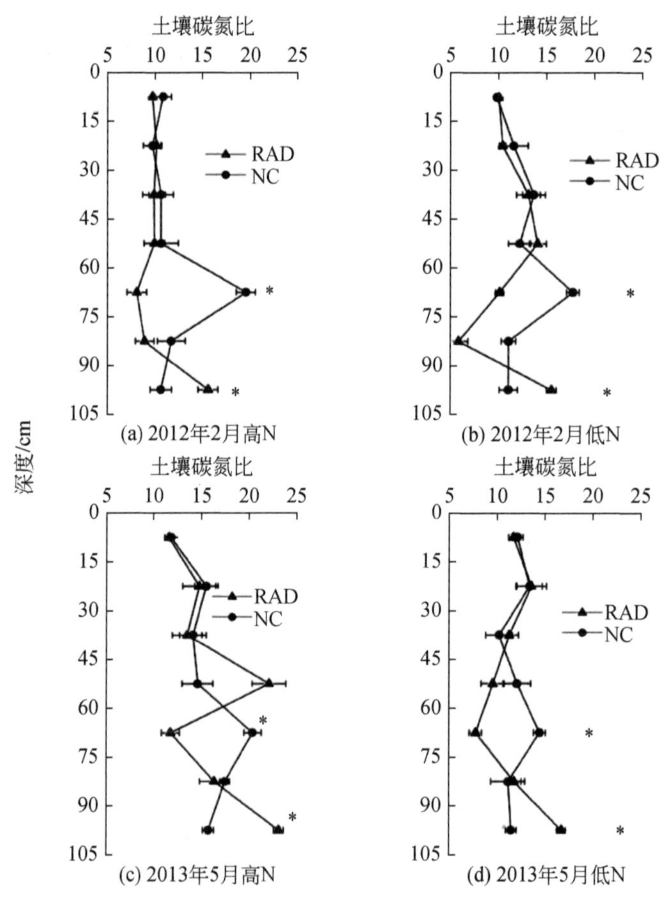

图5-4　覆盖作物对土壤剖面碳氮比的影响

*表示处理间同一土层差异显著 ($P<0.05$)

3. 土壤有机碳和高锰酸盐易氧化有机碳

BARC1-18和BARC 1-21土壤有机碳含量在不同季节 (2012年2月和2013年5月) 的剖面分布规律相似，但是未受到覆盖处理的显著性影响 (图5-5～图5-8)。BARC1-18无论施氮与否，30～105cm土层有机碳含量总体呈非直线性减少，覆盖处理下平均有机碳含量由耕层 (0～15cm) 的11.0g/kg降至深层(90～105cm) 的1.6g/kg，减少了85.5%。BARC1-21覆盖处理下平均有机碳含量也随着土层深度的增加而不断减少，由表层的11.82g/kg降至底层（60cm）的2.0g/kg。然而，两个试验点的覆盖处理对不同土层土壤有机碳含量均无显著性影响，对所有样品进行分析发现，覆盖处理土壤表层（0～30cm）有机碳含量（10.3 g C/kg）均比无覆盖（9.3 g C/kg）要高。

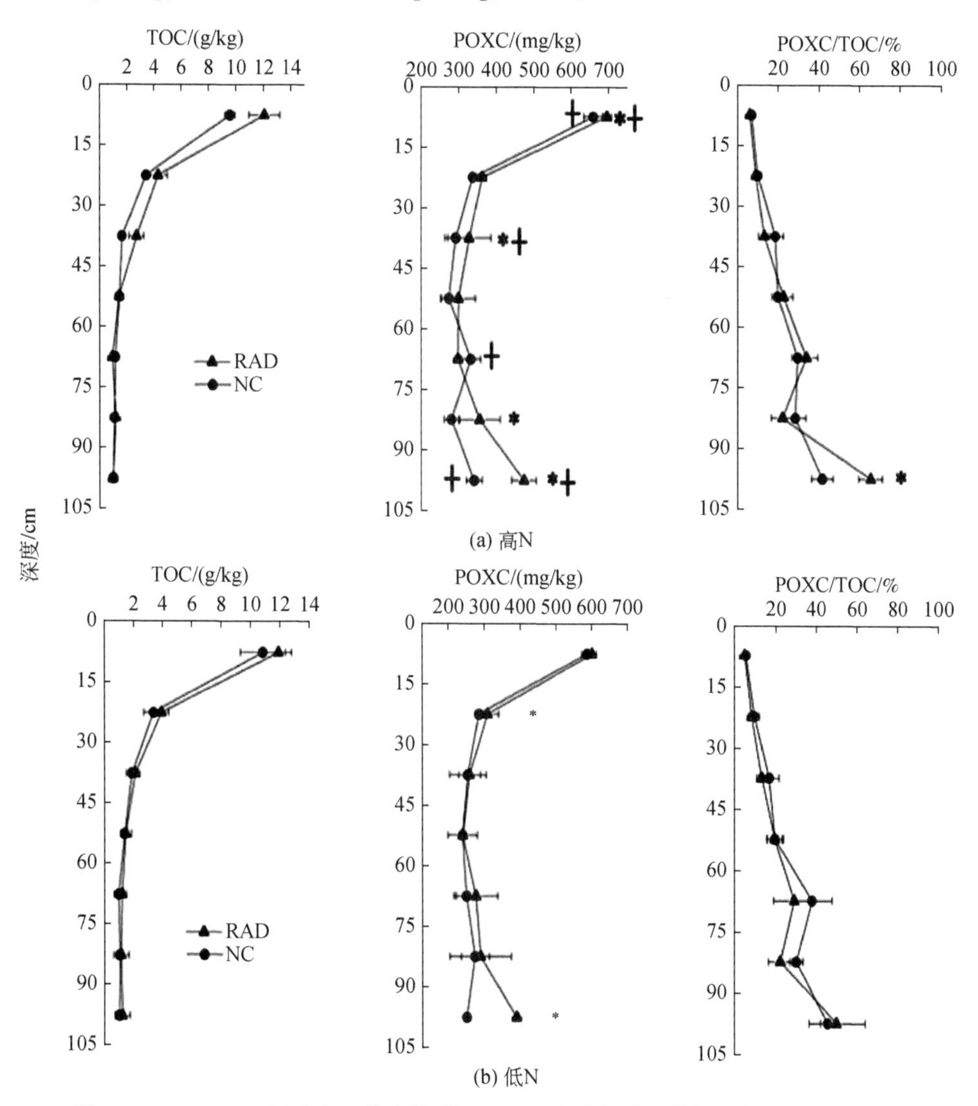

图5-5 BARC1-18试验点土壤有机碳（TOC）和高锰酸盐易氧化有机碳（POXC）的剖面分布（2012年2月）

土壤POXC含量随土层深度的增加（0～15cm至15～30cm再至下层）而急剧下降。但是不能很好地用相似的非线性方程来描述。无论施氮与否，饲料萝卜

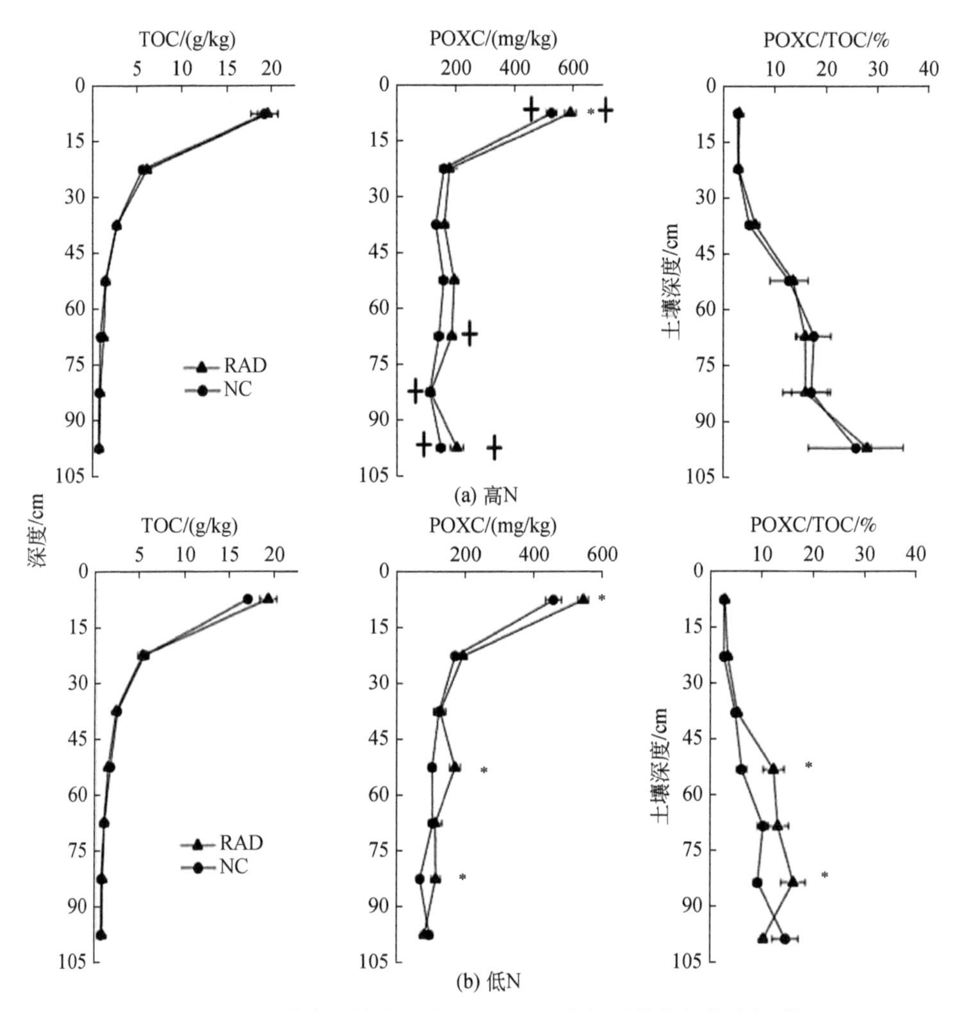

图 5-6　BARC1-21 试验点土壤有机碳（TOC）和高锰酸盐易氧化有机碳（POXC）的剖面分布（2013 年 5 月）

对土壤表层和下层 POXC 含量均有影响（图 5-5 和图 5-6）。随土层深度的增加，与无覆盖相比，覆盖处理明显增加了土壤 POXC 含量，特别是深层土壤。无论施氮与否，覆盖处理显著增加了 0～15cm 表层土壤 POXC 含量（BARC1-18 RAD 649mg/kg，NC 624mg/kg；BARC1-21 RAD 569mg/kg，NC 492mg/kg）（图 5-5 和图 5-6）。同时，覆盖处理显著增加了 90～105cm 深层土壤 POXC 含量（BARC1-18 RAD 431mg/kg，NC 295mg/kg；BARC1-21 RAD 143mg/kg，NC 123mg/kg）。总体来看，施用氮肥显著增加了土壤表层和深层的 POXC 含量（$P<0.05$）。施氮肥时，覆盖处理显著增加了 0～30cm 表层土壤 POXC 含量（RAD 535.7mg/kg，

NC 418. 2mg/kg)。

随着土层深度的增加，土壤 POXC 占 TOC 的比例总体呈现出增加趋势，其中 0 ~ 45cm POXC/TOC 并未受到覆盖处理的影响（图 5-5 和图 5-6）。无论施氮与否，覆盖处理对土壤 POXC 占 TOC 的比例没有显著影响，然而对 75 ~ 105cm 深层土壤影响显著。

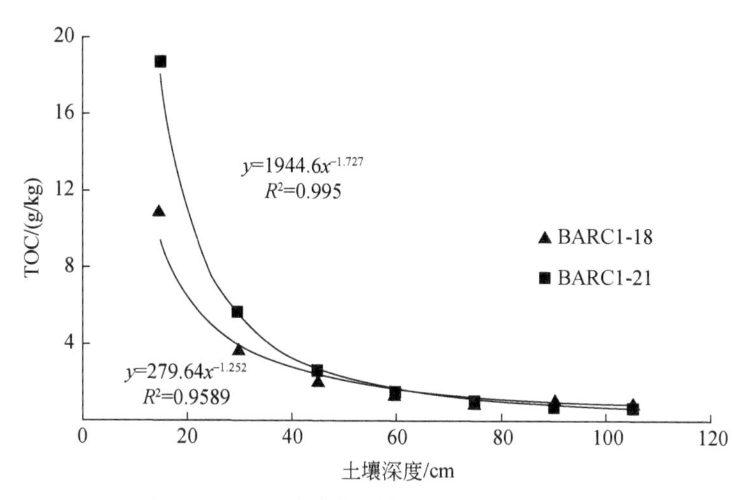

图 5-7　BARC1-18 和 BARC1-21 试验点土壤有机碳（TOC）和土层深度的相关关系

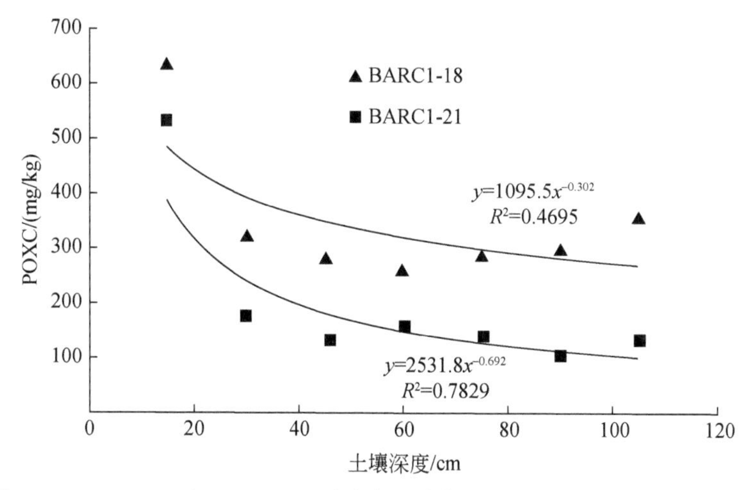

图 5-8　BARC1-18 和 BARC1-21 试验点土壤高锰酸盐易氧化有机碳（POXC）和土层深度的相关关系

2012 年 6 月和 8 月土壤 POXC 含量随着土层的增加直线下降，施氮 0、112kg/hm^{2}和 168kg/hm^2（6 月）时，覆盖作物使 0 ~ 15cm 土层 POXC 分别显著增加5%、33%和30%。施氮56kg/hm^2、112kg/hm^{2}和168kg/hm^2（8月）时，覆盖作物使0～30cm土层POXC分别明显增加23%、20%和26%（图5-9）。同时，玉米收获前土壤POXC随土层的增加呈对数曲线形式减少，并且覆盖处理减少更明显。6月覆盖处理对土壤表层和深层POXC含量均有影响。未施氮肥时，覆盖处理使45～60cm和60～75cm土层POXC均显著增加37%，而施氮168kg/hm^{2}时，覆盖处理使30～45cm土层POXC增加32%。与之相反，施氮56kg/hm^{2}时，覆盖处理使30～60cm土层POXC减少13%；施氮112kg/hm^{2}时，覆盖处理使60～75cm土层POXC减少37%。

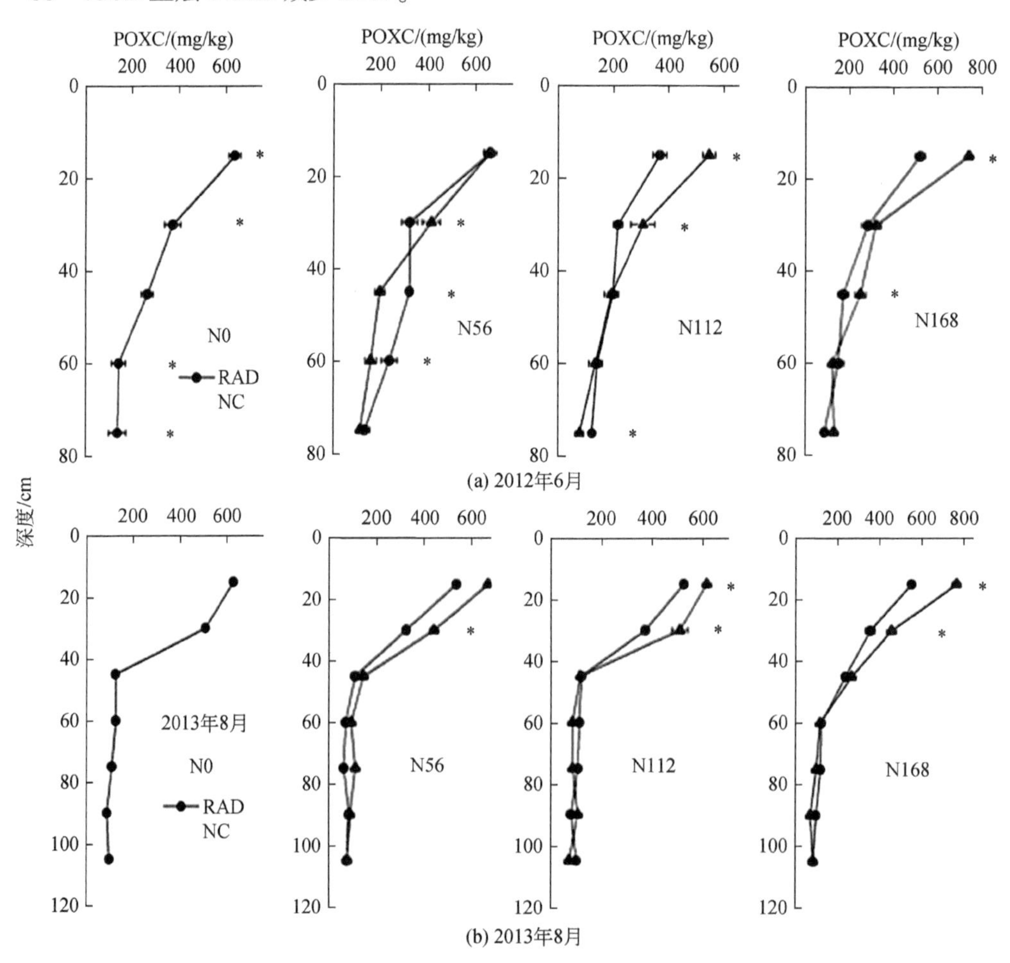

图5-9　BARC1-18试验点不同施氮水平下土壤高锰酸盐易氧化有机碳（POXC）的剖面分布（2012年6月和2012年8月）

N0、N56、N112和N168分别代表不同施肥水平，即0、56kg/hm^2、112kg/hm^{2}和168kg/hm^2。
*表示处理间差异达到$P<0.05$（LSD）

对两个试验点不同层次所有采样点的土壤有机碳（TOC）和高锰酸盐易氧化有机碳（POXC）进行回归分析（图 5-10），发现土壤 POXC 与 TOC 含量均呈正相关关系（除 30 ~ 60cm 外）（$P<0.01$）。深层土壤（60 ~ 105cm，0.22）POXC 与 TOC 的相关斜率要远远大于表层土壤（0 ~ 30cm，0.05）。

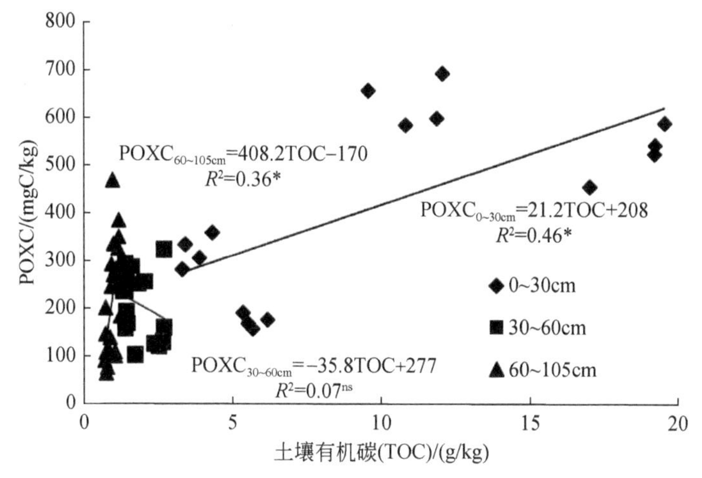

图 5-10　不同土层土壤有机碳（TOC）与高锰酸盐易氧化有机碳（POXC）的相关关系

* 表示处理间差异达到 $P<0.05$（LSD）

（三）讨论

1. 覆盖作物干物质量、碳氮含量和碳氮比

饲料萝卜地上部与地下部生物量差异较大，其中根系占总生物量的 36% ~ 55%，这主要是因为萝卜具有非常发达和体积多变的肉质根。Dean 和 Weil（2009）的研究表明，根冠比的变异性归因于萝卜发达肉质根体积的变异性较大，通常也与所种植作物的密度有关。秋季饲料萝卜具有能够吸收大量土壤氮素的潜力，青贮玉米收获后，如果土壤氮素充足，那么饲料萝卜对氮素的这种吸收的能力会更加明显（表 5-5）。Thorup-Kristensen（1993）的研究也表明，覆盖作物对氮素的吸收会随着土壤矿质态氮的增加而增加。BARC1-18 和 BARC1-21 初冬饲料萝卜根系全碳含量占 36% ~ 55%，全氮含量占 23% ~ 50%（表 5-5）。这个结果与 Ketterings 等（2011）所得结果相似，萝卜根系全碳含量占到 45% ~ 57%，全氮含量占到 29% ~ 52%。

从表 5-5 可以看出，施氮情况下萝卜吸收氮素比不施氮情况下增加 63 ~ 80kg/hm²，由此看出，玉米五叶期施用的 112kg/hm² 氮肥，并没有被玉米充分利用，部分留在秋季饲料萝卜根部区域。相反，未覆盖处理下杂草并没有对残留氮肥产生显著性效应，这说明进入秋季，氮肥可能已经淋溶到了土壤底层。

本试验得出饲料萝卜地上部平均碳氮比在 17∶1 ~ 11∶1，地下部在 27∶1 ~ 19∶1。这与 Ketterings 等（2011）研究结果一致（他们报道饲料萝卜地上部平均碳氮比在 16∶1 ~ 12∶1，地下部在 32∶1 ~ 22∶1）。饲料萝卜地下部碳氮比大于地上部，主要是因为冬季饲料萝卜根部能够快速腐解并向土壤释放氮素，一些氮素在土壤中发生固定。

2. 土壤碳氮比

通常情况下，耕层土壤有机质碳氮比在 15∶1 ~ 8∶1（Weil and Brady，2016），这与我们的研究结果一致（图 5-4）。在 60 ~ 75cm 土层，无覆盖处理土壤碳氮比明显高于覆盖处理（图 5-4），这可能是深层土壤黏粒含量较高和覆盖处理下萝卜大量残体分解产生了具有低碳氮比有机物的缘故。覆盖处理表层土壤碳氮比低于无覆盖处理对照，可能是由于萝卜残体不断分解向土壤中释放氮素的结果。黏粒含量较高的土壤，往往含有低碳氮比的腐殖质（Diekowet al.，2005a，2005b；Ouédraogo et al.，2006；Yamashita et al.，2006）。覆盖处理有减少 45 ~ 75cm 土层土壤碳氮比的趋势，而对照有增加的趋势（图 5-4）。Diekow 等（2005a，2005b）研究发现，土壤碳氮比随着 47.5 ~ 107.5cm 土层黏粒含量的增加而逐渐降低。然而在 7.5 ~ 47.5cm 土层结果却恰恰相反。Sá 等（2001）研究也发现，随着土层深度增加，土壤碳氮比逐渐增大。这可能归因于一些具有高碳氮比的可溶有机物（如有机酸）淋溶到了土壤深层的缘故（Diekowet al.，2005a，2005b）。但目前关于种植覆盖作物使得深层土壤全氮增加或土壤全碳减少而导致碳氮比明显降低的原因仍不明确。

3. 土壤有机碳和高锰酸盐易氧化有机碳

尽管饲料萝卜是一种在欧洲（Allison et al.，1998；Kristensen and Thorup-Kristensen，2004）和北美（Bryant et al.，2013）广泛种植的覆盖作物，但是关于种植饲料萝卜对土壤有机碳剖面分布影响的研究很少。土壤有机碳随土层深度增加而减少，这与随土层深度增加，萝卜根系密度也相应减少有关（Mutegi et al.，2011）。这种随萝卜根系减少而造成的土壤有机碳减少的现象很大程度上是由于植物根际沉淀随土层深度增加而减少（Petersen et al.，2005）。Mutegi 等（2013）研究也发现，不同耕作处理下，饲料萝卜腐解还田后，^{14}C 主要集中在 0 ~ 45cm 土层。虽然本试验覆盖处理未对土壤有机碳含量产生显著性影响，但覆盖处理有增加 0 ~ 30cm 土层有机碳的趋势（图 5-5 和图 5-6）。Kristensen 和 Thorup-Kristensen（2004）研究发现，饲料萝卜能产生高达 2 ~ 4t/hm^2 的地上和地下部生物量，将其还田后，能够显著增加土壤有机碳，从而减少由长期地面裸露（夏末至次年春末）所造成的潜在碳损失。

饲料萝卜对表层和深层土壤 POXC 均有显著性影响。由于饲料萝卜具有较低碳氮比，最初养分矿化速度会很快（Mafongoya et al.，1998）。这种快速的矿化也是萝卜组织最容易分解的成分快速循环的结果，这些成分包括游离氨基酸、氨基糖类、碳水化合物等（Watkins and Barraclough，1996；Mutegi et al.，2013）。基于7个有机碳模型（CN-SIM）的研究结果，Mutegi等（2013）预测在饲料萝卜生物量还田30年后，其自身8%～10%的碳会存留在土壤中。将CN-SIM模型的预测结果结合Jenkinson和Rayner（1977）的研究发现，Mutegi等（2013）估计持续种植饲料萝卜30年后，至少有4.9t/hm^2饲料萝卜本身的碳会保存在土壤中，这要比种植20年饲料萝卜储存在土壤中的有机碳多。

Weil等（2003）通过比较常规的和自己研究的关于土壤有机碳和高锰酸盐易氧化有机碳的测定方法，发现土壤碳库与土壤生物功能密切相关。在本研究中，土壤高锰酸盐易氧化有机碳在施氮土壤中明显增加，特别是在深层土壤中。这说明休闲期种植饲料萝卜和夏季玉米追肥使得土壤氮素有所增加，从而促进玉米根系生长，根系分泌物大大增加。

有关POXC和SOC之间存在显著相关关系的事实已有报道（Weil et al.，2003；Wuest et al.，2006；Jokela et al.，2009；Culman et al.，2012）。这种显著的正相关关系可能是由于两者类似的测定方法，因为SOC依靠土壤有机碳的完全氧化，而POXC依赖部分易氧化土壤碳库。因此Culman等（2012）建议，可以将测定POXC作为最迅速和适合田间操作的评估有机碳库的方法。

本研究表明，两个试验地土壤TOC和POXC均呈显著正相关（图5-10）。然而，本研究中两种有机碳的相关关系不同于其他研究，是因为通常研究只局限于表层土壤。事实上，本研究表明，深层土壤TOC和POXC的关系与表层土壤的不同。深层土壤POXC/TOC明显增加可能是由于根系分泌物与根际沉积物在有机质组成中占有较大数量。同时，越接近土壤表层，微生物数量与呼吸活性越高，构成活性有机碳的化合物可能比在深层土壤矿化更快，因此，本研究中表层土壤的POXC要比深层土壤氧化更快或者更容易转化为稳定的TOC。

（四）结论

此前关于秋冬覆盖作物饲料萝卜固碳潜力以及对土壤剖面有机碳分布影响的研究少之又少。本研究表示，与无覆盖处理相比，覆盖萝卜对土壤表层和深层有机碳的数量与分布，特别是对POXC有显著影响。此外研究结果也表明，土壤POXC与TOC呈显著正相关关系。尽管饲料萝卜生长周期很短，并且生长在温度较低的季节（秋末冬初），但萝卜生长期间和冬季腐解还田后，均能为土壤贡献数量可观的碳，所以饲料萝卜对增加土壤有机质含量，提高土壤肥力，削减土壤碳消耗，改善土壤健康具有很大潜力。

二、中国宁夏枸杞与覆盖作物套种探索实践

（一）研究背景

枸杞（*Lycium barbarum* L.）为茄科（*Solanaceae*）枸杞属多年生灌木，是中国“药食同源”功能型特色资源，备受消费者青睐。宁夏是世界枸杞的原产地，也是中国枸杞主产区。截至2018年底，宁夏枸杞占全国总面积的46%，干果总产量占全国的50%以上。但是长期以来传统清耕、重化肥、轻有机肥及大水漫灌等粗放的管理措施，导致土壤肥力退化，果实产量下降，品质变劣（赵营等，2008；王琨，2016；尹志荣等，2016；李云翔等，2016），枸杞经济效益与生态效益低下。如何改变目前枸杞生产中对化肥过分依赖的传统生产方式，在稳产增产前提下，寻求既能培肥地力，又能有效提高枸杞生产力的科学土壤管理模式已成为枸杞产业可持续发展亟待解决的问题。

果园间套作绿肥是一种先进的果园土壤管理方式，也是集农林业所长的一种可持续发展实践（叶延琼等，2014；Zhang et al，2019）。适宜的套种绿肥可增加水分入渗，提高土壤肥力（Cherr et al，2006；Poeplau and Don，2015；李隆，2016），促进土壤氮素循环和碳储存（Walley et al，2007；Vieira et al，2008；Zhang et al，2019），改善树体营养状况，从而提高果品产量及品质（李华等，2004；徐田伟等，2018）。因此，将优质绿肥纳入传统枸杞种植体系，发展枸杞/绿肥套作正是解决枸杞园土壤培肥问题和保证可持续生产的关键切入点。

如何针对枸杞生长习性和生产管理需求，选择合适的绿肥品种，做到因地制宜，是枸杞/绿肥套种成功的重要前提和基础（王艳廷等，2015）。首先，与传统果树一年一熟生长习性相比，枸杞作为一种无限花序、花果同期、采收期长达四个月的特色果树，从萌芽到秋果前期，须保证充足而稳定的土壤水分养分供应，因此春夏季绿肥不宜选择，容易出现争水争肥现象。其次，农户针对枸杞“喜水喜肥”特性长期已经形成了全生育期大水大肥生产习惯，而枸杞植株进入生长后期，吸水吸肥能力降低，加之冬季封冻前需进行饱和冬灌，导致土壤大量养分随水淋失，地下水污染。因此需选择生长速度快、生长量大且根系发达的秋冬季绿肥，通过“吸收—再释放”途径，对土壤养分供应的时效性进行调控。肥田萝卜（*Raphanus sativus* L.）为十字花科一年生草本植物，多作为我国南方稻田、茶园绿肥，由于它鲜草产量高、耐瘠薄且具有较强的“提氮”、活化土壤磷和钾的能力，目前也越来越受到国外学者的广泛关注（Mutegi et al，2013；Wang et al，2017）。由于肥田萝卜冬发性强，通常于立秋之后播种，萝卜生长期正值秋雨季

节，降水较为充足，此时枸杞已经采收，需水量不断下降。当翌年开春枸杞新梢生长期需水量增大时，萝卜经冬季冻伤死亡已经开始腐解，同时残茬覆盖起到减少地面蒸发和保水的作用。由此看出，枸杞肥水需求高峰与萝卜相互交错，与萝卜生产间矛盾小，适宜套种，这已得到我们前期预试验的初步验证。

目前，枸杞园生产管理措施研究多数集中在对地上生物量、产量和水分利用效率的调控上或是肥料用量上（万书勤等，2016；李云翔等，2016），关于通过建立复合间套作种植系统利用生物手段实现水分养分高效利用方面的研究尚未见系统报道，且利用枸杞/绿肥（肥田萝卜）套作模式实现枸杞园可持续生产相关研究更是鲜有报道。从前期本人在美国的科学研究结果发现，萝卜生长期间和冬季腐解还田后，均能为土壤贡献数量可观的碳，它具有提高土壤肥力，削减土壤碳消耗，改善土壤健康的能力。该现象的发现引起我们的兴趣，继而形成了国内研究的科研思路：打破“绿肥就是豆科植物，绿肥就是固氮植物”等传统观念，创新性地将优质大田绿肥-肥田萝卜纳入经济林种植制度，基于肥田萝卜与枸杞生长习性及生产管理需求可以完美匹配的优势，深入探索肥田萝卜培肥果园土壤，增加土壤碳截留的作用机制，本研究是在前期研究基础上进行的拓展和延伸，期望从调整种植结构的角度，探明适合西北旱区枸杞园高产高效复合种植技术模式，为建立科学的枸杞园土壤管理模式提供技术支撑。

（二）研究方案

1. 研究区域全面调研

项目组对整个研究区域开展全面调研，了解研究区域内枸杞生产种植体系的灌溉与施肥现状。调研结果显示，宁夏枸杞产业经过“十一五”的快速发展，形成了以中宁为核心，清水河流域和贺兰山东麓为两翼的区域布局，主要集中在中宁县、海原县、惠农区、平罗县、原州区等地。宁夏种植规模达到 90 万亩，枸杞干果产量 18 万 t，占全国总产量的 48%；年出口量 5000t，出口额 6000 万美元，占全国出口量的 50%；枸杞生产总值突破 150 亿元。目前传统农户枸杞产量 100 ~ 400kg，采摘 7 ~ 10 批次。全年灌溉 5 ~ 7 次，灌水量 700 ~ 900m^3/亩。全年施肥 2 ~ 6 次（包括有机肥）；用量 2 ~ 3kg/株；肥料种类以尿素、磷酸二铵、硫酸钾复合肥、碳酸氢铵等为主。综上可明显看出目前枸杞种植普遍存在大水大肥的情况。

2. 试验方案

试验在国家林业局枸杞工程技术研究中心的枸杞水肥一体化研究基地进行。滴灌管平行于枸杞种植方向，铺设方式为二管一，即 2 根滴灌带管 1 行枸杞树，枸杞为 1 m 等行距，滴灌带间距为 50cm，滴头间距为 50cm，滴头流量为 4L/h，灌水定额为150 m^3/hm^2，每次灌水量均通过水表控制。枸杞种植品种为“宁杞6号”；绿肥为饲料萝卜。共设置2个处理（枸杞单作与枸杞/绿肥套作），每个处理设置3次重复，共计6个小区（单个小区面积为120m^2）。其中枸杞单作株行距为1 m×3 m，行间自然空闲，不进行耕作，只进行正常锄草管护；枸杞/绿肥套作模式其他管理均与枸杞单作一致，只是在枸杞生长后期（夏季休眠期）期间沿枸杞种植行进行绿肥套作（图5-11和图5-12）。

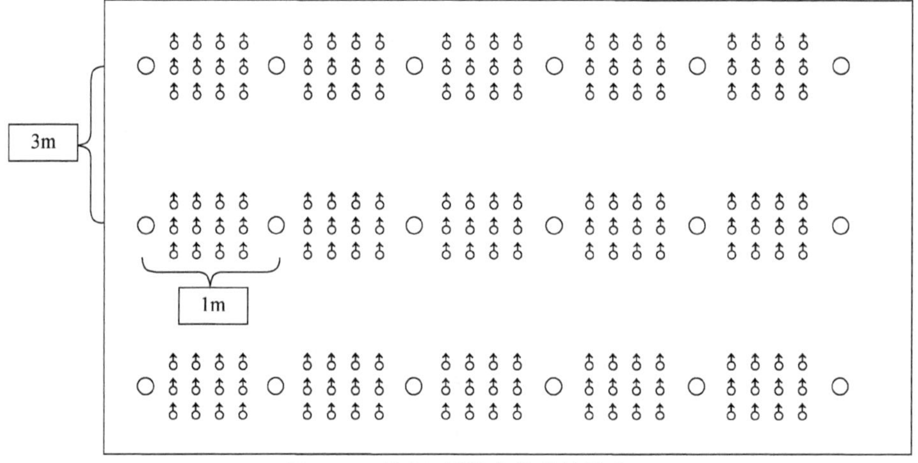

图5-11　枸杞/绿肥套作种植模式

图中“○”代表枸杞，“♂”代表绿肥

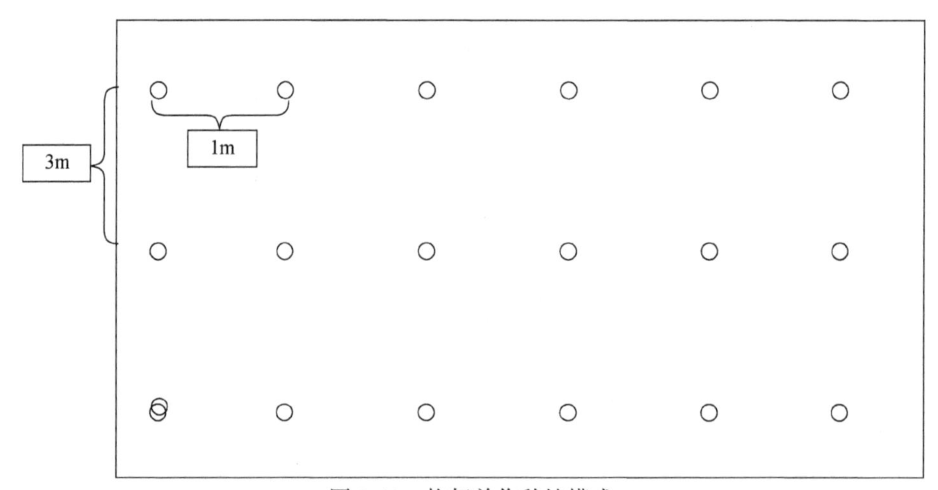

图5-12　枸杞单作种植模式

本研究前期开展了肥田萝卜在枸杞园的试种工作，表现效果很好，具体如图5-13所示，该措施已经获得国家发明专利授权（枸杞园土壤配植改良，

ZL201810216860.7)，其他相关科研数据还未公开发表，故暂未列出。

图 5-13　秋季肥田萝卜与枸杞套种、冬季原位腐解

参 考 文 献

李华，惠竹梅，张振文，等．2004. 行间生草对葡萄园土壤肥力和葡萄叶片养分的影响．农业工程学报，20（增刊）：116-119.

李隆．2016. 间套作强化农田生态系统服务功能的研究进展与应用展望．中国生态农业学报，24（4）：403-415.

李云翔，柯英，罗健航，等．2016. 宁夏主要枸杞产地土壤环境质量现状与评价．中国土壤与肥料，(2)：21-26.

刘晓冰，邢宝山．2002. 土壤质量及其评价指标．农业系统科学与综合研究，18（2）：109-111.

万书勤，康跃虎，刘士平，等．2016. 柴达木地区滴灌水-盐-肥综合调控对枸杞生长和水肥利用的影响．节水灌溉，5（5）：37-47.

王琨．2016. 宁夏中部干旱带枸杞水肥一体化高效栽培技术研究．银川：宁夏大学硕士学位论文．

王丽宏，曾昭海，杨光立，等．2007. 前茬冬季覆盖作物对稻田土壤的生物特征影响．水土保持学报, 1：164-167.
王艳廷, 冀晓昊, 吴玉森, 等. 2015. 我国果园生草的研究进展. 应用生态学报, 26 (6)：1892-1900.
徐田伟, 秦嗣军, 杜国栋, 等. 2018. 我国果园实行生草后管理措施及其研究进展. 中国果树, (4)：72-75.
叶延琼, 章家恩, 赵本良, 等. 2014. 广东果园生物多样性利用与生态农业模式概述. 广东农业科学, 41 (5)：26-31.
尹志荣, 雷金银, 桂林国, 等. 2016. 宁夏主要枸杞产区水肥现状调查分析. 现代农业科技, 12：85-86.
昭日格图, 陆洪省, 小松崎将一. 2010. 覆盖作物在农田耕作中的应用研究. 内蒙古民族大学学报 (自然科学版), 25 (3)：296-299.
赵营, 罗建航, 陈晓群, 等. 2008. 宁夏下枸杞园土壤养分资源与枸杞根系形态调查. 干旱地区农业研究, 26 (1)：47-50.
Allison M F, Armstrong M J, Jaggard K W, et al. 1998. Integration of nitrate cover crops into sugar beet (Beta vulgaris) rotations. I. Management and effectiveness of nitrate cover crops. Journal of Agricultural Science, 130 (1)：53-60.
Awale R, Chatterjee A, Franzen D. 2013. Tillage and N-fertilizer influences on selected organic carbon fractions in a north dakota silty clay soil. Soil and Tillage Research, 134：213-222.
Baker J M, Ochsner T E, Venterea R T, et al. 2007. Tillage and soil carbon sequestration—what do we really know? Agriculture Ecosystems and Environment, 118：1-5.
Blevins R L, Herbeck J H, Frye W W. 1990. Legume cover crops as a nitrogen source for no-till corn and grain sorghum. Agronomy Journal, 82：769-772.
Shelton C H, Bradley J F. 1987. Controlling erosion and sustaining production with no-till systems. Tennessee Farm Home Science, 141：18-23.
Bruce R R, Langdale G W, West L T. 1990. Modification of soil characteristics of degraded soil surfaces by biomass input and tillage affecting soil water regime//Trans. 14th Int. Congress of Soil Science. VI. 4-9.
Bryant L, Stockwell R, White T. 2013. Counting cover crops National WildlifeFederation, Washington, D. C. http：//www. nwf. org/- /media/PDFs/Media% 20Center% 20- % 20Press% 20Releases/10-1-13_ CountingCoverCrops-FINALlowres. ashx [2020-2-14].
Chen G H, Weil R R. 2010. Penetration of cover crop roots through compacted soils. Plant and Soil, 331 (1-2)：31-43.
Chen H, Hou R, Gong Y, et al. 2009. Effects of 11 years of conservation tillage on soil organic matter fractions in wheat monoculture in loess plateau of China. Soil and Tillage Research, 106：85-94.
Cherr C M, Scholberg J M S, McSorley R. 2006. Green manure approaches to crop production：a synthesis. Agronomy Journal, 98：302-319.
Culman S W, Snapp SS, Freeman MA, et al. 2012. Permanganate oxidizable carbon reflects a processed soil fraction that is sensitive to management. Soil Science Society of America Journal, 76：

494-504.

Dean J E, Weil R R. 2009. Brassica cover crops for N retention in the Mid-Atlantic coastal plain. Journal of Environmental Quality, 38: 520-528.

Diekow J, Mielniczuk J, Knicker H, et al. 2005a. Carbon and nitrogen stocks in physical fractions of a subtropical Acrisol as influenced by long-term no-till cropping systems and N fertilization. Plant and Soil, 268: 319-328.

Diekow J, Mielniczuk J, Knicker H, et al. 2005b. Soil C and N stocks as affected by cropping systems and nitrogen fertilization in a southern Brazil Acrisol managed under no-tillage for 17 years. Soil and Tillage Research, 81: 87-95.

Doran J W, Karlen D L, Thompson R L. 1989. Seasonal variations in microbial biomass and available N with varying tillage and cover crop management//Agronomy. Abstracts. American Society of Agronomy. Madison, Wisc. USA. pp123.

DuPont S T, Culman S W, Ferris H, et al. 2010. No-tillage conversion of harvested perennial grassland to annual cropland reduces root biomass, decreases active carbon stocks, and impacts soil biota. Agriculture Ecosystems and Environment, 137: 25-32.

Gunapala N, Scow K M. 1998. Dynamics of soil microbial biomass and activity in conventional and organic farming systems. Soil Biology and Biochemistry, 30: 805-816.

Haramoto E R, Gallandt E R. 2004. Brassica cover cropping for weed management: A review. Renew. Agriculture Food System, 19: 187-198.

Herbert S J, Liu G H. 1997. Cover crop biomass accumulation and nitrogen release//Agronomy Research Report, Umass Extention, USDA: 13-16.

Honeycutt C W, Potaro L J, Halteman W A. 1993. Residual quality, loading rate, and soil temperature relations with hairy vetch residue carbon, nitrogen, and phosphorus mineralization. Biology Agriculture and Horticulture, 3: 181-199.

Ismail I, Blevins R L, Frye W W. 1994. Long-term no tillage effects on soil properties and continuous corn. Soil Science Society American Journal, 61 (1): 4-10.

Jandl R, Rodeghiero M, Martinez C, et al. 2014. Current status, uncertainty and future needs in soil organic carbon monitoring. Science of the Total Environment, 468-469 (15): 376-383.

Jenkinson D S, Rayner J H. 1977. The turnover of soil organic matter in some of the Rothamsted classical experiments. Soil Science, 123 (5): 298-305.

Jokela W E, Grabber J H, Karlen D L, et al. 2009. Cover crop and liquid manure effects on soil quality indicators in a corn silage system. Agronomy Journal, 101: 727-737.

Ketterings Q M, Kingston J, Mcivennie S, et al. 2011. Cover crop carbon and nitrogen content, fall 2011 sampling. What's Cropping Up, 21: 1-4.

Kremen A, Weil R R. 2006. Monitoring nitrogen uptake and mineralization by brassica cover crops in Maryland. http://crops.confex.com/crops/wc2006/techprogram/P17525.HTM [2020-2-14].

Kristensen H L, Thorup-Kristensen K. 2004. Root growth and nitrate uptake of three different catch crops in deep soil layers. Soil Science Society of America Journal, 68: 529-537.

Kuo S, Saninju U M, Jellum E J. 1997. Winter cover cropping influence on nitrogen mineralization, preside-dress soil nitrogen test and corn yields. Biology Fertility Soils, 22: 310-317.

Lawley Y E, Weil R R, Teasdale J R. 2011. Forage radish winter cover crops suppress winter annual weeds in fall and before corn planting. Agronomy Journal, 103: 137-144.

Lee J J, Phillips D L, Lui R. 1993. The effects of trends in tillage practices on erosion and carbon content of soils in the U. S. corn-belt. Water Air Soil Pollution, 70: 389-401.

Lucas S T, Weil R R. 2012. Can a labile carbon test be used to predict crop responses to improved soil organic matter management? Agronomy Journal, 104: 1160-1166.

Mafongoya P L, Nair P K R, Dzowela B H. 1998. Mineralization of nitrogen from decomposing leaves of multipurpose trees as affected by their chemical composition. Biology and Fertility of Soils, 27 (2): 143-148.

Mayer A. 2020. Winter Cereal Rye Cover Crop Effect on Cash Crop Yield. https://www.iowapublicradio.org/post/decade-long-study-finds-cover-crops-help-farmers-improve-soil?from=singlemessage#stream/0 [2020-3-31].

Maryland Department of Agriculture. 2009. Cover crop program. http://www.mda.state.md.us/resource_conservation/financial_assistance/cover_crop/index.php [2020-2-14].

Melero S, López-Garrido R, Murillo J M, et al. 2009. Conservation tillage: Short- and long-term effects on soil carbon fractions and enzymatic activities under Mediterranean conditions. Soil and Tillage Research, 104: 292-298.

Miles R J, Brown J R. 2011. The Sanborn field experiment, implications for long-term soil organic carbon levels. Agronomy Journal, 103: 268-278.

Mitchell C C, Arriaga J, Entry J. 1996. The old rotation. 1896-1996: 100 years of sustainable cropping research. Alabama Agricultural Experiment Station Bulletin, AL: 1-26.

Moller K, Reents H J. 2009. Effects of various cover crops after peas on nitrate leaching and nitrogen supply to succeeding winter wheat or potato crops. Journal of Plant Nutrition and Soil Science, 172: 277-287.

Morrow J G, Huggins D R, Carpenter-Boggs L A, et al. 2016. Evaluating measures to assess soil health in long-term agroecosystem trials. Soil Science Society of America Journal, 80 (2): 450.

Mutchler C K, McDowell L L. 1990. Soil loss from cotton, with winter cover crops. Transactions of the Asae, 33 (2): 432-436.

Mutegi J K, Petersen B M, Munkholm L J, et al. 2011. Belowground carbon input and translocation potential of fodder radish cover-crop. Plant and Soil, 344: 159-175.

Mutegi J K, Petersen B M, Munkholm L J. 2013. Carbon turnover and sequestration potential of fodder radish cover crop. Soil Use and Management, 29 (2): 191-198.

Ouédraogo E, Mando A, Brussaard L. 2006. Soil macrofauna affect crop nitrogen and water use efficiencies in semi-arid West Africa. European Journal of Soil Biology, 42: 275-277.

Petersen B M, Berntsen J, Hansen S, et al. 2005. CN-SIM-a model for the turnover of soil organic matter. I. Long term carbon and radiocarbon development. Soil Biology and Biochemistry, 37:

359-374.

Plaza-Bonilla D, Álvaro-Fuentes J, Cantero-Martínez C. 2014. Identifying soil organic carbon fractions sensitive to agricultural management practices. Soil and Tillage Research, 139: 19-22.

Poeplau C, Don A. 2015. Carbon sequestration in agricultural soils via cultivation of cover crops - a meta-analysis. Agriculture Ecosystems and Environment, 200: 33-41.

Rasnake M, Frye WW, Ditsch D C. 1986. Soil erosion with different tillage and cropping systems. Soil. Science News and Views, 7 (5): 15-21.

Sa' J C D M, Cerri C C, Dick W A, et al. 2001. Organic matter dynamics and carbon sequestration rates for a tillage chronosequence in a Brazilian Oxisol. Soil Science Society of America Journal, 65: 1486-1499.

Spargo J T, Cavigelli M A, Mirsky S B, et al. 2011. Mineralizable soil nitrogen and labile soil organic matter in diverse long-term cropping systems. Nutrient Cycling in Agroecosystems, 90 (2): 253-266.

Thorup-Kristensen K. 1993. The effect of nitrogen catch crops on the nitrogen nutrition of a succeeding crop, Ⅰ. Effects through mineralization and pre-emptive competition. Acta Agriculturae Scandinavica, Section B - Soil and Plant Science, 43 (2): 74-81.

Tisdall J M, Oades J M. 1982. Organic matter and water-stable aggregates in soils. Journal of Soil Science, 33: 141-163.

Veum K, Goyne K, Kremer R, et al. 2014. Biological indicators of soil quality and soil organic matter characteristics in an agricultural management continuum. Biogeochemistry, 117: 81-99.

Vieira F C B, Bayer C, Zanatta J A, et al. 2008. Building up organic matter in a subtropical Paleudult under legume cover-crop-based rotations. Soil Science Society of America Journal, 73: 1699-1706.

Walley F L, Clayton G W, Miller P R, et al. 2007. Nitrogen economy of pulse crop production in the Northern Great Plains. Agronomy Journal, 99: 710-1718.

Wang F, Weil R R, Nan X X. 2017. Total and permanganate-oxidizable organic carbon in the corn rooting zone of US Coastal Plain soils as affected by forage radish cover crops and N fertilizer. Soil and Tillage Research, 165: 247-257.

Wang F, Weil R R, Nan X X. 2017. Total and permanganate-oxidizable organic carbon in the corn rooting zone of US Coastal Plain soils as affected by forage radish cover crops and N fertilizer. Soil and Tillage Research, 165: 247-257.

Watkins N, Barraclough, D. 1996. Gross rates of N mineralization associated with the decomposition of plant residues. Soil Biology and Biochemistry, 28: 169-175.

Weil R R, Magdoff F. 2004. Significance of soil organic matter to soil quality and health//Magdoff F, Weil R R. Soil organic matter in sustainable agriculture. BocaRaton, Florida: CRC Press.

Weil R, Kremen A. 2007. Thinking across and beyond disciplines to make cover crops pay. Journal of the Science of Food and Agriculture, 87: 551-557.

Weil R R, Brady N C. 2016. The Nature and Properties of Soils, 15th ed. New York: Pearson Education.

Weil R R, Islam K R, Melissa M A, et al. 2003. Estimating active carbon for soil quality assessment, A simplified method for laboratory and field use. American Journal of Alternative Agriculture, 18 (1): 3-17.

Weil R, White C, Lawley Y. 2009. Forage radish: a new multi- purpose cover crop for the mid-Atlantic. Fact sheet. Maryland Cooperative Extension, College Park. http: //extension. umd. edu/publications/pdfs/fs824. pdf [2010-12-20] .

White C M, Weil R R. 2011. Forage radish cover crops increase soil test Phosphorus surrounding holes created by radish taproots. Soil Science Society of America Journal, 75: 121-130.

Wuest S B, Williams J D, Gollany H T. 2006. Tillage and perennial grass effects on ponded in filtration for seven semi-arid loess soils. Journal of Soil and Water Conservation, 61: 218-223.

Yamashita T, Flessa H, John B, et al. 2006. Organic matter in density fractions of water- stable aggregates in silty soils: Effect of land use. Soil Biology and Biochemistry, 38: 3222-3234.

Zhang D B, Yao P W, Zhao N, et al. 2019. Building up the soil carbon pool via the cultivation of green manure crops in the Loess Plateau of China. Geoderma, 337: 425-433.

第六章 生物炭施用技术

第一节 生物炭施用技术概述

一、生物炭的基本内涵

（一）基本内涵

生物炭概念的提出，源于对南美洲亚马孙河流域黑色或者黑棕色的土壤“Terra Preta”的研究。由于在理化性质、生物学特性等方面生物炭都与黑炭有着诸多相似之处，通常也被认为属于黑炭的范畴，国外研究者将生物炭进行了较为统一的规范，称为“biochar”（Lehmann et al.，2006）。生物炭是指生物质（如原材料为农作物废弃物、秸秆、木本植物、家畜垃圾等）在厌氧和≤700℃条件下热解的产物（Antal and Gronli，2003；Demirbas，2004；Lehmann et al.，2006）。常见的生物炭包括木炭、竹炭、秸秆炭、稻壳炭等（Lehmann et al.，2006；孟军等，2011），生物炭及其他炭质材料的特点见表6-1。

表6-1 常见炭材料的特点

类型	特点
生物炭	多用于环境和农业上，主要应用于土壤肥力的改良、固碳减排及土壤污染修复
木炭	多以木材、煤炭等为原料，具有高的内热和表面积，常用于燃料、脱色及工业热炼
农业炭	用于改良农业土壤和增加作物产量
活性炭	具有多孔性、比表面积高、吸附性强等特点，常用于控制水体污染
黑炭	含紧致的三维结构，粒径从微米到纳米不等，含各种炭质的材料

资料来源：Lehmann等（2006）；Zhou等（2014）。

（二）新内涵

生物炭的“生命史”源远流长，随着对生物炭的广泛关注和认识，越来越多的研究者试图统一对生物炭的定义。近年来，随着粮食安全、环境安全和固碳减排需求的不断发展，生物炭的内涵逐渐与土壤管理、农业可持续发展和碳封存等相联系。

2009 年，Lehmann 在其所著的 *Biochar for Environmental Management：Science and Technology* 一书中，将生物炭特指为生物质在缺氧或有限氧气供应条件及在相对较低温度下（≤700℃）热解得到的富碳产物，而且以施入土壤进行土壤管理为主要用途，旨在改良土壤、提升地力、实现碳封存。

2013 年，国际生物炭协会（IBI）指出，生物炭是生物质在缺氧条件下通过热化学转化得到的固态产物，它可以单独或者作为添加剂使用，能够改良土壤、提高资源利用效率、改善或避免特定的环境污染，以及作为温室气体减排的有效手段，再次完善了生物炭的概念和内涵，这一概念更侧重于在用途上区分生物炭与其他炭化产物，进一步突出其在农业、环境领域中的作用。在中国，陈温福等（2014）在其提出的"秸秆炭化还田"理论中指出，生物炭是来源于秸秆等植物源农林业生物质废弃物，在缺氧或有限氧气供应和相对较低温度下（450～700℃）热解得到的，以返还农田、提升耕地质量、实现碳封存为主要应用方向的富碳固体产物。

二、生物炭的性质

生物炭主要由 C、H、O、N 等元素构成，碳含量极为丰富（占 70%～80%）。除了含有丰富的芳环结构、羟羧基等主要官能团外，还包括钙、镁等矿物质以及无机碳酸盐（Lehmann et al.，2006；Liang et al.，2006；Cheng et al.，2006）。生物炭还具有容重小、比表面积大、多孔等特性，且空隙大小不一，小到纳米，大到微米（陈温福等，2011；杨放等，2012）。这些基本属性使生物炭具有吸附力、抗氧化等特性，它们一方面加强了植物对营养元素的吸收利用，促进了土壤中微生物的生长繁衍，另一方面通过吸附土壤及水体中的污染物质，有效减轻污染程度。通常情况下，生物炭比土壤具有较高的 pH、碳氮比及 CEC（Bridle and Pritchard，2004；Liang et al.，2006；Warnock et al.，2007；Lehmann et al.，2011）。研究发现，在 300～400℃条件下制备的生物炭 pH 一般小于 7，而在 700℃下生成的生物炭 pH 通常大于 7（Hossain et al.，2011）。一般来说，生物炭 pH 范围为 8.2～13.0，生物炭中的 Na、Mg、K、Ca 等矿质元素，以氧化物或碳酸盐的形式存在于灰分中，溶水后呈碱性。pH 与灰分含量成正比，所以固体类生物炭禽畜粪便的 pH 通常要高于木炭类或植物秸秆类。生物炭的碱性属性使其施入土壤后会对土壤 pH 产生直接影响，是比石灰更有益的酸性土壤中和剂

(Glaser et al., 2002)。

生物炭的元素组成与其原材料本身性质密切相关，并影响最终炭化温度(Schmidt and Noaek, 2000)。具体体现为生物炭中的碳、磷及矿质元素的含量与制炭的温度成正比，而氢、氧、硫含量则与之成反比。通常，以木本植物为原材料的生物炭具有较高的碳含量，而矿质养分含量相对较低；厩肥及秸秆含碳量相对较低，而矿质养分含量较高（Purevsuren et al., 2003；Kurosaki et al., 2007；Gaskin et al., 2008；Zwieten et al., 2010a, 2010b)。

另外，热解温度也是决定生物炭基本性质的重要因素之一。根据不同的炭化反应条件，通常分为常规裂解（300～500℃）和快速裂解（700℃以上）两种方法（Glaser et al., 2002)。不同热解温度的同种原材料，生物炭的理化性质也会有较大差异（表 6-2)。一般而言，常规裂解条件下所制得的生物炭产量要高于快速裂解的制成率。王章鸿等（2015）发现，裂解温度为 500℃时，橡木生物炭对 PO_4^{3-}的吸附率最高，为 9.5 mg/g，随着裂解温度的升高，吸附量逐渐降低。同热解温度一样，生物炭热解时间的长短也影响着生物炭的性质。热解时间越长，生物炭的炭和灰分含量就越高，稳定性就越强（Lehmann et al., 2006)。

表 6-2　不同热解技术的比较

热解技术	温度/℃	加热速率（K/s）	持续时间/s	产率/%		
SP	550～950	0.1～1	>450	35	30	35
FP	850～1250	10～200	0.5～10	20	50	30
闪速热解	1050～1300	>1000	<0.5	12	75	13
气化	>1023	—	数秒至数分钟	0～10	—	90～100
WPC	423～673	—	数秒至数小时	5～40	20～40	2～10
MP	573～773	—	数分至数小时	20～30	0～20	50～70

注：SP 为慢速热解（slow pyrolysis)；FP 为快速热解（fast pyrolysis)；闪速热解为 flash prolysis；气化为 gasification；WPC 为水热解炭化（water pyrolysis carbonization)；MP 为微波热解（microwave pyrolysis)。

资料来源：Zhou 等（2014)。

生物炭的性质与其本身原材料及热解温度和热解条件等密切相关，生物炭的 pH、容重、比表面积、阳离子交换量、灰分含量等的巨大差异使得生物炭应用于农业上的环境效应也千差万别，应根据不同的目的需要，结合土壤类型对生物炭进行合理的筛选（韩光明，2012)。不同原料的生物炭的元素组成和主要理化性质见表 6-3 和表 6-4。

表 6-3　生物炭的元素组成（C、H、N 除外）

类别	生物炭	C/%	H/%	N/%	P/(mmol/kg)	Ca/(mmol/kg)	Mg/(mmol/kg)	Fe/(mmol/kg)	K/(mmol/kg)	Zn/(mmol/kg)	Cu/(mmol/kg)	Mn/(mmol/kg)
PB	WS	58. 0	4. 13	0. 59	23. 7	167	87. 1	9. 3	935	0. 91	0. 11	1. 18
	CS	56. 8	4. 91	1. 41	24. 4	57. 0	19. 9	14. 7	786	0. 99	0. 17	1. 29
	PS	44. 1	5. 95	1. 2	—	1. 5	0. 18	0. 17	1. 77	—	—	—
SW	Grass	60. 0	2. 83	2. 53	190	858	145	23. 3	865	0. 13	0. 45	1. 98
	PM	39. 1	2. 0	1. 96	208	721	971	50. 6	76. 6	18. 6	12	8. 0
	Sludge	26. 3	2. 3	2. 8	921	1710	280	411	21. 1	8. 5	5. 9	8. 2
	ES	13. 4	0. 9	0. 4	57. 0	5160	64. 9	17. 6	19. 0	0. 1	0. 2	0. 2

注：PB 为植物类；WS 为小麦秸秆；CS 为玉米秸秆；PS 为花生壳；SW 为固体类；Sludge 为污泥；Grass 为青草；PM 为猪粪；ES 为蛋壳。

资料来源：王群等（2013），顾博文等（2017）。

表 6-4　生物炭的主要理化性质

类别	生物炭	产率/%	灰分/%	pH	PZNC	CEC/(cmol/kg)	AEC/(cmol/kg)
PB	WS	45. 0	21. 8	8. 69	8. 30	50. 0	63. 2
	CS	36. 3	21. 8	8. 71	8. 30	46. 3	55. 5
	PS	32. 0	5. 2	10. 1	—	25. 6	—
SW	Grass	22. 3	22. 3	9. 77	9. 00	50. 1	33. 5
	PM	47. 9	45. 1	9. 65	9. 60	49. 0	16. 0
	Sludge	44. 0	55. 0	8. 67	9. 80	134	14. 8
	ES	55. 7	90. 4	9. 69	9. 00	334	12. 0

注：PB 为植物类；WS 为小麦秸秆；CS 为玉米秸秆；PS 为花生壳；SW 为固体类；Sludge 为污泥；Grass 为青草；PM 为猪粪；ES 为蛋壳；PZNC 为等电荷点；CEC 为阳离子交换量；AEC 为阴离子交换量。

资料来源：王群等（2013），顾博文等（2017）。

三、生物炭施用与环境效应

生物炭在增加土壤碳汇、减少温室气体排放、修复污染土壤、缓解秸秆焚烧等方面彰显出巨大潜力，已成为土壤环境研究领域的热点。

（一）固碳减排

生物炭碳架结构稳定，很难分解，可以稳定固持在土壤中直接形成碳汇，而且对土壤碳氮转化过程也影响深远。生物炭施入土壤后表现出负向激发效应，进而降低土壤 CO_2 排放，并通过多种机制显著降低土壤 N_2O 排放，包括 pH 变化改变反硝化过程中 N_2O 转化为 N_2 的比例；改变土壤微生物的丰度，尤其是提高参与反硝化作用的微生物的生长和活性；增加对 NH_4^+ 或 NO_3^- 的吸附；改善土壤通气状况，降低反硝化速率。

受土壤性质、管理措施、应用方式等的影响，研究结果虽不尽相同，但生物炭对土壤氮循环的影响是显著的。在稻田系统，生物炭对土壤 CH_4 累积排放量显著降低或土壤对 CH_4 产生净吸收。也有研究表明，施用生物炭会增加 CH_4 排放量，这可能是由于生物炭为产甲烷菌提供了底物或抑制了甲烷氧化菌的活性（陈温福等，2014）。

（二）污染治理

生物炭在污染治理方面的研究一直是热点。生物炭主要通过吸附作用影响土壤中重金属的生物有效性，而吸附作用又包括化学吸附和物理吸附。生物炭芳香化程度高，孔隙结构丰富，当重金属离子靠近苯环时，苯环电子云可发生极化并产生微弱的静电作用，进而发生物理吸附作用。生物炭也可通过表面官能团实现对重金属的化学吸附。

生物炭碱性较强，可显著提升土壤 pH，从而间接降低重金属生物有效性。此外，生物炭可以改变土壤的水分和通气状况，并影响土壤的氧化还原电位，进而改变某些电荷敏感的有毒重金属（如 Cr）的毒性。但值得注意的是，生物炭并不能对重金属元素都能起到钝化其生物有效性的作用。

生物炭对环境介质中的多环芳烃、多氯联苯、萘、酚等多种有机污染物有较强的吸附能力，并影响污染物的迁移与归趋。生物炭对有机污染物的吸附机制主要包括分配作用、表面吸附作用、孔隙截留及微观吸附，但吸附过程同时受多种作用机制联合驱动。制炭原料、芳香化程度、元素组成、pH、孔隙结构、表面化学性质等，对其吸附有机污染物的能力均有重要的影响，这也使得不同类型生物炭对应不同特征的有机污染物的吸附机理变得错综复杂。

目前，对生物炭吸附有机污染物机理的定性研究居多，面向构效关系的定量研究正在逐步展开。然而，在土壤环境中，生物炭降低有机污染物生物可给性的机理仍然很难定量解释，因为这其中还涉及复杂的微生物代谢过程。

当前，无论是针对生物炭修复无机污染还是有机污染，都缺乏原位的或者定位的多年实验研究，更未见有大规模将生物炭及相关产品应用于修复实践的成功案例。生物炭的环境修复作用机理研究在未来相当长的时间内仍将是热点，生物炭改性或与其他修复方法相结合可能是加速生物炭应用研究的理想策略。

第二节　国内外生物炭施用技术发展动态

一、施用生物炭对土壤理化性质的影响

（一）生物炭对土壤团聚体的影响

土壤团聚体是土壤颗粒通过黏聚和胶结等重新排列的产物，是土壤维持孔隙状况和增强抗侵蚀性的重要功能单元。它参与并协调了土壤的水、肥、气、热的矛盾，为土壤创造了良好的条件（Whalen et al.，2003；Eynard et al.，2005）。目前土壤有机质对土壤团聚体的形成和影响已比较明确，但关于生物炭对土壤团聚体方面的影响的研究较少且说法不一。安艳等（2016）对陕北黄土高原黑垆土研究结果发现，与不施生物炭的对照相比，施用苹果枝条的生物炭减少了0～10cm土层<0.25mm粒级的土壤团聚体含量，且施用生物炭显著增加了土壤团聚体的有机碳含量。吴鹏豹等（2012）研究发现，生物炭显著增加了>1mm粒级的土壤团聚体（海南花岗岩砖红壤）含量。Liu等（2012）培养实验发现，木屑生物炭显著增加了黑垆土中>0.25mm粒级的水稳性大团聚体含量，且含量随生物炭用量的增加而增加。黄超等（2011）盆栽试验研究发现，低用量生物炭对红壤团聚体含量没有显著影响，而高用量生物炭（200g/kg）则显著增加土壤的水稳性团聚体含量。叶丽丽等（2012）进行的室内试验研究结果却表明，水稻秸秆生物炭对红壤的土壤颗粒没有明显的团聚作用，甚至会产生抑制作用。目前，关于生物炭对团聚体稳定性的影响机制尚缺乏较为全面的研究，其是否对土壤团聚体的形成有积极作用，仍需要更深入的研究。

（二）生物炭对土壤有机质的影响

生物炭作为一种富含碳的外源有机物施入土壤后，可以直接供给土壤碳源，从而提高了土壤有机碳含量、碳氮比，同时对N、P、K等其他养分元素吸持容量的增加也有一定促进作用（Wardle et al.，2008）。Laird等（2010a，2010b）研究结果表明，在相同施肥条件下，土壤有机质含量表现出随生物炭用量（0、5g/kg、10g/kg、20g/kg）的增加呈增加趋势。Steiner等（2008）研究发现，生物炭的用量与稳定性在一定程度上决定着土壤有机碳含量的高低。土壤中的有机分子易被生物炭吸附，这些小的有机分子通过不断聚合形成有机质。另外生物炭特殊的结构和属性，使其在土壤中的分解极为缓慢，这对于土壤腐殖质的形成十

分有利。(Laird et al., 2009；Liang et al., 2014)。生物炭特殊的微观结构，使其能保持极强的稳定性，对稳定土壤有机碳库具有重要作用（Glaser et al., 2000；Schmidt et al., 2001；Cheng et al., 2006；Shi et al., 2010)。生物炭的基本性质与特性决定了它可以在土壤中存留数百年甚至上千年。

（三）生物炭对土壤矿质元素的影响

生物炭中含有大量作物生长所必需的基本元素（如N、P、K等)。生物炭施入土壤后，可加快土壤中氮循环，提高可溶性氮含量，Liang等（2006）试验表明，生物炭对以交换态形式存在的养分物质具有较强的吸附性，这可能与生物炭大的比表面积和表面负电荷有关。

不少研究表明，生物炭的施入可以降低氮的淋失，提高氮肥利用率。周志红等（2011）淋滤试验研究表明，高用量生物炭（100t/hm^2）可显著降低土壤硝态氮和有机氮的淋失。Laird等（2010a，2010b）研究发现，生物炭的施用显著降低了滤出液中氮、磷、镁和硅元素的含量，且随着施用量的增加，趋势更加明显。当生物炭用量为20g/kg时，全氮和可溶性磷滤出量分别较对照减少11%和69%。大多数研究表明，生物炭通过自身吸附特性，有效降低了土壤养分的淋溶，增强了土壤保肥能力，提高了作物养分利用率（Lehmann, 2002；周志红等, 2011)。

（四）生物炭对土壤pH、容重、阳离子交换量的影响

生物炭的碱性属性使其施入土壤后对土壤pH产生直接影响。Laird等（2010a，2010b）试验结果表明，土壤pH随生物炭用量的增加而增加。生物炭各处理下，巴西亚马孙河流域的土壤pH与对照相比，提高了0.4个单位，土壤pH的改变，有助于改善热带地区的土壤性质，促进作物增产（Chan et al., 2008)。生物炭对土壤pH的影响与土壤质地有关，生物炭对黏土pH的提升效果要明显优于砂土和壤土。生物炭施入土壤后，其本身含有的盐基离子（K^+、Ca^{2+}、Mg^{2+}等）在水土交融作用下会有一定的释放，可提高酸性土壤的盐基饱和度，从而降低土壤的交换性H^+、Al^{3+}的浓度，以提高土壤pH（Novak et al., 2009；Zwieten et al., 2010a，2010b；Yuan et al., 2011)。

土壤容重是土壤紧实度的反映，土壤容重降低一般表明土壤结构得到改善。不少研究文献表明，土壤容重随生物炭用量的增加而显著降低（Lehmann, 2007；陈红霞等, 2011；何绪生等, 2011)。Oguntunde等（2008）研究发现，生物炭的施入使土壤容重较对照降低9%。张伟明（2012）试验结果表明，砂壤土中加入40g/kg生物炭后，砂壤土容重降低0.14g/cm^3。

生物炭对土壤阳离子交换量的不同响应机制，对土壤肥力水平也有十分重要的影响。Laird 等（2010a，2010b）结果表明，与对照相比，生物炭处理显著提高了土壤阳离子交换量，增幅为 20%，且阳离子交换量随生物炭施用量的增加而增加。原因可能是生物炭的表面官能团被氧化，从而具有较高的阳离子交换量（Liang et al.，2006；Asai et al.，2009）。但 Schulz 和 Glaser（2012）的研究表明，生物炭各处理的土壤阳离子交换量与对照相比未发生显著变化。

二、施用生物炭对土壤微生物学性质的影响

（一）生物炭对土壤微生物生物量碳、微生物生物量氮的影响

土壤微生物生物量是土壤生态系统中植物养分的重要的源和库，参与调控着土壤中能量和养分循环，是反映土壤微生物变化的敏感指标以及保持土壤质量可持续性演变的重要指标（Garland and Mills，1994）。虽然土壤微生物生物量只占土壤有机物质的 3% 左右，但它可以直接影响养分循环及其生物有效性（Taylor et al.，2002；Hamer et al.，2004）。土壤微生物生物量碳、微生物生物量氮可以很好地表征土壤全碳或全氮的动态变化，研究土壤微生物生物量碳、微生物生物量氮对探讨土壤质量具有重要的意义（刘恩科等，2008）。陈心想等（2014）田间试验表明，生物炭的施入可以增加塿土土壤微生物生物量碳、微生物生物量氮。同样，匡崇婷等（2012）室内培养试验研究发现，江西红壤水稻土土壤微生物生物量与生物炭施用量呈正相关关系，红壤水稻土的土壤微生物碳、氮含量随生物炭施用量的增加而逐渐提高。Castaldia 等（2011）研究发现，木炭施入土壤 3 个月和 14 个月后，农田土壤微生物生物量碳并没有发生显著变化。Dempster 等（2012）短期培养试验表明，高用量木材生物炭（$25t/hm^2$）处理下，土壤微生物生物量氮含量与对照之间没有显著差异，但土壤微生物生物量碳含量显著低于对照处理。黄超等（2011）发现，生物炭用量越高，高肥力水平条件下的土壤微生物生物量碳含量越小。这些生物炭对土壤微生物生物量碳、微生物生物量氮影响的差异与生物炭的特征及土壤的基本性质密切相关。生物炭具有大的表面积和孔隙度，能够储存一定的养分和水分，可以为土壤微生物提供栖息的场所而使得微生物大量繁衍，促进土壤营养元素的循环（Malcolm，2007；Knicker，2007）。

（二）生物炭对土壤微生物数量的影响

微生物数量及群落比例通常被看作衡量农田质量的重要指标之一。一般根据微生物的形态，可将其分为细菌、放线菌和真菌三大类群（林治安等，2009）。

土壤微生物组成中细菌数量最多，放线菌、真菌次之。细菌在土壤有机物和无机物转化过程中起着重要作用，一般认为细菌数量增减程度是衡量土壤肥力高低程度的一个生物学标志（陈蓓和张仁，2004），添加生物炭的土壤会增加细菌数量及丰富其多样性（O'Neill et al.，2009；Grossman et al.，2010；Jin，2010）。而真菌被认为在土壤碳素和能源循环过程中起着巨大作用（陈蓓和张仁，2004）。不少研究发现，生物炭改良的土壤中，真菌、细菌在群落组成和多样性上都有显著变化（O' Neill et al.，2009；Steinbeiss，2009；Jin，2010；Taketani and Tsai，2010；Khodadad et al.，2011）。Otsuka 等（2008）的研究结果表明，施加生物炭的土壤的细菌多样性增加 25%。这可能是因为生物炭不仅增加了菌根真菌的丰度，而且促进了植物根部被菌根真菌侵染的能力（Warnock et al.，2007；Atkinson et al.，2010）。研究表明，生物炭对土壤微生物群落结构的影响是复杂多变的，土壤微生物总量增加有利于土壤肥力的提高，土壤微生物类群及比例的变化对土壤肥力的形成及养分的供应有良好的调节作用（沙涛等，2000；贾志红等，2004；Petersen et al.，2002）。

（三）生物炭对土壤酶活性的影响

土壤酶是土壤营养代谢的重要驱动力，在很多重要营养元素的生物化学循环中起着重要作用（Masto et al.，2013）。土壤酶活性可用来表征土壤质量的好坏，不仅可以反映土壤生化反应的活跃程度，也可以反映土壤养分物质循环状况及微生物的活性（Shukla and Varma，2011）。其中涉及最多的土壤酶类有脲酶、转化酶、磷酸酶、过氧化氢酶和脱氢酶等。脲酶能水解尿素生成铵态氮，可以用来表征土壤中氮素的营养状况（周礼恺，1980）。转化酶常被用来表征土壤碳素营养状况（王恒飞等，2011），磷酸酶能促进有机磷化合物的水解，可用于表征土壤磷素状况的灵敏指标（郑存德等，2011）。Masto 等（2013）研究表明，生物炭可显著提高土壤脱氢酶、过氧化氢酶和磷酸酶的活性，且酶活性随施用量的增加而增加。Wu 等（2012）研究发现，秸秆生物炭处理下的土壤脱氢酶活性与对照相比显著降低，但土壤脲酶活性高于对照，这可能与生物炭对反应底物的吸附有关（Bailey et al.，2011；黄剑等，2012）。土壤酶作为评价土壤肥力的重要指标，研究酶活性引起的土壤代谢性能变化，可以更好地解释施用生物炭对农业土壤微生态的影响。

三、生物炭对作物产量的影响

生物炭作为一种土壤改良剂，通过提供和储存营养元素以及改变土壤的理化性质（提高土壤 pH、CEC 和增加持水性，降低交换态铝离子含量）等途径来间接影响作物生长发育，提高土壤肥力。生物炭的基本特性，不仅可以减缓肥料中养分的释放速度，而且能吸附各种土壤养分离子，有效地减少淋失所带来的损失（Qiu et al., 2009；Laird et al., 2010a, 2010b）。张伟明等（2012）研究发现，不同用量的玉米秸秆炭促进了无灌区重金属镉污染水稻的生长，提高了作物的光合速率，增加了水稻产量。这可能是由于生物炭良好的空隙结构和较大的比表面积，对重金属离子起到了一定吸附作用（Mizuta et al., 2004；张江南等，2009）。同时，生物炭施入后，重金属离子的形态、迁移行为会发生明显改变，生物炭有效降低了土壤污染物的含量，改善了土壤环境，从而使作物增产（林爱军等，2007；苏天明等，2008；Hua et al., 2009；王汉卫等，2009）。

Uzoma 等（2011）研究结果显示，添加 4 个不同用量的生物炭（0、10t/hm^2、15t/hm^2、20t/hm^2）后，沙土玉米产量随生物炭施用量的增加而增加。Glaser 等（2000）田间试验结果表明，高用量生物炭（135.2t/hm^2）处理的作物生物量是对照处理的 2 倍。Major 等（2010）4 年田间试验发现，除第一年外，施用生物炭连续 3 年提高了玉米产量，尤其以第四年产量最高，比对照显著提高 140%。此外，以生物炭为基质，结合作物生长所必需的营养元素制成的生物炭基缓释肥料对改善土壤理化性状，高效培肥地力及减少环境污染都具有重要的意义（Lehmann et al., 2006）。诸多研究认为，生物炭可以间接地提高作物养分利用效率，从而对作物生长起到促进作用（Wardle et al., 1998；Hoshi, 2001；Schmidt et al., 2001）。同时研究还发现，生物炭与肥料配合施用能够增加作物产量（Yamato et al., 2006；何绪生等，2011）。

生物炭对多数作物生长和产量都有促进作用，但也有抑制植物生长，减产或无影响的报道（Nguyen et al., 2004；张晗芝等，2010；黄超等，2011；Kammann and Koyro, 2011）。Zwieten 等（2010a, 2010b）研究发现，生物炭与化肥配施各处理下，小麦和萝卜的产量明显低于对照处理。邓万刚等（2010）田间试验发现，生物炭（0.1%、0.5%、1.0% 炭土比）各处理对柱花草和王草产草量没有显著影响。但是总体来看，生物炭作为土壤改良剂，能够增加土壤的有效养分，提高土壤阳离子交换量，降低土壤容重及团聚体破坏率，从而改善土壤的理化性质，提高农作物产量（Lehmann et al., 2006；Lehmann, 2007；安艳等，2016）。

第三节　生物炭施用技术农田管理实践与环境效应

红枣作为我国重要发展节水型林果业的首选良种，截至 2014 年，全国红枣

面积约为 2.8×10^{6} hm^{2}，约占世界总面积的98%（郭裕新，1982；Zhao et al.，2014）。随着红枣产业的发展，枣树的栽植面积不断扩大，农民对化肥增产效果的依赖性增强，长期过量的化学肥料施入，尤其是氮肥的使用，不仅导致了较低的氮肥利用率，对土壤、地下水、大气等各方面也造成了严重污染（党维勤和郑妍，2007）。寻求经济且有效的土壤施肥措施，改良产区土壤结构，提高土壤肥力和作物生产力迫在眉睫。

大量研究表明，生物炭与化学肥料配合施用不仅能减少土壤养分淋失，延缓养分的释放，而且能提高土壤微生物生物量及活性，促进土壤稳定性团聚体形成，从而提高作物产量，提高肥料利用率（Kimetu and Lehmann，2010；Herath et al.，2013；Bass et al.，2016；Gul and Whalen，2016）。但也有研究表明，土壤肥力、碳库存潜力会因生物炭的施入，而有所降低（Brunn et al.，2012；Tammeorg et al.，2014）。这些差异结果与生物炭种类、热解温度、施用量、土壤类型以及其他不确定环境因素有关。本研究在综合分析国内外有关生物炭在改良土壤和提高作物产量等方面的基础上，发现各研究结果之间存在明显差异，仍有深入研究的必要。为了确定生物炭技术可作为农业可持续发展的新途径，具备有效改善土壤质量，促进作物稳产、增产的效应，本研究特选取全国主要红枣产区——华北平原潮土为研究对象，以国家命名的“优质大枣基地”——新郑和盛产扁核酸红枣（*Ziziphus jujube* Mill.）的濮阳为试验研究平台，结合当地农业生产现状，开展了生物炭和氮肥不同配比条件下对土壤质量以及红枣产量、品质的影响研究，以期为生物炭在农田果园的合理科学应用提供理论支撑。

中国农产品中，花生产量约占全世界的33%，在其产品加工过程中每年所产生的花生壳数量约为 1.8×10^{6}t（刘德军等，2012）。除极少数花生壳被用作粗饲料外，大多数的花生壳被焚烧或是丢弃，资源浪费现象十分严重。因此，加强农林废弃物（如花生壳、水稻、玉米、小麦等）资源化利用技术的进一步研发，不仅能有效解决环境污染问题，同时还可使废弃物有效资源化，提高社会经济效益。生物炭这一技术的发展为农林废弃物有效资源化利用提供了有效途径和可靠技术。由此可见，探讨花生壳制成的生物炭与氮肥不同配比条件下在枣区土壤应用的差异，寻求科学合理的施肥用量，对生物炭在农田果园地区的高效利用具有重要意义。本研究旨在通过花生壳生物炭与氮肥配施在华北平原潮土上的应用，阐明土壤和枣树对生物炭与氮肥培肥效果的响应，从不同方面研究生物炭对枣区土壤团聚体结构、土壤微生物学特性以及红枣产量、品质的影响，揭示生物炭与氮肥不同配比条件下两地区的应用效果，为枣区土壤质量改良和合理培肥制度提供科学依据。

土壤肥力是土壤质量的核心，也是农业可持续发展的基础。合理进行培肥是维持土壤质量和保证土壤资源可持续利用的最重要措施之一（赵秉强，2012）。生物炭特有的结构和性质（如孔隙丰富、比表面积大），使其作为一种土壤改良剂受到很多关注（王丹丹等，2013），并广泛应用于农业土壤、环境生态等领域（Glaser et al.，2000，2001；Lehmann et al.，2006）。

华北平原作为中国主要的红枣产区之一，不合理的管理措施、施肥模式尤其是对化肥和农药的过度依赖，导致土壤酸化、肥料利用率低及生产效益降低等诸多问题，不仅造成了资源浪费，也带来了一系列的环境问题（党维勤和郑妍，2007），所以培肥地力仍是实现该地区产业持续发展的关键措施。不少研究表明，生物炭与化学肥料配合施用不仅能减少土壤养分的淋失，延缓养分的释放，而且能提高作物产量，提高肥料利用率（Herath et al.，2013；Gul and Whalen，2016；Haider et al.，2017）。但也有研究显示，生物炭对土壤肥力和碳库存潜力无影响或有抑制作用（Brunn et al.，2012；Tammeorg et al.，2014）。这些差异结果与生物炭种类、热解温度、施用量、土壤类型以及其他不确定环境因素有关。因此，客观的、全面的综合评价生物炭和其他化学肥料配合施用对土壤肥力的绩效，并找出其对土壤质量影响的驱动因子，寻找最佳互作模式，在提高经济效益的同时达到改良土壤质量、提高肥料利用率的作用。但目前，利用统计学方法综合评价生物炭与氮肥不同配比条件下对枣园土壤质量的相关研究仍较为鲜见。本研究采用因子分析与聚类分析法，选取具有代表性的土壤理化及生物学 14 个指标进行综合分析研究，明确生物炭与氮肥不同配比条件下的应用效果，探寻最佳配比施肥量，以期为枣园土壤资源高效利用、培肥改良技术提供可靠的科学依据。

一、材料与方法

（一）试验区概况

田间试验于 2013 年 4 月 ~2015 年 10 月分别在河南省新郑市好想你红枣科技示范园基地和濮阳市王助乡潘庄进行。好想你红枣科技示范园基地研究区地处东经 113°54′，北纬 34°16′，属暖温带大陆性季风气候，气温适中，四季分明。年均降水量为 676mm，年蒸发量为 1476.2mm，年均温度为 14.2℃，全年无霜期为 208 天，年日照时间为 2114.2h。

潘庄（114°52′ E，35°20′ N），属暖温带大陆性气候，四季分明，光热资源适中。年均温度为 13.4 ℃，年均降水量为 502.3 ~ 601.3mm，年日照时间为 2454.5 h，全年无霜期一般为 205 天。

（二）试验材料

供试土壤类型为砂壤性潮土。新郑枣区试验前 0 ~ 20cm 耕层土壤基本理化性质为：有机质含量 9.8g/kg、全氮 0.73g/kg、速效磷 9.3mg/kg、速效钾 85.7mg/kg、pH 8.23、容重 1.35 g/cm^3。濮阳枣区 0 ~ 20cm 土壤基本理化性质为：有机碳 6.18g/kg、全氮 0.68g/kg、速效磷 11.67mg/kg、速效钾 95.61mg/kg、pH 8.47、容重 1.42 g/cm^3。

供试红枣品种为灰枣和扁核酸红枣，树龄 15 年（到 2013 年），选择长势基本一致无病虫害的试验树，栽植密度为 2 m×3 m，约 1650 棵/hm^2，设置保护行。

（三）试验设计

试验于 2013 年 4 月开始，每小区 5 棵果树，共计面积 30 m^2，每个处理重复 5 次，采用完全随机排列。目前中国生物质炭在大田的施用量为 3 ~ 40t/hm^2（潘根兴等，2010），根据文献（柴仲平等，2011）及结合当地果园养分管理的实际情况，试验采用 4 × 3 完全方案设计，设生物炭用量 4 个水平（0、2.5t/hm^2、5t/hm^2、10t/hm^2，即 C_0 ~ C_3）、氮肥用量 3 个水平（低肥 300kg/hm^2、中肥 450kg/hm^{2}和高肥 600kg/hm^2，即 N_1 ~ N_3），具体施肥量详见表 6-5。施肥方式：在树冠下两侧 0.5 m 左右挖深 20 ~ 30cm 的条状，于 2013 年 4 月一次性施入各用量生物炭，使生物炭与土混匀后覆土填平，此后的两年不再施入。化肥种类为尿素（46% N），其中 70% 作为基肥施入，30% 在 7 月中旬作为追肥施入。过磷酸钙（P_2O_5 16%）300kg/hm^2，硫酸钾（K_2O 50%）300kg/hm^{2}每季一次性随氮肥用以上相同方式施入。在作物生长期间根据天气及作物不同生育期，适量灌水，以满足作物正常生长发育所需。

表 6-5 田间试验各处理生物炭和氮肥用量

处理	生物炭（BC）/(t/hm^2)	氮（N）/(kg/hm^2)
CK	0	0
C_0N_1	0	300
C_0N_2	0	450
C_0N_3	0	600
C_1N_1	2.5	300
C_1N_2	2.5	450

续表

处理	生物炭（BC）/（t/hm²）	氮（N）/（kg/hm²）
C_1N_3	2.5	600
C_2N_1	5	300
C_2N_2	5	450
C_2N_3	5	600
C_3N_1	10	300
C_3N_2	10	450
C_3N_3	10	600

（四）样品采集及测定

土壤样品于2015年10月红枣采收后，每个小区用土钻在耕层（0～20cm）分别按照“S”型取5个点，剔除杂物。混合均匀后用四分法分出2份，一份鲜样过2mm筛4℃保存供土壤微生物生物量碳、微生物生物量氮、土壤酶活性以及微生物数量的测试；另一份风干供理化性质测试。

土壤微生物生物量碳（MBC）和微生物生物量氮（MBN）采取氯仿熏蒸-K_2SO_4浸提法测定（吴金水等，2006）；土壤微生物生物量碳、微生物生物量氮含量均以熏蒸和未熏蒸土壤的有机碳、氮之差除以修正系数（KN）（0.45）得到。

土壤脲酶活性采用靛酚比色法（周礼恺，1980）：以干土在单位时间内产生的NH_3-N的毫克数来表示；碱性磷酸酶采用磷酸苯二钠比色法（Chu et al., 2005；Dick，2011）：以单位时间内释放的酚的毫克数来表示；蔗糖酶采用3，5-二硝基水杨酸比色法测定（关松荫，1986）：用单位质量烘干土在单位时间内产生的葡萄糖的毫克数表示。

土壤微生物的数量通过平板计数法计算（程丽娟和薛泉宏，2000）：细菌数量采用牛肉膏蛋白胨培养基、真菌数量采用马丁氏培养基、放线菌数量采用高氏一号培养基。

土壤基本性状测定方法：土壤有机质采用重铬酸钾-浓硫酸外加热法，全氮采用凯氏定氮法；全磷、全钾采用氢氧化钠熔融-钼锑抗比色法、火焰光度计法测定；土壤速效氮1mol/L氯化钾浸提-流动分析仪法；速效磷采用0.5mol/L碳酸氢钠浸提-钼锑抗比色法；速效钾采用1mol/L乙酸铵浸提-火焰光度计法测定（鲍士旦，2000）。

生物炭的元素组成采用Vario EL ELⅢ型元素分析仪（Elementar公司，德国）

测定；CEC 采用乙酸钠-火焰光度法测定；比表面积采用全自动物理化学吸附仪（ASAP2020，Mieromeritics，美国）测定，采用容量法，通过 BET 吸附方程计算出总比表面积。

（五）数据处理

试验数据采用 Excel 2016、SPSS 22.0（IBM corporation，Aromonk，New York）统计软件进行方差分析与原始数据的标准化，选择 LSD 进行显著性多重比较。同时利用因子分析和聚类分析方法分别对土壤性质进行筛选评价。

（六）因子分析和聚类分析的基本原理

因子分析是指通过显在变量测评潜在变量，在多个变量中找出少数具有代表性的综合因子，减少变量数目，达到降维目的。因子分析法具有命名清晰性高和应用上侧重成因清晰性的综合评价的特点，所提取的公因子比主成分分析提取的主成分更具有解释性（王芳，2003）。

聚类分析是指将物理或抽象对象的集合分组成为由类似的对象组成的多个类的分析过程。以欧氏距离作为衡量各处理肥力差异大小，采用最短距离法将各处理按土壤肥力水平的亲疏相似程度进行系统聚类（方开泰，1989）。

二、结果与分析

（一）生物炭与氮肥配施措施下土壤肥力评价指标的选取

为了更加全面、客观地评价生物炭与氮肥配施处理下的土壤培肥效果，需要对土壤肥力指标进行筛选，使评价指标更加科学化、合理化。通常选取能够显著影响土壤生产力的土壤养分作为评价指标。物理、化学肥力为作物生长和养分转化提供良好的物理化学环境，生物肥力通过土壤微生物对养分进行转化，保证土壤在物理、化学肥力基础上供应作物矿质营养需求。评价指标应遵循代表性、主导性、稳定性、差异性、可比性等原则。本研究根据以上原则且结合试验区实际指标的测定，选取能代表枣区土壤基本肥力状况的 14 项指标进行土壤质量评价，土壤理化指标分别为有机质、全氮、全磷、全钾和速效氮、速效磷、速效钾（即 $X_1 \sim X_7$）、土壤生化指标分别为微生物生物量碳、微生物生物量氮、脲酶活性、碱性磷酸酶活性、蔗糖酶活性、细菌数量和放线菌数量（即 $X_8 \sim X_{14}$）。具体测定值见表 6-6 和表 6-7。

表 6-6　新郑土壤肥力各指标平均值

处理	X_1/(g/kg)	X_2/(g/kg)	X_3/(g/kg)	X_4/(g/kg)	X_5/(mg/kg)	X_6/(mg/kg)	X_7/(mg/kg)	X_8/(mg/kg)	X_9/(mg/kg)	X_{10}/[mg/(g·24h)]	X_{11}/[mg/(g·24h)]	X_{12}/[mg/(g·24h)]	X_{13}/(10^6 cfu/g)	X_{14}/(10^5 cfu/g)
CK	9.99	0.65	0.63	13.71	35.12	14.10	102.56	131.67	16.52	0.69	0.09	6.12	3.30	2.58
C_0N_1	9.05	0.65	0.60	14.10	36.37	14.23	106.51	142.93	18.69	0.76	0.08	6.11	3.08	2.67
C_0N_2	9.75	0.67	0.64	13.44	39.01	14.10	110.97	153.60	20.82	0.75	0.10	6.39	3.39	2.82
C_0N_3	9.36	0.72	0.67	13.30	40.22	14.08	110.73	179.10	23.10	0.80	0.13	6.35	4.00	2.75
C_1N_1	10.43	0.84	0.61	15.91	42.24	15.48	120.95	242.59	28.71	0.84	0.12	6.57	4.35	3.06
C_1N_2	11.11	0.87	0.67	16.78	43.70	14.78	117.81	216.26	27.36	0.77	0.11	6.15	5.80	2.85
C_1N_3	10.35	0.96	0.74	18.23	41.73	14.44	126.35	191.05	27.56	0.82	0.12	6.52	5.17	4.01
C_2N_1	11.25	1.07	0.75	20.02	45.22	17.42	136.78	268.71	31.79	0.76	0.12	7.08	6.00	4.41
C_2N_2	12.18	1.15	0.79	20.74	46.58	17.58	143.09	284.74	34.10	0.81	0.15	7.00	6.48	4.37
C_2N_3	11.53	1.12	0.83	19.68	44.06	18.05	155.57	327.09	34.63	0.81	0.21	7.20	6.77	5.05
C_3N_1	12.47	1.17	0.75	20.90	45.50	21.96	149.07	305.97	36.67	0.78	0.20	7.46	6.35	5.05
C_3N_2	13.31	1.18	0.76	20.56	46.91	19.81	139.05	280.57	39.47	0.86	0.20	7.38	6.58	4.40
C_3N_3	12.19	1.15	0.72	19.99	45.38	19.04	145.54	288.99	36.71	0.83	0.17	7.73	6.18	4.22

注：X_1为有机质；X_2为全氮；X_3为全磷；X_4为全钾；X_5为有效氮；X_6为有效钾；X_7为有效磷；X_8为微生物生物量碳；X_9为微生物生物量氮；X_{10}为脲酶活性；X_{11}为碱性磷酸酶活性；X_{12}为蔗糖酶活性；X_{13}为细菌；X_{14}为放线菌。

表 6-7 濮阳土壤肥力各指标平均值

处理	X_1 /(g/kg)	X_2 /(g/kg)	X_3 /(g/kg)	X_4 /(g/kg)	X_5 /(mg/kg)	X_6 /(mg/kg)	X_7 /(mg/kg)	X_8 /(mg/kg)	X_9 /(mg/kg)	X_{10}/[mg/(g·24h)]	X_{11}/[mg/(g·24h)]	X_{12}/[mg/(g·24h)]	X_{13}/(10^6 cfu/g)	X_{14}/(10^5 cfu/g)
CK	10.82	0.71	0.68	12.32	35.06	13.53	96.62	108.52	24.09	1.09	0.16	9.89	4.60	2.37
C_0N_1	11.33	0.80	0.62	13.26	39.41	13.47	104.63	126.17	28.50	1.13	0.12	9.38	4.68	2.42
C_0N_2	11.36	0.77	0.64	13.32	37.84	14.18	103.37	123.12	32.56	1.18	0.17	9.26	4.61	2.35
C_0N_3	12.83	0.84	0.67	13.30	41.19	14.06	104.32	143.09	27.74	1.24	0.18	10.24	4.29	2.44
C_1N_1	12.43	0.85	0.73	14.77	44.08	14.26	110.52	159.03	35.98	1.28	0.18	11.77	5.15	3.57
C_1N_2	12.17	0.92	0.76	14.80	44.63	17.85	115.35	157.43	40.68	1.36	0.19	10.81	5.10	3.62
C_1N_3	12.08	0.86	0.76	15.51	45.45	14.86	111.46	176.49	36.24	1.46	0.15	11.22	6.23	3.69
C_2N_1	14.33	1.00	0.83	16.68	52.12	17.18	120.49	208.16	43.26	1.55	0.25	10.54	7.26	3.95
C_2N_2	13.67	1.12	0.86	17.12	54.63	15.27	129.90	239.29	48.27	1.57	0.22	11.80	7.97	3.72
C_2N_3	12.67	0.97	0.84	17.43	51.55	16.18	126.21	262.31	46.03	1.53	0.24	12.72	8.30	4.77
C_3N_1	14.06	1.21	0.87	19.13	58.76	16.99	134.61	279.37	52.63	1.74	0.17	12.27	6.57	5.10
C_3N_2	14.08	1.21	0.85	19.10	58.91	17.26	136.19	334.87	57.71	1.81	0.15	11.45	7.17	4.70
C_3N_3	13.49	1.28	0.86	18.38	53.09	17.97	134.03	282.39	62.49	1.85	0.14	11.61	6.59	4.54

注：X_1为有机质；X_2为全氮；X_3为全磷；X_4为全钾；X_5为有效氮；X_6为有效钾；X_7为有效磷；X_8为微生物生物量碳；X_9为微生物生物量氮；X_{10}为脲酶活性；X_{11}为碱性磷酸酶活性；X_{12}为蔗糖酶活性；X_{13}为细菌；X_{14}为放线菌。

表 6-8　新郑土壤各肥力指标相关系数矩阵

指标	OM	TN	TP	TK	AN	AP	AK	pH	URE	INV	PHO	BAC	ACT	FUN
OM	1													
TN	0.74**	1												
TP	0.40*	0.65**	1											
TK	0.74**	0.92*	0.66*	1										
AN	0.49**	0.58**	0.44**	0.55*	1									
AP	0.48*	0.63*	0.47**	0.64	0.32*	1								
AK	0.51**	0.75**	0.61*	0.73**	0.36**	0.55	1							
pH	0.32**	0.43**	0.45**	0.41*	0.08	0.35*	0.47**	1						
URE	0.20	0.27*	0.13	0.19	0.30*	-0.04	0.22	0.13	1					
INV	0.48**	0.61**	0.41*	0.60**	0.32**	0.45	0.51**	0.28*	0.004	1				
PHO	0.51*	0.68**	0.46**	0.56*	0.43**	0.49**	0.60	0.39*	0.11	0.40*	1			
BAC	0.71**	0.88**	0.65**	0.86**	0.60	0.53**	0.72*	0.47**	0.28*	0.51**	0.69**	1		
ACT	0.71**	0.85*	0.61**	0.83*	0.43	0.69*	0.67**	0.49	0.25*	0.64**	0.59**	0.76**	1	
FUN	-0.70**	-0.86**	-0.53*	-0.82	-0.56*	-0.54*	-0.68	-0.41**	-0.32*	-0.55**	-0.70**	-0.88**	-0.75	1

注：OM 为有机质；TN 为全氮；TP 为全磷；TK 为全钾；AN 为速效氮；AP 为速效磷；AK 为速效钾；URE 为脲酶；IVN 为蔗糖酶；PHO 为磷酸酶；BAC 为细菌；FUN 为真菌；ACT 为放线菌；下同。

* $P<0.05$；** $P<0.01$。

表 6-9　濮阳土壤各肥力指标相关系数矩阵

指标	OM	TN	TP	TK	AN	AP	AK	URE	PHO	INV	BAC	ACT	FUN	pH
OM	1													
TN	0. 61 **	1												
TP	0. 68 **	0. 72 **	1											
TK	0. 62 *	0. 86 *	0. 82 *	1										
AN	0. 57 **	0. 68 **	0. 66 **	0. 62	1									
AP	0. 58 *	0. 48 *	0. 45 **	0. 47 *	0. 33	1								
AK	0. 63 **	0. 82 *	0. 67 *	0. 79 **	0. 75	0. 53 *	1							
URE	0. 57 **	0. 86 **	0. 77 **	0. 84 *	0. 70 **	0. 50 *	0. 77	1						
PHO	0. 14	0. 15	0. 29	0. 22	0. 11	0. 29 *	0. 12	0. 14	1					
INV	0. 44 **	0. 47 **	0. 64	0. 59 **	0. 47 **	0. 30	0. 58 *	0. 47 **	0. 21	1				
BAC	0. 52 *	0. 65 **	0. 77 **	0. 77 **	0. 65 **	0. 37 *	0. 73 *	0. 76 *	0. 39 *	0. 62 **	1			
ACT	0. 58 *	0. 80 *	0. 80 **	0. 78 *	0. 65 *	0. 60	0. 77	0. 79 **	0. 19	0. 67 **	0. 77 **	1		
FUN	0. 68 *	0. 83 **	0. 76 *	0. 78 **	0. 65	0. 60	0. 77 **	0. 84 *	0. 25	0. 46 **	0. 69 **	0. 76 *	1	
pH	-0. 37 *	-0. 57 *	-0. 65 **	-0. 57 *	-0. 69	-0. 19	-0. 55 *	-0. 60 *	-0. 16	-0. 34 **	-0. 51 **	-0. 58 **	-0. 45 *	1

注：OM 为有机质；TN 为全氮；TP 为全磷；TK 为全钾；AN 为速效氮；AP 为速效磷；AK 为速效钾；URE 为脲酶；INV 为蔗糖酶；PHO 为磷酸酶；BAC 为细菌；FUN 为真菌；ACT 为放线菌；下同。

* $P<0.05$；** $P<0.01$。

（二）生物炭与氮肥配施措施下土壤肥力质量评价方法

由于本试验中 14 个土壤指标具有不同的量纲，且它们的数量级差别较大，为确保分析结果的客观性和科学性，需要对研究所选取的各土壤指标进行标准化处理。同时对标准化的数据分别进行 KMO 和 Bartlett 球形度检验，KMO 的取值为 0. 91 和 0. 85，Sig. 值均为 0. 0001<0. 001，符合因子分析的前提条件。依据 Martin 等（2006）因子分析法基本原理，运用 SPSS 22. 0 统计软件计算出各指标的相关系数矩阵（表 6-8 和表 6-9），分析得出的特征值与方差贡献率见表 6-10 和表 6-11。特征值在一定程度上可看作公共因子影响原变量力度大小的指标，一般来说，特征值>1 能较好地说明该公因子对原变量的解释力度。本试验可提取出 3 个公因子，其累积贡献率分别达到 82. 80% 和 82. 49%，即说明前 3 个公因子涵盖了原始数据信息的 82% 左右，能较明确地解释该地区土壤肥力水平。因此，将这 3 个公因子作为综合变量来评价本试验的土壤肥力状况是可行的。

表 6-10　新郑因子分析的特征值与方差贡献率

公因子数	特征值	方差贡献率/%	累计贡献率/%
1	6. 790	48. 499	48. 499
2	3. 788	27. 057	75. 556
3	1. 014	7. 243	82. 799

表 6-11　濮阳因子分析的特征值与方差贡献率

公因子数	特征值	方差贡献率/%	累计贡献率/%
1	6. 947	49. 618	49. 618
2	3. 559	25. 420	75. 038
3	1. 043	7. 450	82. 488

（三）土壤肥力质量的因子分析

由表 6-10 和表 6-12 可知，新郑地区第 1 公因子以土壤有机质、全氮、全钾为主要影响因子。土壤有机质含量是反映肥力的重要指标，全氮、全钾含量反映了土壤养分的总储量。第 2 公因子以全磷、速效钾和碱性磷酸酶为主要影响因子。第 3 公因子以脲酶、速效氮为主要影响因子，在一定程度上可表征土壤有机态氮向有效态氮的转化能力及无机氮的供应能力。

表 6-12　新郑旋转成分矩阵

指标	成分		
	1	2	3
有机质	0. 806	0. 207	0. 293
蔗糖酶	0. 649	0. 248	-0. 117
放线菌	0. 708	0. 538	0. 157
全钾	0. 698	0. 584	0. 211
微生物生物量碳	0. 677	0. 610	0. 249
全氮	0. 771	0. 620	0. 283
微生物生物量氮	0. 626	0. 558	0. 367
速效磷	0. 559	0. 545	-0. 179
全磷	0. 167	0. 841	0. 106
速效钾	0. 362	0. 760	0. 151
磷酸酶	0. 383	0. 743	0. 128
细菌	0. 576	0. 635	0. 352
脲酶	-0. 018	0. 063	0. 901
速效氮	0. 405	0. 296	0. 523

对本试验选用的 3 个公因子进行分析（表 6-11），方差最大化旋转后的因子载荷矩阵见表 6-13（濮阳）。由表 6-13 可知，第 1 公因子上，具有高载荷因子的指标有土壤全氮、全钾、速效钾、微生物生物量碳。其中全氮、全钾反映了土壤养分的总储量，微生物生物量碳作为土壤肥力的评价指标，可反映土壤的有效养分状况及生物活性（赵勇等，2005）。可见，第 1 公因子实质上反映了土壤环境和土壤养分的储存和转化，可作为保肥供肥因子。第 2 公因子以土壤脲酶、微生物生物量氮、蔗糖酶、有机质、速效氮和全磷为主要影响因子。碱性磷酸酶为第 3 公因子的主要影响因子。3 个公因子涵盖了土壤的化学和生物指标，使评价更具科学性、合理性。

表 6-13　濮阳旋转成分矩阵

指标	成分		
	1	2	3
全钾	0. 949	0. 012	0. 001
微生物生物量碳	0. 945	0. 164	-0. 007
速效钾	0. 879	0. 002	0. 110

续表

指标	成分		
	1	2	3
全氮	0.874	0.280	0.017
放线菌	0.828	0.322	0.043
速效磷	0.644	-0.012	0.283
细菌	0.603	0.542	0.292
脲酶	-0.323	0.872	0.001
微生物生物量氮	0.311	0.793	-0.034
蔗糖酶	-0.491	0.771	0.041
速效氮	0.337	0.698	-0.040
有机质	0.236	0.666	0.068
全磷	0.429	0.613	0.178
磷酸酶	0.112	0.057	0.965

（四）生物炭与氮肥配施处理下土壤肥力质量的得分与排名

为了更直观地比较生物炭与氮肥不同用量处理下的土壤肥力质量状况，通过公因子成分得分系数矩阵（表6-14和表6-15），计算出各配施处理下的因子得分和综合得分（表6-16和表6-17）。新郑地区，在F_1公因子上，C_2N_3和C_1N_1处理的得分位于前2名，说明其在有机质、全氮和全钾上具有相对较高的优势；在公因子F_2上，C_2N_2处理的得分最高，说明生物炭和氮肥配施增加了土壤全磷和速效钾的含量。濮阳地区，在F_1公因子上，C_3N_3、C_1N_2和C_2N_1处理的得分位于前3名，说明其在全氮、全钾、速效钾和微生物数量碳上具有相对较高的优势，这3个处理土壤养分保肥供肥能力强；在公因子F_2上，C_2N_3、C_2N_1和C_2N_2处理的得分位于前3名，说明生物炭与氮肥配施增加了土壤脲酶、蔗糖酶的活性以及微生物生物量氮的含量，使土壤供给作物养分能力增加。

表6-14 新郑成分得分系数矩阵

指标	成分		
	1	2	3
微生物生物量碳	0.105	0.042	0.024
微生物生物量氮	0.085	0.013	0.132
有机质	0.464	-0.394	0.107

续表

指标	成分		
	1	2	3
全氮	0. 090	0. 049	0. 050
全磷	-0. 429	0. 595	-0. 067
全钾	0. 143	0. 012	-0. 004
速效氮	0. 064	-0. 093	0. 323
速效磷	0. 105	0. 130	-0. 293
速效钾	-0. 228	0. 391	-0. 041
蔗糖酶	0. 439	-0. 257	-0. 219
磷酸酶	-0. 133	0. 281	-0. 044
细菌	-0. 003	0. 114	0. 114
放线菌	0. 187	-0. 025	-0. 042
脲酶	-0. 160	-0. 076	0. 709

表 6-15　濮阳成分得分系数矩阵

指标	成分		
	1	2	3
微生物生物量碳	0. 183	-0. 007	-0. 108
微生物生物量氮	0. 021	0. 212	-0. 018
有机质	0. 003	0. 174	0. 003
全氮	0. 159	0. 029	-0. 085
全磷	0. 035	0. 141	0. 091
全钾	0. 192	-0. 051	-0. 093
速效氮	0. 032	0. 184	-0. 110
速效磷	0. 104	-0. 056	0. 204
速效钾	0. 167	-0. 056	0. 018
蔗糖酶	-0. 148	0. 248	0. 042
磷酸酶	-0. 075	-0. 045	0. 895
细菌	0. 063	0. 105	0. 186
放线菌	0. 145	0. 043	-0. 059
脲酶	-0. 116	0. 269	-0. 018

表 6-16　新郑不同处理各因子得分及综合得分

处理	F_1得分	F_2得分	F_3得分	综合得分	排名
CK	-0.691	-0.345	-2.169	-1.999	13
C_0N_1	-1.393	-0.117	-0.548	-1.104	12
C_0N_2	-0.705	-0.699	-0.674	-1.019	11
C_0N_3	-1.133	-0.407	0.636	-0.199	10
C_1N_1	1.091	-0.212	-0.773	-0.088	9
C_1N_2	0.165	-1.185	0.217	-0.083	8
C_1N_3	0.342	-1.272	0.687	0.319	6
C_2N_1	-1.610	0.924	1.512	0.564	5
C_2N_2	0.321	2.567	-0.921	0.183	7
C_2N_3	1.425	-0.204	-0.066	0.588	4
C_3N_1	1.043	-0.174	0.381	0.735	3
C_3N_2	0.572	0.558	1.218	1.311	1
C_3N_3	0.572	0.565	0.501	0.793	2

表 6-17　濮阳不同处理各因子得分及综合得分

处理	F_1得分	F_2得分	F_3得分	综合得分	排名
CK	-0.767	-0.722	-1.308	-1.538	13
C_0N_1	-1.416	-0.407	-0.350	-1.066	12
C_0N_2	-0.530	-1.278	-0.175	-0.718	11
C_0N_3	-0.713	0.761	-0.646	-0.642	10
C_1N_1	-1.027	0.709	-0.084	-0.392	9
C_1N_2	1.615	0.128	-1.176	-0.042	7
C_1N_3	-0.431	-1.072	0.198	-0.339	8
C_2N_1	0.974	0.895	-0.430	0.390	4
C_2N_2	0.129	0.796	0.996	1.008	3
C_2N_3	-0.696	1.890	1.252	1.068	2
C_3N_1	0.973	-1.114	2.160	1.809	1
C_3N_2	0.401	-1.005	0.407	0.247	5
C_3N_3	1.488	0.419	-0.845	0.216	6

通过把各因子的特征值贡献率作为权数进行加权求和，就可得到综合评价得分。两个地区分别为 $F=F_1\times48.499\% +F_2\times27.057\% +F_3\times7.243\%$（新郑），$F=F_1\times49.618\% + F_2\times25.420\% +F_3\times7.450\%$（濮阳），结果见表6-16和表6-17。新郑地区所有施肥处理中，以 C_3N_2 处理的综合得分最高，其次为 C_3N_3 和 C_3N_1 处理；而濮阳地区所有施肥处理中，以 C_3N_1 处理的综合得分最高，其次为 C_2N_3 和 C_2N_2 处理。两地区中综合得分最低的均为CK，其次为不施生物炭的3个氮肥处理。

作物产量是土壤内在属性外在的间接综合表现，产量的高低在一定程度上可以直观反映土壤质量的好坏，因此也常被作为检验评价结果客观性及准确性的依据（吴玉红等，2010）。由表6-18可知，2013～2015年新郑地区不同施肥处理下灰枣平均产量较对照均有不同程度提高，C_3N_2 处理灰枣平均产量最高，为13 502.1kg/hm^2，较对照提高31.7%。C_3N_1 和 C_3N_3 处理次之，分别较对照提高30.7%和28.8%，不同处理土壤质量的综合得分与产量的变化趋势比较吻合。

表6-18　2013～2015年生物炭与氮肥施用量对新郑灰枣产量的影响

（单位：kg/hm^2）

处理	产量			平均产量
	2013年	2014年	2015年	
CK	9 662.2eB	9 569.3eB	11 514.9eA	10 248.8
C_0N_1	10 002.1eA	10 086.8eA	12 073.8deA	10 720.9
C_0N_2	10 845.5dA	10 864.9dA	12 240.1cdeA	11 316.8
C_0N_3	10 799.7dA	11 027.1dA	11 840.4eA	11 222.4
C_1N_1	11 407.6deA	10 943.5dA	12 024.1deB	11 458.4
C_1N_2	11 478.3cdB	11 078.6dB	12 611.4bcdeA	11 722.8
C_1N_3	11 865.1bcA	12 079.5cA	13 046.7abcdA	12 330.4
C_2N_1	12 349.3abA	12 221.5bcA	13 254.1abcA	12 608.3
C_2N_2	12 541.0abA	12 665.8abcA	13 310.4abcA	12 839.0
C_2N_3	12 925.6aA	12 947.5abA	13 527.7abA	13 133.6
C_3N_1	13 078.9.5aA	13 180.3aA	13 618.8abA	13 399.6
C_3N_2	13 137.0aA	13 376.1aA	13 993.1aA	13 502.1
C_3N_3	13 084.3aA	12 720.2abcA	13 786.7aA	13 197.1
BC	* *	* *	* *	—
N	NS	* *	NS	—
BC×N	NS	*	NS	—

注：不同小写字母表示同一年份不同处理间的差异水平达0.05；不同大写字母表示同一处理不同年份的差异水平达0.05。

、 *与NS分别代表达到5%、1%显著水平与不显著。

由表6-19可知，花生壳生物炭和氮肥施入后，濮阳地区2013～2015年不同配施处理下扁核酸红枣平均产量较对照均有不同程度提高，以C_3N_1处理的扁核酸红枣平均产量最高，为21 182.6kg/hm²，较对照显著提高17.8%。与新郑地区一样，扁核酸红枣产量与不同施肥处理下土壤质量的综合得分也比较吻合。

表6-19　2013～2015年生物炭与氮肥施用量对濮阳扁核酸红枣产量的影响

（单位：kg/hm²）

处理	产量			平均产量
	2013年	2014年	2015年	
CK	18 154.4deA	17 890.9hA	17 901.8fA	17 982.4
C_0N_1	18 091.0eA	18 209.9ghA	18 296.9efA	18 199.3
C_0N_2	18 181.0deA	18 362.1gA	18 700.4efA	18 414.5
C_0N_3	18 173.8deA	18 393.2gA	18 655.3efA	18 407.4
C_1N_1	18 465.4deA	18 464.2fgA	19 126.7eB	18 685.4
C_1N_2	18 477.3deB	18 800.9efB	20 593.6dA	19 290.6
C_1N_3	18 283.1deC	19 011.7eB	20 795.4cdA	19 363.4
C_2N_1	18 477.8deC	20 145.8dB	21 811.3abcA	20 145.0
C_2N_2	18 544.6cdeB	20 368.5dA	22 191.5abA	20 368.2
C_2N_3	18 610.7bcdC	21 010.5bcB	21 944.7abA	20 522.0
C_3N_1	19 030.5abC	21 800.8aB	22 716.4aA	21 182.6
C_3N_2	19 288.9aB	21 286.9bA	21 677.2abcdA	20 751.0
C_3N_3	18 951.8abcB	20 826.6bcA	21 114.2bcdA	20 297.5
BC	**	**	**	—
N	NS	NS	NS	—
BC×N	NS	**	*	—

注：不同小写字母表示同一年份不同处理间的差异水平达0.05；不同大写字母表示同一处理不同年份的差异水平达0.05。

*、**与NS分别代表达到5%、1%显著水平与不显著。

（五）聚类分析

从聚类树形图6-1可知，新郑地区各配施处理中具有相似特征的聚为一类。距离阈值为10时，生物炭与氮肥配施各处理的土壤肥力水平分为3类，CK、C_0N_1、C_0N_2、C_0N_3和C_1N_3处理为同一等级，C_1N_1和C_1N_2处理为同一等级，C_2N_1、C_2N_2、C_2N_3、C_3N_1、C_3N_2和C_3N_2处理为同一等级。不同施肥处理土壤肥力质量等级相比较而言，CK 为代表的这一等级的土壤肥力最低，C_2N_1、C_2N_2、C_2N_3、C_3N_1、C_3N_2和 C_3N_2处理这一等级的土壤肥力相对较高。

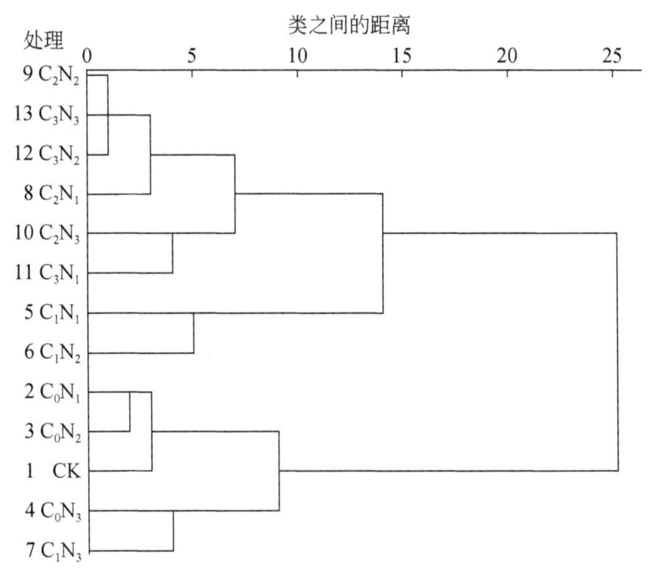

图 6-1　新郑生物炭与氮肥配施下土壤质量评价系统聚类图

濮阳地区各配施处理下土壤质量状况的分类情况如图 6-2 所示。从图 6-2 可以看出，各配施处理土壤质量状况的大致分类，按土壤肥力水平的亲疏相似程度进行系统聚类。为体现生物炭与氮肥不同配比施肥对土壤肥力影响的差异，将距离阈值

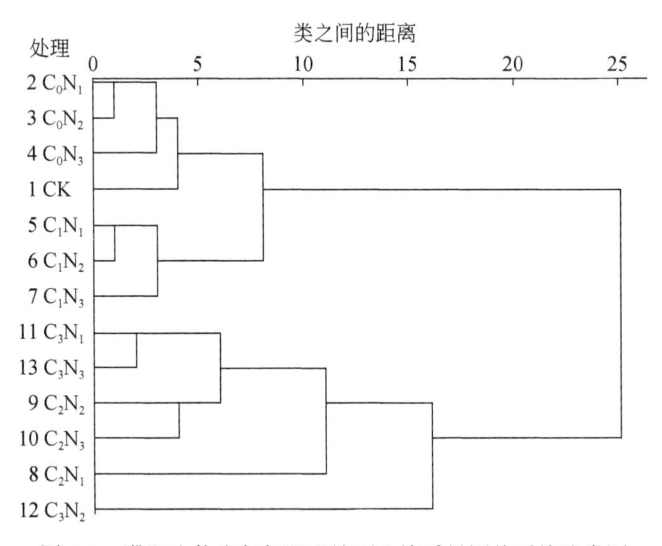

图 6-2　濮阳生物炭与氮肥配施下土壤质量评价系统聚类图

定为8，此时类间距较大，13 个施肥处理大致可以分为 5 类，即 CK、C_0N_1、C_0N_2 和 C_0N_3处理为同一等级，C_1N_1、C_1N_2和 C_1N_3处理为同一等级，C_2N_2、C_2N_3、C_3N_1 和 C_3N_3为同一等级，C_2N_1和 C_3N_2分别各为一等级。其中以 CK 为代表的这一等级的土壤肥力程度最低，C_3N_1、C_2N_2、C_2N_3和 C_3N_3这一等级属于高肥力水平。说明在本研究试验条件下，生物炭和氮肥配施可不同程度地提高枣园土壤肥力水平，且生物炭和氮肥用量是影响土壤肥力水平高低的关键因素。

三、讨论

土壤质量是土壤物理、化学性质和生物学特性的综合反映，其评价结果可直观地反映土壤质量总体状况（刘广明等，2015）。由于评价目的和侧重评价的尺度不一样，评价指标和评价方法的选择亦有所差异，但到目前为止，土壤质量的评价方法国际上尚没有统一的标准，也没有固定的方法（贡璐等，2011）。一般来说，评价土壤质量需要土壤物理、化学和生物指标。近年来，国内外关于生物炭的应用开展了大量的研究工作（Ajayi et al.，2016；Gul and Whalen，2016；宋大利等，2017）。本研究 3 年田间试验表明，生物炭与氮肥配施显著提高了土壤养分含量、微生物生物量、土壤酶活性及微生物数量，在一定程度上改善了土壤的理化和生物学性质，提高了土壤质量，进而利于作物高产。同时相关性分析表明，土壤养分与土壤微生物生物量碳、微生物生物量氮及微生物数量之间存在不同程度的相关性，这与宋大利等（2017）研究结果具有一定的相似性，说明土壤理化、生物学性状之间是彼此联系，相互作用，共同影响土壤质量水平。

本研究选取代表土壤质量的土壤理化性质和生物学性质作为评价指标，采用因子分析对生物炭与氮肥配施对枣园土壤质量进行综合评价，将 14 个原始指标进行降维，并提取出 3 个公因子，累计贡献率达 82% 左右，能基本把土壤全部指标提供的信息反映出来，因此试验中所选取的指标对华北平原枣区土壤的肥力状况进行评价是可靠的。第 1 公因子包含了能代表较稳定的土壤养分因素，如有机质、全氮、速效钾为主要影响因子，第 2 和第 3 公因子包含了微生物生物量、脲酶、蔗糖酶及碱性磷酸酶等微生物活性因子，反映了土壤微生物生物量、土壤酶在物质与能量循环过程中起到了关键作用。3 个公因子涵盖了土壤的化学和生物指标，使评价更具科学性、合理性（王芳，2014）。通过聚类分析（采用欧氏距离、最短距离法）对生物炭与氮肥不同配比处理下的土壤进行分级，将 13 个处理分为不同肥力等级（方开泰，1989）。其中 CK 处理的同一等级为土壤肥力最低程度，高用量生物炭与氮肥配施土壤肥力属于高肥力水平。可见，生物炭与氮肥不同配比对土壤肥力水平的影响较大，施肥仍是决定华北平原枣区土壤肥力水平的关键因素，陈欢等（2014）、吴玉红等（2010）也得到过类似的结论。

土壤质量的好坏，通常可以直观地通过作物产量这一土壤内在属性而外在的间接综合表现反映出来，使检验评价结果更具客观性、准确性。试验结果表明，不同处理土壤质量的综合得分与产量的变化趋势拟合度较好。由此可见，本试验中采用因子分析用于土壤质量的评价是可行的，符合客观实际，可作为客观准确认识生物炭与氮肥配施对枣区土壤质量评价的依据。综合以上试验结果，10t/hm^2的生物炭分别配施 450kg/hm^2 和 300kg/hm^2 的氮肥培肥模式在改善华北平原（新郑、濮阳）枣园土壤结构和提高作物产量方面优势更突出。因子分析和聚类分析结果可以较好地反映实际土壤质量及变化趋势，对于生物炭和氮肥配施在农田果园的科学管理与合理施肥具有重要意义。目前有关生物炭与氮肥配施土壤质量评价方面的研究尚少，还有待进一步研究验证。

四、小结

通过对生物炭与氮肥不同配比条件下的 14 个土壤生化指标进行因子分析，提取出 3 个公因子，反映了原信息总量的 82%。3 个公因子涵盖了土壤的理化、生化指标，使评价更具科学性。土壤肥力指标相关性分析表明，土壤养分、微生物生物量、酶活性和微生物数量各肥力之间存在多种显著或极显著正相关关系，说明了土壤各肥力之间紧密联系、相互依存，共同改善了土壤质量。合理的生物炭与氮肥配施有利于改善枣园土壤理化性质和微生物学特性，进而提高土壤肥力和红枣产量。聚类分析将 13 个不同施肥处理分为不同肥力等级，其分析结果与各处理因子综合得分评价较为一致，且生物炭与氮肥对红枣产量的影响与土壤质量因子的综合得分也比较吻合，说明利用因子分析与聚类分析方法对生物炭与氮肥不同配比条件下对土壤质量进行评价是客观的、可靠的。新郑、濮阳两地区分别以 C_3N_2 和 C_3N_1 处理的红枣年平均产量最高，分别较对照提高 31.7% 和 17.8%。因此 10t/hm^2 的生物炭配施 450kg/hm^2 氮肥为新郑地区最佳培肥模式，10t/hm^2 的生物炭配施 300kg/hm^2 的氮肥为濮阳地区最佳培肥模式。这一结果对生物炭和氮肥配施在农田果园的科学管与合理施肥具有指导意义。

参考文献

安艳，姬强，赵世祥，等．2016. 生物质炭对果园土壤团聚体分布及保水性的影响．环境科学，37（1）：293-300.

鲍士旦．2000. 土壤农化分析．北京：中国农业出版社．

柴仲平，王雪梅，孙霞，等．2011. 不同氮磷钾配比滴灌对灰枣产量与品质的影响．果树学报，28（2）：229-233.

陈蓓，张仁．2004. 免耕和覆盖对土壤微生物数量及组成的影响．甘肃农业大学学报，39（6）：634-638.
陈红霞，杜章留，郭伟，等．2011. 施用生物炭对华北平原农田土壤容重、阳离子交换量和颗粒有机质含量的影响．应用生态学报，22（11）：2930-2934.
陈欢，曹承富，张存岭，等．2014. 基于主成分-聚类分析评价长期施肥对砂姜黑土肥力的影响．土壤学报，51（3）：609-617.
陈温福，张伟明，孟军，等．2011. 生物炭应用技术研究．中国工程科学，13（2）：6-9.
陈温福，张伟明，孟军．2014. 生物炭与农业环境研究回顾与展望．农业环境科学学报，33（5）：821-828.
陈心想，耿增超，王森，等．2014. 施用生物炭后塿土土壤微生物及酶活性变化特征．农业环境科学学报，34（4）：751-758.
程丽娟，薛泉宏．2000. 微生物学实验技术．西安：世界图书出版社．
党维勤，郑妍．2007. 谈黄土丘陵沟壑区红枣产业的发展．中国水土保持，（5）：52-54.
邓万刚，吴鹏豹，赵庆辉，等．2010. 低量生物质炭对 2 种热带牧草产量和品质的影响研究初报．草地学报，18（6）：844-847.
方开泰．1989. 实用多元统计分析．上海：华东师范大学出版社．
高俊凤．2006. 植物生理学实验指导．北京：高等教育出版社．
贡璐，张海峰，吕光辉，等．2011. 塔里木河上游典型绿洲不同连作年限棉田土壤质量评价．生态学报，31（14）：4136-4143.
顾博文，曹心德，赵玲，等．2017. 生物质内源矿物对热解过程及生物炭稳定性的影响．农业环境科学学报，36（3）：591-597.
关松荫．1986. 土壤酶研究法．北京：中国农业出版社．
郭裕新．1982. 枣．北京：中国林业出版社．
韩光明，孟军，曹婷，等．2012. 生物炭对菠菜根际微生物及土壤理化性质的影响. 沈阳农业大学学报，43（5）：515-520.
何绪生，耿增超，佘雕，等．2011. 生物炭生产与农用的意义及国内外动态．农业工程学报，27（2）：1-7.
黄超，刘丽君，章明奎．2011. 生物质炭对红壤性质和黑麦草生长的影响．浙江大学学报（农业与生命科学版），37（4）：439-445.
黄剑，张庆忠，杜章留，等．2012. 施用生物炭对农田生态系统影响的研究进展．中国农业气象，33（2）：232-239.
贾志红，杨珍平，张永清，等．2004. 麦田土壤微生物三大类群数量的研究．麦类作物学报，24（3）：54-56.
匡崇婷，江春玉，李忠佩，等．2012. 添加生物质炭对红壤水稻土有机碳矿化和微生物生物量的影响．土壤，44（4）：570-575.
林爱军，张旭红，苏玉红，等．2007. 骨炭修复重金属污染土壤和降低基因毒性的研究．环境科学，28（2）：232-237.
林治安，赵秉强，袁亮．2009. 长期定位施肥对土壤养分与作物产量的影响．中国农业科学，

42 (8): 2809-2819.
刘德军, 邵志刚, 高连兴. 2012. 花生壳挤压碎裂力学特性试验. 沈阳农业大学学报, 43 (1): 81-84.
刘恩科, 赵秉强, 李秀英, 等. 2008. 长期施肥对土壤微生物量及土壤酶活性的影响. 植物生态学报, 32 (1): 176-182.
刘广明, 吕真真, 杨劲松, 等. 2015. 基于主成分分析及 GIS 的环渤海区域土壤质量评价. 排水机械工程学报, 33 (1): 67-72.
孟军, 张伟明, 王绍斌, 等. 2011. 农林废弃物炭化还田技术的发展与前景. 沈阳农业大学学报, 42 (4): 387-392.
潘根兴, 张阿凤, 邹建文, 等. 2010. 农业废弃物生物黑炭转化还田作为低碳农业途径的探讨. 生态与农村环境学报, 26 (4): 394-400.
沙涛, 程立忠, 王国华, 等. 2000. 秸秆还田对植烟土壤中微生物结构和数量的影响. 中国烟草科学, 21 (3): 40-42.
宋大利, 习向银, 黄绍敏, 等. 2017. 秸秆生物炭配施氮肥对潮土土壤碳氮含量及作物产量的影响. 植物营养与肥料学报, 23 (2): 369-379.
苏天明, 李杨瑞, 江泽普, 等. 2008. 泥炭对菜心-土壤系统中重金属生物有效性的效应研究. 植物营养与肥料学报, 14 (2): 339-344.
王丹丹, 郑纪勇, 颜永毫, 等. 2013. 生物炭对宁南山区土壤持水性能影响的定位研究. 水土保持学报, 27 (2): 101-104.
王芳. 2003. 主成分分析与因子分析的异同比较及应用. 统计教育, (5): 14-17.
王芳. 2014. 有机培肥措施对土壤肥力及作物生长的影响. 杨凌: 西北农林科技大学博士学位论文.
王汉卫, 王玉军, 陈杰华, 等. 2009. 改性纳米碳黑用于重金属污染土壤改良的研究. 中国环境科学, 29 (4): 431-436.
王恒飞, 张永清, 吴忠红. 2011. 长期免耕对褐土理化性质和酶活性的影响. 干旱地区农业研究, 29 (3): 136-137.
王群, 李飞跃, 曹心德, 等. 2013. 植物基与固废基生物炭的结构性质差异. 环境科学与技术, 36 (8): 1-5.
王章鸿, 郭海艳, 沈飞, 等. 2015. 热解条件对生物炭性质和氮、磷吸附性能的影响. 环境科学学报, 35 (9): 2805-2012.
吴金水, 林启美, 黄巧云, 等. 2006. 土壤微生物生物量测定方法及其应用. 北京: 气象出版社.
吴鹏豹, 解钰, 漆智平, 等. 2012. 生物炭对花岗岩砖红壤团聚体稳定性及其总碳分布特征的影响. 草地学报, 20 (4): 643-649.
吴玉红, 田霄鸿, 南雄雄, 等. 2010. 基于因子和聚类分析的保护性耕作土壤质量评价研究. 中国生态农业学报, 18 (2): 223-228.
杨放, 李心清, 王兵. 2012. 生物炭在农业增产和污染治理中的应用. 地球与环境, 40 (1): 100-107.

叶丽丽，王翠红，周虎，等．2012．添加生物质黑炭对红壤结构稳定性的影响．土壤，44（1）：62-66.

张晗芝，黄云，刘钢，等．2010．生物炭对玉米苗期生长、养分吸收及土壤化学性状的影响．生态环境学报，19（11）：2713-2717.

张江南，吴凌，黄正宏，等．2009．一维纳米炭/竹炭的制备及其对 Pb^{2+} 的吸附．离子交换与吸附，25（3）：193-199.

张伟明．2012．生物炭的理化性质及其在作物生产上的应用．沈阳：沈阳农业大学博士学位论文．

赵秉强．2012．施肥制度与土壤可持续利用．北京：科学出版社．

赵勇，李武，周志华，等．2005．秸秆还田后土壤微生物群落结构变化的初步研究．农业环境学学报，24（6）：1114-1118.

郑存德，依艳丽，黄毅．2011．耕作模式对棕壤酶活性的影响研究．水土保持学报，25（3）：176-177.

周礼恺．1980．土壤酶的活性．土壤学进展，8（4）：9-15.

周志红，李心清，邢英．2011．生物炭对土壤氮素淋失的抑制作用．地球与环境，39（2）：278-282.

Ajayi A E, Holthusen D, Horn R. 2016. Changes in microstructural behavior and hydraulic functions of biochar amended soils. Soil and Tillage Research, 155: 166-175.

Antal M J, Gronli M. 2003. The art science and technology of charcoal production. Industrial and Engineering Chemistry Research, 42 (8): 1619-1640.

Asai H, Samson B K, Stephan H M, et al. 2009. Biochar amendment techniques for upland rice production in Northern Laos: 1. Soil physical properties, leaf SPAD and grain yield. Field Crops Research, 111 (1/2): 81-84.

Atkinson C J, Fitzgerald J D, Hipps N A. 2010. Potential mechanisms for achieving agricultural benefits form biochar application to temperate soil: a review. Plant and Soil, 337: 1-18.

Bailey V L, Fansler S J, Smith J L, et al. 2011. Reconciling apparent variability in effects of biochar amendment on soil enzyme activities by assay optimization. Soil Biology and Biochemistry, 43 (2): 296-301.

Bass A M, Bird M I, Kay G, et al. 2016. Soil properties, greenhouse gas emissions and crop yield under compost, biochar and co-composted biochar in two tropical agronomic systems. Science of the Total Environment, 550: 459-470.

Bridle T R, Pritchard D. 2004. Energy and nutrient recovery from sewage sludge via pyrolysis. Water Science and Technology, 50 (9): 169-175.

Brunn E W, Ambus P E, Egsgaard H, et al. 2012. Effects of slow and fast pyrolysis biochar on soil C and N turnover dynamics. Soil Biology and Biochemistry, 46: 73-79.

Castaldia S, Riondinoa M, Barontib S. 2011. Impact of biochar application to a Mediterranean wheat crop on soil microbial activity and greenhouse gas fluxes. Chemosphere, 85: 1464-1471.

Chan K Y, Van Z L, Meszaros I, et al. 2008. Using poultry litter biochars as soil amendments.

Australian Journal of Soil Research, 46: 437-444.
Cheng C H, Lehmann J, Thies J E, et al. 2006. Oxidation of black carbon by biotic and abiotic processes. Organic Geochemistry, 37 (11): 1477-1488.
Chu H Y, Hosen Y, Yogi K, et al. 2005. Soil microbial biomass and activities in a Japanese Andisole as affected by controlled release and application depth off urea. Biology and Fertility of Soils, 42: 89-96.
Demirbas A. 2004. Effects of temperature and particle size on bio- char yield from pyrolysis of agricultural residues. Journal of Analytical and Applied Pyrolysis, 72 (2): 243-248.
Dempster D N, Gleeson D B, Solaiman Z M, et al. 2012. Decreased soil microbial biomass and nitrogen mineralisation with Eucalyptus biochar addition to a coarse textured soil. Plant and Soil, 354: 311-324.
Dick R P. 2011. Methods of Soil Enzymology. Madison: Soil Science Society of America: 163-168.
Eynard A, Schumacher T E, Lindstrom M J, et al. 2005. Effects of agricultural management systems on soil organic carbon in aggregates of Ustolls and Usterts. Soil and Tillage Research, 81: 253-263.
Garland J L, Mills A L. 1994. A community-level physiological approach for Studying microbial communities//Ritz K, Dighton J, Giller K E. Beyond the Biomass: Composition and Functional Analysis of Soil Microbial Communities. London: Wiley-Sayce Publications.
Gaskin J W, Steiner C, Harris K, et al. 2008. Effect of low- temperature pyrolysis conditions on biochar for agricultural use. Transactions of the American Society of Agricultural and Biological Engineers, 51 (6): 2061-2069.
Glaser B, Haumaier L, Guffenberger G, et al. 2000. Black carbon indensity fractions of anthropogenic soilsof the Brazilian Amazon region. Organic Geochemistry, 31: 669- 678.
Glaser B, Haumaier L, Guggenberger G, et al. 2001. The "Terra Preta" phenomenon: A model for sustainable agriculture in the humid tropic. Naturwissenschaften, 88 (1): 37-41.
Glaser B, Lehmann J, Zech W. 2002. Ameliorating physical and chemical properties of highly weathered soils in the tropics with charcoal review. Biology and Fertility of Soils, 35 (4): 219-230.
Grossman J, O'Neill B E, Tsai S M, et al. 2010. Amazonian anthrosols support similar microbial communities that differ distinctly from those extant in adjacent, unmodified soils of the same mineralogy. Microbial Ecology, 60 (1): 192-205.
Gul S, Whalen J K. 2016. Biochemical cycling of nitrogen and phosphorus in biochar- amended soils. Soil Biology and Biochemistry, 103: 1-15.
Haider G, Steffens D, Moser G, et al. 2017. Biochar reduced nitrate leaching and improved soil moisture content without yield improvements in a four- year field study. Agriculture Ecosystem and Environment, 237: 80-94.
Hamer U, Marschner B, Brodowski S, et al. 2004. Interactive priming of black carbon and glucose mineralization. Organic Geochemistry, 35: 823-830.
Herath H M S K, Camps- Arbestain M, Hedley M. 2013. Effect of biochar on soil physical properties

in two contrasting soils: An Alfisol and an Andisol. Geoderma, 209/210: 188-197.

Hoshi T. 2001. Growth promotion of tea trees by putting bamboo charcoal in soil. Tokyo, Japan: in Proceedings of 2001 International Conference on O-cha (Tea) Culture and Science: 147-150.

Hossain M K, Strezov V, Chan, K Y, et al. 2011. Influence of pyrolysis temperature on production and nutrient properties of wastewater sludge biochar. Journal of Environmental Management, 92 (1): 223-228.

Hua L, Wu W, Liu Y, et al. 2009. Reduction of nitrogen loss and Cu and Zn mobility during sludge composting with bamboo charcoal amendment. Environmental Science and Pollution Research, 16 (1): 1-9.

Jin H. 2010. Characterization of Microbial Life Colonizing Biochar and Biochar-amended Soils. PhD Thesis. Ithaca: Cornell University.

Kammann C I, Koyro H W. 2011. Influence of biochar on drought tolerance of Chenopodium quinoa Willd and on soil-plant relations. Plant and Soil, 345 (1): 195-210.

Khodadad C L M, Zimmerman A R, Green S J, et al. 2011. Taxa-specific changes in soil microbial community composition induced by pyrogenic carbon amendments. Soil Biology and Biochemistry, 43 (2): 385-392.

Kimetu J M, Lehmann J. 2010. Stability and stabilization of biochar and green manure in soil with different organic carbon contents. Australian Journal of Soil Research, 48 (7): 577-585.

Knicker H. 2007. How does fire affect the nature and stability of soil organic nitrogen and carbon. A review. Biogeochemistry, 85: 91-118.

Kurosaki F, Koyanaka H, Hata T, et al. 2007. Macroporous carbon prepared by flash heating of sawdust. Carbon, 45 (3): 671-673.

Laird D A, Brown R C. Amonette J E, et al. 2009. Review of the pyrolysis platform for coproducing bio-oil and biochar. Biofuels Bioproducts and Biorefining, 3 (5): 547-562.

Laird D A, Fleming P, Davis D D, et al. 2010a. Impact of biochar amendments on the quality of a typical Midwestern agricultural soil. Geoderma, 158: 443-449.

Laird D, Fleming P, Wang B, et al. 2010b. Biochar impact on nutrient leaching from a Midwestern agricultural soil. Geoderma, 158 (3/4): 436-442.

Lehmann J. 2002. Biochar (Black Carbon) stability and stabilization in soil. Water Science and Technology, 50 (9): 169-175.

Lehmann J. 2007. Concepts and Questions Bio-energy in the black. Frontiers in Ecology and the Environment, 5: 381-387.

Lehmann J, Gaunt J, Rondon M. 2006. Biochar sequestration in terrestrial ecosystems- A review. Mitigation and Adaptation Strategies for Global Change, 11: 403-427.

Lehmann J, Rillig M C, Thies J, et al. 2011. Biochar effects on soil biota- A review. Soil Biology and Biochemistry, 43 (9): 1812-1836.

Liang B, Lehmann J, Solomon D, et al. 2006. Black carbon increases cation exchange capacity in soils. Soil Science Society of America Journal, 70 (5): 1719-1730.

Liang F, Li G T, Lin Q M, et al. 2014. Crop yield and soil properties in the first 3 years after biochar application to a Calcareous soil. Journal of Integrative Agriculture, 13: 525-532.

Liu X H, Han F P, Zhang X C. 2012. Effect of biochar on soil aggregates in the Loess Plateau: Results from incubation experiments. International Journal of Agriculture and Biology, 14: 975-979.

Major J, Rondon M, Molina D, et al. 2010. Maize yield and nutrition during four years after biochar application to a Colombian savanna oxisol. Plant and Soil, 333 (1): 117-128.

Malcolm F. 2007. Black carbon sequestration as an alternative to bioenergy. Biomass and Bioenergy, 31: 426-432.

Martin Y, Victor G J, David G R. 2006. Developing a minimum data set for characterizing soil dynamics in shifting cultivation systems. Soil and Tillage Research, 86: 84-98.

Masto R E, Kumar S, Rout T K, et al. 2013. Biochar from water hyacinth (Eichornia crassipes) and its impact on soil biological activity. Catena, 111 (1): 64-71.

Mizuta K, Matsumoto T, Hatate Y, et al. 2004. Removal of nitrate-nitrogen from drinking water using bamboo powder charcoal. Bioresource Technology, 95 (3): 255-257.

Nguyen T H, Brown R A, Ball W P. 2004. An evaluation of thermal resistance as a measure of black carbon content in diesel soot, wood char, and sediment. Organic Geochemistry, 35: 217-234.

Novak J M, Lima I, Xing B S, et al. 2009. Characterization of designer biochar produced at different temperatures and their effects on a loamy sand. Annals of Environmental Science, 3: 195-206.

Oguntunde P G, Abiodun B J, Ajayi A E, et al. 2008. Effects of charcoal Production on soil Physical Properties in Ghana. Journal of Plant Nutrient and soil Science, 171 (4): 591-596.

Otsuka S, Sudiana I, Komori A, et al. 2008. Community structure of soil bacteria in a tropical rainforest several years after fire. Microbes and Environments, 23 (1): 49-56.

O' Neill B, Grossman J, Tsai M T, et al. 2009. Bacterial community composition in brazilian anthrosols and adjacent soils characterized using culturing and molecular identification. Microbial Ecology, 58 (58): 23-35.

Petersen S O, Frohne P S, Kennedya C. 2002. Dynamics of a microbial community under spring wheat. Soil Science Society of America, 66: 826-833.

Purevsuren B, Avid B, Tesche B, et al. 2003. A biochar from casein and its properties. Journal of Materials Science, 38 (11): 2347-2351.

Qiu Y P, Zheng Z Z, Zhou Z L, et al. 2009. Effectiveness and mechanisms of dye adsorption on a straw-based biochar. Bioresource Technology, 100 (21): 5348-5351.

Schmidt M W I, Noaek A G. 2000. Black carbon in soils and sediments: Analysis distribution, implications, and current Challenges. Global Biogeochemical Cyeles, 14 (3): 777-794.

Schmidt M W I, Skjemstad J O, Czimczik C I, et al. 2001. Comparative analysis of black carbon in soils. Global Biogeochemical Cycle, 15 (1): 163-167.

Schulz H, Glaser B. 2012. Effects of biochar compared to organic and inorganic fertilizers on soil quality and plant growth in a greenhouse experiment. Journal of Plant Nutrition and Soil Science,

175 (3): 410-422.

Shi X, Ji L, Zhu D. 2010. Investigating roles of organic and in organic soil components in sorption of polar and nonpolar aromatic compoundst. Environmental Pollution, 158 (1): 319-324.

Shukla G, Varma A. 2011. Soil Enzymology. New York: Springer.

Steinbeiss S. 2009. Effect of biochar amendment on soil carbon balance and soil microbial activity. Soil Biolology and Biochemistry, 41: 1301-1310.

Steiner C, Das K C, Garcia M, et al. 2008. Charcoal and smoke extract stimulate the soil microbial community in a highly weathered xanthic Ferralsol. Pedobiologia, 51: 359-366.

Taketani R G, Tsai S M. 2010. The influence of different land uses on the structure of archaeal communities in Amazonian anthrosols based on 16S rRNA and amoA genes. Microbial Ecology, 59 (4): 734 -743.

Tammeorg P, Simojoki A, Mäkelä P, et al. 2014. Short-term effects of biochar on soil properties and wheat yield formation with meat bone meal and inorganic fertiliser on a boreal loamy sand. Agriculture Ecosystems and Environment, 191: 108-116.

Taylor T P, Wilson B, Mills M S, et al. 2002. Comparsion of microbial numbers and enzymatic activities in surface soils and subsoils using various techniques. Soil Biology and Biochemistry, 34: 387-401.

Uzoma K C, Inoue M, Heninstoa A, et al. 2011. Effect of cow manure biochar on maize productivity under sandy soil condition. Soil Use and Management, 27 (2): 205-212.

Wardle D A, Zackrisson, O, Nilsson M C. 1998. The charcoal effect in Boreal forests: Mechanisms and ecological consequences. Oecologia, 115 (3): 419-426.

Wardle D A, Nilsson M C, Zackrisson O. 2008. Fire-Derived Charcoal Causes Loss of Forest Humus. Science, 3 (21): 629-629.

Warnock D D, Lehmann J, Kuyper T W, et al. 2007. Mycorrhizal responses to biochar in soil-concepts and mechanisms. Plant and Soil, 300 (2): 9-20.

Whalen J K, Hu Q C, Liu A G. 2003. Compost applications increase water stable aggregates in conventional and no tillage systems. Soil Science Society of America Journal, 67: 1842-1847.

Wu F P, Jia Z K, Wang S G, et al. 2012. Contrasting effects of wheat straw and its biochar on greenhouse gas emissions and enzyme activities in a Chernozemic soil. Biology and Fertility of Soils, 49 (5): 555-565.

Yamato, Okimori Y, Wibowo I F, et al. 2006. Effects of the application of charred bark of Acacia mangium on the yield of maize, cowpea and peanut, and soil chemical properties in South Sumatra, Indones. Soil Science and Plant Nutrition, 52 (4): 489-495.

Yuan J H, Xu R K, Wang N, et al. 2011. Amendment of acid soils with crop residues and biochars. Pedosphere, 21 (3): 302-308.

Zhao L, Zhang L, Liu F, et al. 2014. Multiresidue analysis of 16 pesticides in jujube using gas chromatography and mass spectrometry with multiwalled carbon nanotubes as a sorbent. Journal of Separation Science, 37: 3362-3369.

Zhou D D, Chen B F, Wu M, et al. 2014. Ofloxacin Sorption in soils after long-term tillage: The contribution of organic and mineral compositions. Science of the Total Environment, (497-498): 665-670.

Zwieten L V, Kimber S, Morris S, et al. 2010a. Effect of biochar from slow pyrolysisi of papermill waste on agronomic performance and soil fertility. Plant and Soil, 327 (1-2): 235-246.

Zwieten L V, Kimber S, Morris S, et al. 2010b. Influence of biochars on flux of N_2O and CO_2 from Ferrosol. Australian Journal of Soil Research, 48 (6): 555-568.

第七章　盐碱土生物改良技术

第一节　盐碱土生物改良技术概述

一、盐碱地生物改良技术基本内涵

盐碱胁迫是当前影响农业生产和土地生产力的主要胁迫因子之一。全球25%的土地面积受盐渍化影响。且盐碱地面积每年以（1～1.5）$\times10^6$ hm^2的速度在增加（Asharaf, 2009）。迄今为止，中国盐渍化面积约为1亿hm^2，约占全球盐碱地面积的10%，且约有80%的盐碱地尚未得到开发利用（Asish and Anath, 2005）。在基本农田保护过程中，随着人口增长和国民经济的发展，人增地减的矛盾日益突出，盐碱地改良利用也随之成为研究热点问题之一（肖克飚等, 2013）。在人类农业科研的历程中，从来不缺乏对盐碱地改良的研究，纵观国内外盐碱地改良研究领域，先后提出了“种稻改碱”农业改良措施，“灌水洗盐”工程改良措施，以及利用石膏、氯化钙、工业废酸、燃煤烟气脱硫等化学改良措施。这些措施见效快，取得了显著成果，但是改良成本高，资源耗费大，且产生养分流失、污染下游、改良效果不稳定，容易返盐等问题。近年来，在长期研究成果的基础上，人们从恢复生态学的角度逐渐认识到把盐碱地的改良和利用结合起来，即“寓改良到利用中，改良与利用并行”，以生物利用为核心的生态恢复技术是未来盐碱地改良修复的突破口（肖克飚等, 2013）。

在治理盐碱地的各项技术措施中，生物措施被普遍认为是最为有效的改良途径，主要通过种植耐盐碱植物来改良盐碱地。其原理是耐盐碱植物在生长过程中不仅可以降低土壤的盐碱度，还可以改善盐碱土壤的理化性质，促进土壤生物群落的恢复。植物治理盐碱土壤的作用主要表现在以下方面：一是耐盐碱植物具有聚盐泌盐的特性。其主要作用机理是耐盐植物直接摄取土壤中的盐分，植物根系的生长延伸改善土壤的通透性，然后通过水分淋洗滤去Na^+或者通过植物吸收Na^+并从地上部分收获而除去。二是降低地下水位。“盐随水来、盐随水去”，植物的蒸腾作用可降低地下水位，地下水位的降低可以有效降低底层土壤返盐。同时，种植耐盐植物还可以增加地表盖度，抑制土壤表层水分蒸发，进而抑制盐分随水分蒸发向地表运动返盐，减少表层土壤的盐分积累。植物的蒸腾作用可降低地下水位，防止盐分向地表积累，植物根系生长可改善土壤物理性状，根系分泌的有机酸及植物残体经微生物分解产生的有机酸还能中和土壤碱性，植物的根、茎、叶返回土壤后又能改善土壤结构，增加有机质，提高肥力。在进行生物改良措施的同时，也要结合适当的灌水措施，才能达到最佳降盐洗盐的效果。

二、盐碱地生物改良技术优势

生物改良措施比其他治理措施更经济有效，前景十分广阔。耐盐植物能够改良盐碱地的功能主要表现在植物能够增加地表覆盖，减缓地表径流，调节小气候，减少水分蒸发，抑制盐分上升，防止返盐；同时，植物的蒸腾作用可降低地下水位，防止盐分向地表积累；植物根系生长可改善土壤物理性状，根系分泌的有机酸及植物残体经微生物分解产生的有机酸还能中和土壤碱性。植物的根、茎、叶返回土壤后又可以增加土壤有机质含量，改善土壤结构和根际微环境，有利于土壤微生物的活动，从而提高土壤肥力，抑制盐分积累（张建锋等，2002）。

三、盐碱地生物改良与环境效应

在盐碱地建立防护林网，不但能减少风沙灾害，重要的是通过树木的蒸腾作用，降低地下水位。土壤盐碱化与地下水位有关，地下水的补充源于降水。当有树木存在时，土壤中由于降水增加的水分有相当一部分被树木利用或蒸腾，一部分滞留在枯枝落叶层中；而在其他植被或裸地上，降水则大部分补充为地下水。树木枝叶繁茂，根系深广，蒸腾量大，一般情况下，树木根系可直达地下水，通过大量蒸腾，降低地下水位。建立合理的林带结构，还能降低风速，减少地表蒸发，增加水平降水，提高空气湿度，在一定程度上改善有利于植物生长的小气候。

东部沿海经济较为发达，盐碱地资源宜精细经营，可因地制宜发展农林牧业、水产养殖、特种种植业（果蔬、花卉）、制盐业及观光旅游业等；华北平原盐碱化土地在优化水资源调控，改进农田水利工程的条件下，可用来发展经济植物种植，盐碱洼地则可发展水产养殖；东北西部盐碱化土地应以生态草建设为主，改善生态环境，发展畜牧业，不宜过量开垦；西北内陆气候干旱，盐碱化土地应以生态恢复为主，塔里木盆底、吐鲁番盆地等极端干旱区荒漠化土壤盐分含量丰富，可用来进行制盐、化肥等生产。从土地盐碱化程度看，重度盐碱化土地应以保护为主，可引入耐盐碱植被进行生态恢复；中轻度盐碱化土地则可适量开发利用。

我国耐盐碱植物种类有500多种，隶属71科，218属，且耐盐碱植物总资源在世界耐盐碱植物种类中占有很重要的地位，各地均自然分布有乡土耐盐碱植物。此外，通过选、引、育等常规育种方法以及转基因、诱导、倍性育种等现代育种方法，各地也选育了很多适应当地环境的耐盐植物。例如，东北西部中重度苏打盐碱盐碱土改良上所应用的羊草、白刺、柽柳（*Tamarix chinensis*）等植物；滨海盐土改良上所应用的构树、白蜡、柽柳、白刺等植物；宁夏、青海所应用的枸杞，新疆、内蒙古所应用的柽柳、梭梭等。这不仅通过植被恢复改善了盐碱地生态环境，而且也为当地提供了具有经济开发价值的植物资源。

第二节　国内外盐碱土生物改良技术发展动态

一、盐生植物筛选与培育

国内外相关研究表明，生物措施是改良、开发和利用盐碱地的有效途径。通过生物措施改良的盐碱地具有脱盐持久、稳定且有利于水土保持以及生态平衡的效果。早在20世纪30年代，美国、苏联、日本、以色列及澳大利亚的学者就开始关注土壤盐碱化及植物的耐盐性研究，而我国则在盐生植物筛选和培育方面占有一定优势。据不完全统计，我国现已有盐生植物约占世界盐生植物总数的27%。柽柳是一种耐盐能力较强的盐生植物，同时也是一种泌盐植物，这种多年生灌木或小乔木非常耐干旱和耐土壤盐碱。其可以从土壤中吸收大量的盐分积累在植物体中，并随着收获，实现盐分的转移。研究表明，种植柽柳两年后，在土壤含盐量有所降低的同时，土壤有机物含量会有不同程度的增加。正是由于柽柳具有良好的经济效益和生态效益，已经成为盐碱地绿化不可或缺的重要树种之一。从20世纪80年代以来，我国就开始了对耐盐牧草的研究，经过20年的筛选，又名画眉草（*Eragrostis pilosa*）的星星草在盐碱地改良中的作用得到了一致的认可。星星草可以在pH 10.0以上的碱斑地上正常生长发育，同时对盐碱土壤具有改良作用。根据王苹等（1997）的研究，在碱斑地上种植星星草三年后，土壤中黏粒含量比种植星星草之前下降约14%。此外，丁海荣等（2007）通过对星星草耐盐生理机制的研究发现，种植星星草的土壤中有机质含量和土壤全氮含量呈上升趋势，土壤全磷含量略有增加，而土壤全钠含量、全钙含量及土壤全镁含量都有不同程度的降低，这些都充分说明了种植星星草对盐碱土壤的养分结构有一定的改良作用。国外也有人利用星星草、朝鲜碱茅（*Puccinellia chinampoensis*）对不同盐碱荒地进行改良，并且改土效益也非常显著。很多学者还研究了木麻黄（*Casuarina equisetifolia*）、胡杨（*Populus euphratica*）、沙棘（*Hippophae rhamnoides*）、珠美海棠（*Malus zumi*）和沙枣（*Elaeagnus angustifolia*）等耐盐树种及盐生植物碱蓬（*Suaeda glauca*）和盐生经济作物北美海蓬子（*Salicornia bigelovii*）的栽培技术及对盐碱地的改良技术。

二、菌根生物技术应用

微生物治理盐碱地主要应用菌根生物技术。研究发现，菌根能够缓解盐碱土对于植物生长的抑制，增加寄主植物对于盐碱胁迫的抗性。菌根菌通过增强根际土壤酸性和碱性磷酸酶的活性，促进土壤中有机磷的水解，进而增加植株对磷等矿质营养元素的吸收，改善盐胁迫引起的营养亏缺和体内离子平衡，缓解植物因吸收过多 Cl^-、Na^+、K^+而造成的生理毒害和生理干旱，促进根系水分吸收能力。目前研究和应用比较广泛的主要是丛植泡囊菌根（内生菌根，AM）和外生菌根。

AM 真菌可增强植物的抗盐碱能力，已被国内外许多研究证实。且菌根在退化生态系统恢复中的作用也日益受到关注。对于菌根菌提高植物耐盐性机理的认识目前尚不完全一致，还存在相互矛盾。因而，在菌根技术实际应用中，还有许多问题有待深入研究。例如，统一菌根菌提高植物耐盐性的机理，筛选适应盐碱土壤的菌根菌与植物的最佳组合，进行大田实验，评估菌根菌对研究土壤生物恢复的作用等。利用 AM 菌根提高植物耐盐性，在自然盐性环境下有大量 AM 真菌分布，且能与植物形成菌根。有科学家调查了匈牙利草原的盐化盐碱地和德国哈尔兹石灰性土壤中植物的丛枝菌根，发现这些土壤中的一些植物（如 *Artemisiamaritime*、*Astertripolium* 和 *Plantago maritima*）的根均有较高的菌根侵染，并显示出典型的 AMF 结构（丛枝、泡囊）。许多调查还显示，*Glomus* 属真菌是盐化盐碱地中 AMF 的优势种。例如，匈牙利盐化盐碱地中和葡萄牙盐性湿地中 AMF 优势种均为 *Glomus geosporum*。刘润进和李晓林（2000）对我国盐碱土壤中丛枝菌根菌的种属构成、生态分布状况进行了研究，结果也表明，盐渍化砂土、壤土和黏土中 *Glomus* 属真菌数量最多，*Caulospora* 属次之，而 *Glomus* 属中的 *Glomus mosseae* 则是分布最广泛的菌种；且随土壤碱化度增加，*Glomus mosseae* 出现频率随之增加。王发园等（2005）调查了黄河三角洲盐碱土壤中 AM 真菌的资源状况，共分离鉴定出 32 种 AM 真菌，其中 *Glomus* 属有 24 种。菌根依赖性通常被用于预测接种丛枝菌根菌对植物生长效应的大小，对菌根依赖性高的植物，接种丛枝菌根菌后生长量增幅也大。在胁迫条件下，植物对菌根菌的依赖性明显增高。

由于生物措施具有投入成本低，稳定性和可持续性好等特点，在盐碱地治理中应用较多，取得的效果也比较好。缺点是见效慢，在一些重度盐碱地上应用受限。

第三节 盐碱土生物改良技术管理实践与环境效应

一、耐盐植物桑蕈草的引进筛选研究

桑蕈草为加拿大的本土植物，原作为优良牧草和观赏植物。近年来，国际上将桑蕈草作为一种新型能源模式作物进行深入研究，用于火力发电，或以木质纤维素生产乙醇，还可用于造纸和进行生态环境保护。与传统作物相比，桑蕈草经长期育种改良，极大地减低了氰氢酸和丹宁酸含量，可以作为鲜草直接饲喂牛羊，提高了牛羊的适口性，牲畜爱吃。桑蕈草育种地在加拿大，抗寒和抗逆性较好，适于中国北方地区种植。与传统青贮玉米相比，桑蕈草耐旱、耐盐碱性强，耐土地瘠薄，对肥水要求较低。在土地条件较差的情况下，加拿大桑蕈草的产量高于青贮玉米。由于种子在加拿大生产，土壤条件较好，杂交种生长健康，病虫害很少。

目前，玉米被作为生物能源转化的优势作物之一。与其相比，桑蕈草每公顷产量高，最高可达十几吨，是玉米的两倍；施肥较少，不需要特别维护，成本低；玉米农田灌溉用水浪费较大，而桑蕈草根深叶茂，内部结构独特，水分流失少。桑蕈草根系发达，并且有很多细小根系，能够提高土壤有机质、土壤水分渗透和营养物质的容纳能力，能有效地防止水土侵蚀和农业土壤的退化。且种植费用低、生长迅速、适应性强、肥水利用率高、产量高、经济潜能大，适合推广。

对我国来讲，桑蕈草不仅能提高牧草自给度，改善多年粗放发展带来的环境问题，而且在水土流失严重的地区，它具有抗旱、耐盐的特性，在黄土高原地区种植桑蕈草能显著改变当地生态环境，盐渍土地区种植也有助于当地植被恢复。通过引导农户种植桑蕈草等牧草植物，可在广大农村特别是荒漠化、盐渍化地区形成优质牧草综合利用的良性利益链，减少植被破坏，促进退耕还林还草工程的实施和当地生态恢复，对促进我国盐渍土改良和优质牧草基地建设具有十分重要的意义。

（一）试验区概况

试验于2017～2018年在干旱半干旱地区同心县王团镇科技示范园进行。该地区干旱少雨，年平均降水量仅为270mm，蒸发量特别大，无霜期为120～218天，年平均气温为8.6℃，多年平均日照达3024h。试验区土壤为沙壤土，田间持水率为23.13%，土壤容重为1.28g/cm^3，全盐为0.23g/kg，全氮为0.57g/kg，全磷为0.80g/kg，速效磷为23.66mg/kg，速效钾为185.00mg/kg，有机质为7.70mg/kg，pH为7.52。

（二）试验材料

以西北农林科技大学水土保持研究所引进的4种桑蕈草品种为试验材料，于2017年5月11日播种，人工条播，播量为22.5kg/hm^2，播深为2cm，行距为30cm。节水材料采用宁夏银河钢塑滴灌设备有限公司提供的滴灌带；滴灌带内径为16mm，壁厚为0.2mm，滴头间距为20cm，滴头流量为2.0 L/h。

（三）试验设计

4个品种分别设为SGC1～SGC4，每个处理设3次重复，共12个小区。各小区间设1 m宽的保护带，每条滴灌带控制2行桑蕈草。

灌水定额依据当地其他牧草灌溉经验值和前人研究的理论值进行确定。每次灌水量均为30mm，4个品种的灌水时间和灌溉量相同。试验进行期间，除草、病虫害防治、施肥等田间管理各处理保持一致。

2017年5月9日，选取的试验地块进行人工撒施磷酸二氢铵（300kg/hm^2）、硫酸钾复合肥（450kg/hm^2）作为基肥。5月10日每亩滴灌10 m^{3}水，用于出苗；5月11日人工条播。在整个试验过程中，水源来自固海扬黄灌渠黄河水，储存到蓄水池，再利用水泵为试验用水和施肥提供灌溉。

（四）结果与分析

1. 不同品种桑蕈草全生育期株高变化情况

由图7-1可以看出，2017～2018年不同品种各生育时期株高变化情况，各品种随着生育期的延长不断增高，在桑蕈草生长期之前，其株高增长都比较缓慢，分蘖期各品种之间高低不同。图7-1（a）为2017年桑蕈草各生育时期株高变化情况，生长期SGC4株高最高，为38.12cm；SGC3最低，为33.65cm。在抽穗期，各品种株高依次为SGC4（80.25cm）>SGC1（79.30cm）>SGC2（76.08cm）>SGC3（73.98cm）。从生长期到收获期，在较短的时间内，增幅很大，并且各品种间也有明显的变化，在生长期 SGC4 株高最高为 38. 12cm，到收获期增长到 111. 77cm，增长了 73. 65cm；从生长期到收获期，SGC4 增长了 73. 65cm，SGC1 增长了 74. 95cm，SGC2 增长了 68. 65cm，SGC3 增长了 68. 45cm，增幅依次为 SGC1（74. 95cm）>SGC4（73. 65cm）>SGC2（68. 65cm）>SGC3（68. 45cm）。

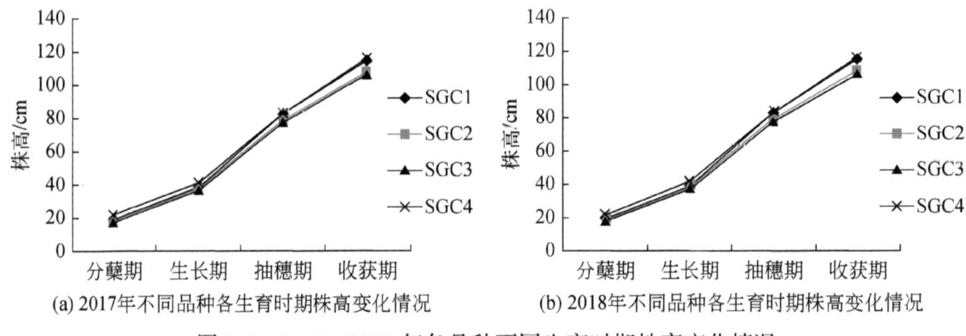

图 7-1　2017～2018 年各品种不同生育时期株高变化情况

图 7-1（b）为 2018 年桑蕒草各生育时期株高变化情况，生长期 SGC4 株高最高，为 40. 98cm；SGC3 最低，为 36. 51cm。在抽穗期，各品种株高依次为 SGC4（83. 11cm）> SGC1（82. 16cm）>SGC2（78. 94cm）>SGC3（76. 84cm）。从生长期到收获期，在较短的时间内，增幅很大，并且各品种间也有明显的变化，在生长期 SGC4 株高为 40. 98cm，到收获期增长到了 115. 63cm；从生长期到收获期，SGC4 增长了 74. 65cm，SGC1 增长了 75. 95cm，SGC2 增长了 69. 45cm，SGC3 增长了 69. 45cm，增幅依次为 SGC1（74. 95cm）> SGC4（73. 65cm）>SGC2（68. 65cm）>SGC3（68. 45cm）。

2. 不同品种桑蕒草全生育期生物量变化情况

由图 7-2 可以看出，2017～2018 年不同品种各生育时期生物量变化情况，各品种随着生育期的延长不断增重。图 7-2（a）为 2017 年桑蕒草各生育时期生物量变化情况，在桑蕒草分蘖期，各品种经过出苗、定苗，开始分蘖，株高、茎粗、叶面积变化不大，各品种生物量没有显著性差异。桑蕒草生长期各品种之间没有显著性差异，SGC4 生物量最大，为 921. 72kg/亩；SGC3 最小，为 871. 40kg/亩。在抽穗期，各品种生物量依次为 SGC4（3721. 38kg/亩）>SGC1（3554. 55kg/亩）>SGC2（3530. 48kg/亩）>SGC3（3363. 06kg/亩），SGC4、SGC1 和 SGC2 在这个生育时期生物量与 SGC3 品种存在显著性差异。从生长期到收获期，各品种间增幅有明显变化，SGC4 增长了 3894. 59kg/亩，SGC1 增长了 3467. 78kg/亩，SGC2 增长了 3421. 17kg/亩，SGC3 增长了 3425. 59kg/亩，增幅依次为 SGC4> SGC1>SGC3>SGC2。并且在收获期 SGC4 的生物量达到最大，为 4816. 31kg/亩，比 SGC1、SGC2、SGC3 分别高 9. 03%、10. 52%、10. 78%；

SGC4 在收获期的生物量与 SGC3、SGC1、SGC2 存在显著性差异。

图 7-2 (b) 为 2018 年桑蕢草各生育时期生物量变化情况，在其分蘖期与 2017 年一样，各品种整体比 2017 年高。桑蕢草生长期各品种之间生物量没有显著性差异，SGC4 生物量最大，为 960.67kg/亩；SGC3 最小，为 910.35kg/亩。在抽穗期，各品种生物量依次为 SGC4 (3985.69kg/亩)>SGC1 (3818.86kg/亩)>SGC2 (3794.79kg/亩)>SGC3 (3627.37kg/亩)，SGC4、SGC1 和 SGC2 在抽穗期的生物量与 SGC3 品种存在显著性差异。从生长期到收获期，各品种间增幅有明显的变化，SGC4 增长了 4118.75kg/亩，SGC1 增长了 3691.94kg/亩，SGC2 增长了 3645.33kg/亩，SGC3 增长了 3649.75kg/亩，增幅依次为 SGC4>SGC1>SGC3>SGC2。并且在收获期 SGC4 的生物量达到最大，为 5079.42kg/亩，比 SGC1、SGC2、SGC3 分别高 8.56%、9.98%、10.22%；SGC4 在收获期的生物量与 SGC3、SGC1、SGC2 存在显著性差异。

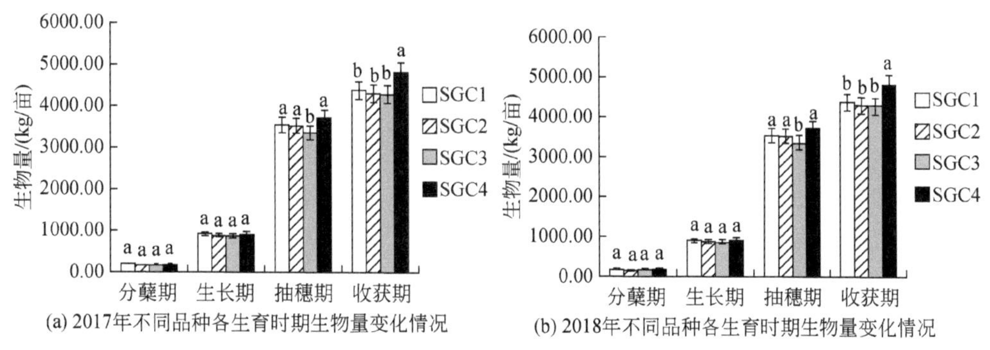

图 7-2　2017 ~ 2018 年各品种不同生育时期生物量变化情况

不同小写字母表示同一土层不同处理在 0.05 水平差异显著，下同

3. 不同品种桑蕢草全生育期粗蛋白含量变化情况

由表 7-1 可以看出，2017 ~ 2018 年不同品种各生育时期粗蛋白含量变化情况，表 7-1 为 2017 年桑蕢草各生育时期粗蛋白含量变化情况，在桑蕢草分蘖期，各品种的粗蛋白含量最多，各品种之间在分蘖期存在显著差异，SGC4 与 SGC1 和 SGC2 存在显著性差异，与 SGC3 无显著性差异。桑蕢草生长期 SGC4、SGC3 和 SGC2 个品种之间无显著性差异，都与 SGC1 存在显著性差异，SGC4 粗蛋白含量最大，为 15.74%；SGC1 最小，为 14.36%。在抽穗期，各品种粗蛋白含量依次为 SGC4 (14.35%)>SGC3 (13.52%)>SGC1 (13.11%)>SGC2 (12.54%)，SGC4 在这个生育时期粗蛋白含量与 SGC1、SGC2 和 SGC3 品种存在显著性差异。从生长期到收获期，各品种降幅有明显的变化，从生长期到收获期降幅依次为 SGC2> SGC3 >SGC4 > SGC1。并且在收获期 SGC4 的粗蛋白含量为 14.32%；

SGC4、SGC3、SGC1 在收获期的粗蛋白含量与 SGC2 存在显著性差异。

表 7-1　2017～2018 年各品种不同生育时期粗蛋白含量变化情况

（单位：%）

年份		分蘖期	生长期	抽穗期	收获期
2017	SGC1	17.21 b	14.36 b	13.11 b	13.26 a
	SGC2	17.47 b	15.47 a	12.54 b	12.67 b
	SGC3	18.53 a	14.97 a	13.52 b	13.49 a
	SGC4	19.77 a	15.74 a	14.35 a	14.32 a
2018	SGC1	18.85 b	16.00 b	14.75 a	14.70a
	SGC2	19.22 ab	17.22 a	14.29 a	14.42 ab
	SGC3	19.40 ab	15.52 c	14.07 a	14.04 b
	SGC4	19.98 a	16.37 b	14.98 a	14.86 a

从 2018 年桑茰草各生育时期粗蛋白含量变化情况来看，在桑茰草分蘖期，各品种的粗蛋白含量在整个生育时期最多，SGC1 与 SGC4、SGC3 和 SGC2 存在显著性差异。桑茰草生长期 SGC4 和 SGC1 与 SGC3 和 SGC2 都存在显著性差异，SGC2 粗蛋白含量最大，为 17.22%；SGC2 最小，为 15.52%。在抽穗期，各品种粗蛋白含量依次为 SGC4（14.98%）>SGC1（14.75%）>SGC2（14.29%）>SGC3（14.07%），各品种之间无显著性差异。从生长期到收获期，各品种降幅有明显的变化，降幅依次为 SGC2> SGC4>SGC3>SGC1。并且在收获期 SGC4 的粗蛋白含量为 14.86%；SGC4 与 SGC3、SGC1 和 SGC2 在收获期的粗蛋白含量存在显著性差异。

（五）结论

本试验对引进的桑茰草 4 个品种进行了两年生长状况和粗蛋白含量的观测。结果表明，2018 年各品种的株高、生物量和粗蛋白整体比 2017 年的高，桑茰草属于多年生牧草，第一年对桑茰草进行种植，根系和分蘖数较少，生物量没有达到最佳。从各项指标和两年的数据可以看出，SGC4 品种最优，是较好的牧草种植品种，可以进行小范围的示范推广和饲养试验。

二、桑茰草新品种节水灌溉方式研究

我国是世界上最大的农业国家，人口众多，在世界范围内人均耕地面积长期处于较低水平。据统计，分布于我国境内的盐渍土面积达 3.5 亿 hm^2，且每年在不断增长。随着人口日益增加及城镇化发展，人口与有效耕地面积之间的矛盾日益突出，盐渍土作为我国重要的后备耕地资源，其合理开发利用是破解此矛盾的突破口之一。宁夏引黄灌区作为我国重要的粮食生产基地之一，受地形、气候及人为因素的影响，产生了大面积盐渍土，对当地农业生产产生了巨大影响。但该地区属于引黄灌区，水资源丰富，开发潜力巨大。

水既是造成土壤盐渍化的介质也是治理盐渍土的主要途径，大水漫灌能快速降低土壤含盐量，但容易引发深层渗漏导致返盐现象频发。此外，在内陆干旱区，淡水资源匮乏导致大水漫灌技术难以大面积推广。而滴灌具有高频率出水、点源扩散的特点，能将植物根系附近的土壤含盐量控制在较低水平，在盐渍化土壤改良利用中得到了广泛应用。徐亚南和李明思（2017）研究表明，高频滴水能快速洗盐，盐分易于土壤深层累积，地表蒸发并没有引起返盐；单次滴水量越多土壤脱盐效果越明显。通过物理措施，改变地表地形有助于土壤盐分淋洗和改良效果的保持（孙兆军，2017）。盐渍土中起高垄能提高土壤透气性，起垄可增加垄上距浅水面的距离，从而防止返盐；在垄上种植植物，高垄可为植物根系提供与周围相对隔绝的环境，有助于植物生长发育（崔必波等，2016）。宁夏畜牧业资源丰富，作为当地优势特色产业，具有良好的产业基础，而优质牧草对畜牧业的发展至关重要。饲草高粱桑蕈作为畜牧业发展的优质牧草，经济价值高、市场前景广，且具有抗旱、耐盐碱、耐贫瘠的特性（郝培彤等，2018），如果能在盐渍土地区大面积种植，将有效解决当地畜牧业发展中优质饲草短缺的难题。

起垄滴灌技术在我国西北干旱区盐渍土治理中得到了应用，但盐渍土的治理需要保证可持续性和经济性，否则难以推广应用。将具有高经济价值的饲草高粱桑蕈草与起垄滴灌技术进行结合，对探讨宁夏引黄灌区盐渍土治理及可持续性具有重要的现实意义。为此，本研究在宁夏吴忠树新林场开展田间定位试验，在统一滴灌的基础上，研究起垄和未起垄两种方式下不同灌溉定额对宁夏盐渍土及桑蕈草的影响，以期为该地区盐渍土的治理提供理论依据和技术指导。

（一）试验区概况

田间试验在宁夏吴忠树新林场（38°44′N，105°56′E）进行。试验区地处西北内陆，属于温带大陆性气候，昼夜温差大，年平均降水量和蒸发量分别为260mm和1840mm。试验区0～60cm土层土壤黏粒占11.62%，粉砂粒占40.54%，砂粒占47.84%，土壤质地为砂质壤土。试验前0～60cm土壤的基本理化性质：含盐量为5.54～8.47g/kg，pH为8.58～8.83，有机质为4.15～6.84g/kg，碱解氮含量为82.63～97.65mg/kg；速效磷含量为17.82～23.54mg/kg，速效钾含量为175.32～193.64mg/kg，K_{10}（渗透性）值为0.56～0.73mm/min，土壤容重为1.32～1.48g/cm^3。

（二）试验设计与过程

试验共设计 6 个处理，分别为：①起垄+灌溉定额 1080 m^3/hm^2（T1）；②起垄+灌溉定额 1170 m^3/hm^2（T2）；③起垄+灌溉定额 1260 m^3/hm^2（T3）；④未起垄+灌溉定额 1080 m^3/hm^2（T4）；⑤未起垄+灌溉定额 1170 m^3/hm^2（T5）；⑥未起垄+灌溉定额 1260 m^3/hm^2（T6），每个处理重复 3 次，采用随机区组设计。

在试验前，起垄处理小区采用机械起垄，垄高 60cm、垄宽 140cm；各处理均统一施用有机肥（羊粪）22.5t/hm^2，起垄处理小区撒施于垄顶，未起垄处理小区撒施于地表，通过旋耕使其与表层土壤混匀。各试验区统一采用滴灌方式进行灌溉，每行桑茛草铺设一条滴灌带。2017 年 5 月 20 日采用条播，行距为 30cm，起垄处理在垄顶种植，未起垄在地表种植，桑茛草的种植规格均一致。2017 年 6 月 1 日灌头水，6 个处理的灌水定额均为 180m^3/hm^2，头水增施尿素 120kg/hm^2，第一茬收割后追施氮肥 105kg/hm^2。待出苗后，每隔 15 天灌一次水，整个生育期内除冬水外共灌 6 次水，T1 和 T3 处理每次灌水定额为 180m^3/hm^2，T2 和 T4 处理每次灌水定额为 195m^3/hm^2，T3 和 T6 处理每次灌水定额为 210m^3/hm^2。

（三）结果与分析

1. 土壤渗透性

以最后一次采集的土样数据分析各处理对土壤渗透性的影响。与原土相比，各处理均显著改善了土壤渗透性，0 ~ 20cm 土层的 K_{10} 值最小，随土层深度增加 K_{10} 值呈增加趋势（图 7-3）。

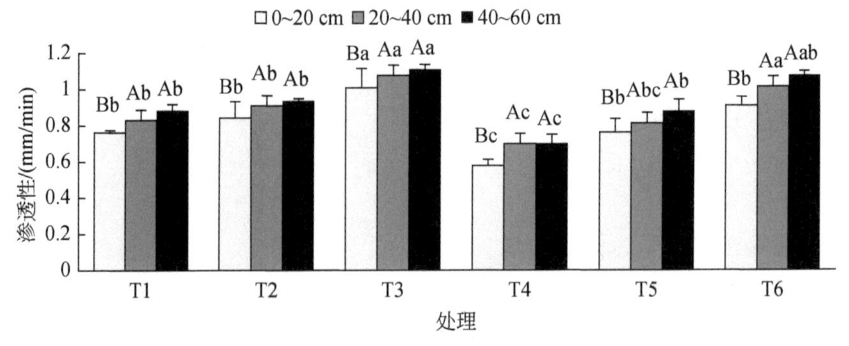

图 7-3　各处理对土壤渗透性的影响

不同小写字母表示同一土层不同处理在 0.05 水平差异显著，不同大写字母表示同一处理不同土层在 0.05 水平差异显著；下同

在0~20cm土层，T3处理的K_{10}值最高（1.01±0.11mm/min），T3处理与其他处理差异显著（$P<0.05$）；T4处理的K_{10}值最低（0.58±0.03mm/min），T4处理与其他处理差异显著（$P<0.05$）。T1、T2、T3、T4、T5和T6处理在0~60cm土层K_{10}值比原土平均提高37.6%、49.4%、77.6%、10.0%、34.5%和66.9%，T3处理提高幅度最大，T4处理提高幅度最小。表明在相同地表处理方式下，灌溉定额越高，土壤渗透性的改善效果越好，相同灌溉定额条件下，起垄处理的改善效果优于未起垄处理。

2. pH

以最后一次采集的土样数据分析各处理对土壤pH的影响。与原土相比，各处理均降低了土壤pH，随土层深度增加pH呈降低趋势（图7-4）。在0~20cm土层，T4处理的pH最高（8.48±0.05）；T3处理的pH最低（8.22±0.05），6个处理差异不显著（$P>0.05$）。T1、T2、T3、T4、T5和T6处理在0~60cm土层pH比原土平均降低7.1%、7.8%、8.5%、5.9%、6.7%和6.9%。相同灌溉定额条件下，起垄处理的土壤pH低于未起垄处理；相同地表处理方式下，随灌溉定额增加土壤pH呈降低趋势，各处理间差异不明显。

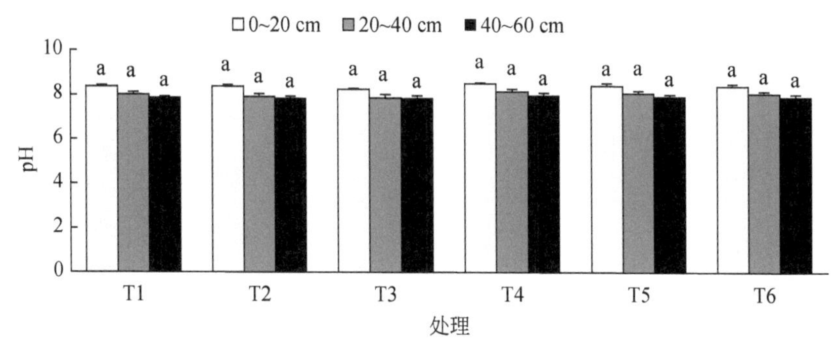

图7-4 各处理对土壤pH值的影响

小写字母表示同一土层不同处理在0.05水平差异显著

3. 含水率

土壤剖面水分主要受灌水、气候和植物吸收等因素的影响，以每个月采集的土样数据分析各处理对土壤含水率的影响（图7-5）。试验结果表明，滴灌对上层土壤水分影响较大，0~20cm土层土壤含水率随灌溉定额增大而增大；在植物生长发育期，植物生长所需水分增多，表层土壤含水率受地表蒸发与植物根系吸水的影响逐渐降低。由图7-5可知，在0~60cm土层，随土层深度增加，土壤含水率呈先增加后减少的趋势，滴灌对0~40cm土层水分影响较大，20~40cm土层土壤含水率最高；未起垄处理的土壤剖面含水率均高于起垄处理。0~20cm土层土壤含水率随时间延长呈先减少后增加的趋势，7～8 月表层土壤含水率最低，是由夏季温度高地表蒸发强烈所致；9 月温度有所降低，表层土壤含水率略有升高。

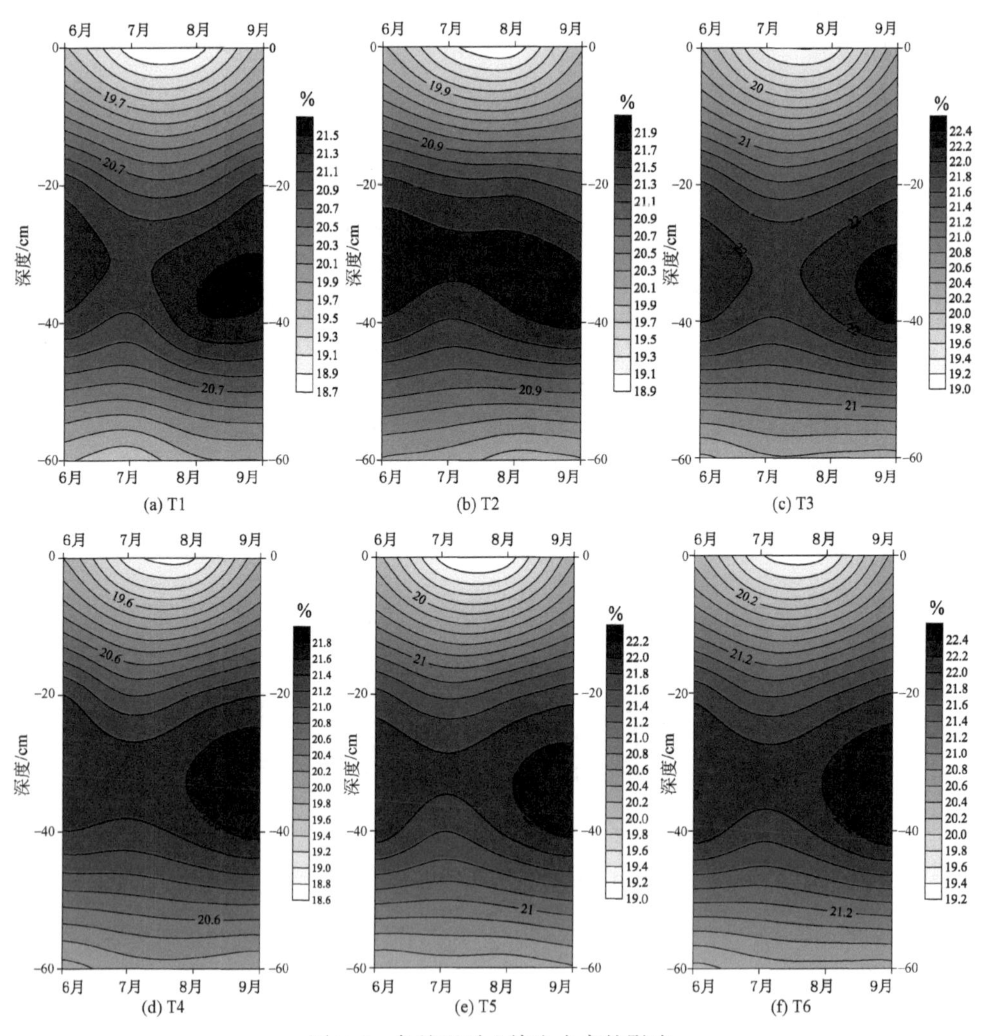

图 7-5　各处理对土壤含水率的影响

4. 含盐量

土壤盐分主要受土壤水分运动的影响，土壤盐分以水分为载体和介质进行迁移。以每个月采集的土样数据分析各处理对土壤含盐量的影响（图 7-6）。由图 7-6 可知，各处理在 0～20cm 土层土壤含盐量随灌溉定额增加而降低，各处理的土壤含盐量随土层深度增加而增加，盐分在土壤深层产生累积；起垄处理在 0～

40cm 土层土壤含盐量均低于未起垄处理。7 月开始，夏季气温升高、蒸发强烈，导致盐分向地表迁移，各处理均有返盐现象。滴灌有助于 0 ~ 40cm 土层土壤盐分淋洗，但盐分容易累积于土壤深层。

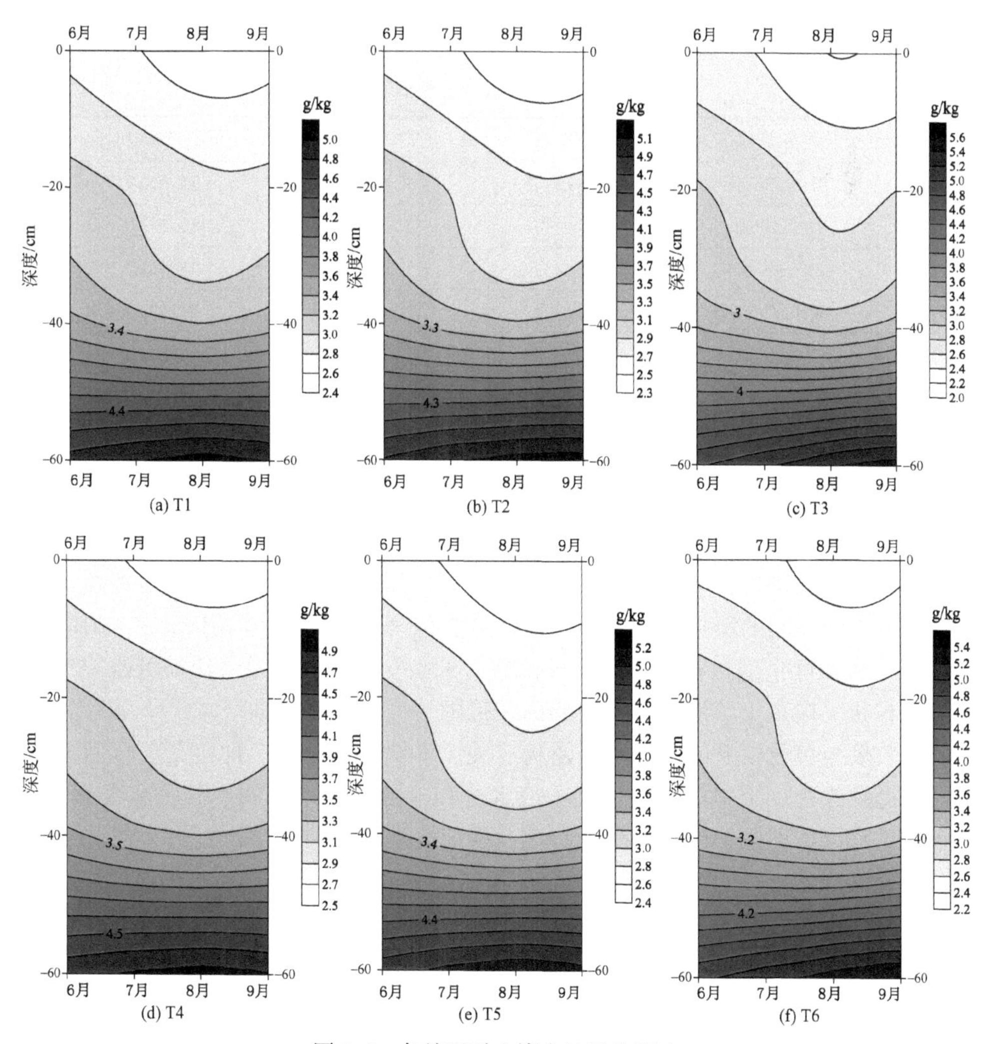

图 7-6　各处理对土壤含盐量的影响

5. 各处理对桑黄草生长的影响

各处理对桑黄草生长的影响见表 7-2。由表 7-2 可知，起垄处理条件下桑黄草产量均高于对应灌溉量下未起垄处理；其中，T3 处理桑黄草的出苗率、株高及产量均为最高，T4 处理均为最低；桑黄草五项生长指标 T2 与 T3、T5 与 T6 处理差异均不显著（P>0. 05）。在相同灌溉定额条件下，起垄方式下桑黄草的出苗率比对应灌溉量下未起垄处理分别高出 8.4%、9.0%、8.0%，产量分别高出 17.2%、15.0%、16.1%。表明相同灌溉定额条件下起垄处理的桑蒉草产量高于未起垄处理；灌溉定额高有助于植物生长及产量提高，但灌溉定额超过 $1170m^3/hm^2$，提升效果不显著（$P>0.05$）。

表 7-2　各处理对桑蒉草生长的影响

处理	出苗率/%	株高/cm	平均单株鲜重/kg	鲜草产量/(t/hm^2)
T1	87.4±0.85b	154.6±1.75a	3.15±0.03b	75.67±0.37b
T2	89.2±1.02a	158.3±1.35a	3.23±0.01a	76.84±0.68a
T3	89.5±0.82a	161.6±1.14a	3.28±0.02a	78.16±0.72a
T4	80.6±0.74d	138.2±1.42c	2.96±0.02c	64.54±0.45d
T5	81.8±0.54c	147.8±1.25b	3.02±0.03bc	66.84±0.69c
T6	82.9±0.66c	152.7±1.37b	3.11±0.02b	67.35±0.94c

注：株高为收割前测量；不同英文小写字母表示各处理在 0.05 水平差异显著。

（四）讨论

各种盐渍土都是在一定自然条件下形成的，其实质是各种易溶性盐类在地面作水平或垂直方向的重新分配，从而使盐分在地表逐渐累积（闫少锋等，2014）。雷金银等（2011）通过在盐碱地上种植灌木试验发现，植物根系活动可改善土壤孔隙分布状况提高土壤渗透性，主要影响范围为植物根系活动区域，土壤渗透性的改善效果与植物根系的穿插和分泌物有关。本试验也表明，种植桑蒉草后土壤渗透性得到改善。干旱盐渍土地区土壤水分和盐分是影响植物生长的主要因素；而滴灌具有点源扩散、高频出水的特性，一部分水满足植物需水，另一部分水用于淋洗盐分，可将 0～20cm 土层含盐量控制在较低水平（3g/kg 以下），为植物根系生长创造适宜的水盐环境（董世德等，2018）。此外，滴灌灌水量可控性较强，不易产生深层渗漏抬高地下水位，引发次生盐渍化。

起垄可增加垄上距浅水面的距离，从而有效防止返盐；同时，起垄增加了地表面积，风化作用有助于提高垄的通透性。本试验结果也表明，起垄处理的土壤含盐量低于未起垄处理，但起垄处理的含水率低于未起垄处理，这是因为起垄增加了地表面积，在风化作用下导致土壤水分蒸发更强烈的缘故。滴灌不同于漫灌，漫灌供水为面源，而滴管供水为点源，土壤盐分在水分的携带下向四周扩散，距离滴头较近的区域形成脱盐区，距离滴头较远的区域盐分产生累积，形成盐分累积区（郭建忠，2017）。龚江（2015）通过滴灌试验表明，滴灌能减少植物根区盐分聚集，淡化植物根系附近的土壤含盐量，与本研究得出的结论一致。

饲草高粱桑茛草具有一定的耐盐性，可在含盐量在 5g/kg 以下的土壤中正常生长（张建中等，2016）；试验区土壤含盐量高于 5g/kg，而在本试验中滴灌可将土壤含盐量淋洗到较低水平，在滴头较近的区域，水分充足而含盐量低，桑茛草的根系主要集中于该区域。因此，该区域的水盐环境适合桑茛草根系的生长发育。

试验区地处干旱区，夏季气温高蒸发强烈，导致盐分随水分运动迁移至上层土壤，水分蒸发后盐分累积于地表。而种植高盖度的植物，可以降低水分蒸发、削弱地表返盐，保持土壤水分（景鹏成等，2017）。在本试验中，种植的桑茛草盖度大能起到良好的遮阴作用，地表盐分并未持续累积。起垄改变了地表形状，导致受光面积、土壤与大气交界面增加，协调光、温、水、气、盐等状况，改善植物生长环境，对植物生长发育有促进作用（高传昌等，2013）。本试验结果也表明，起垄处理的土壤含盐量低于未起垄处理，桑茛草各项生长指标优于未起垄处理。在本试验条件下，灌溉定额越高土壤剖面盐分降低越明显，但灌溉定额超过 $1170m^3/hm^2$时，桑茛草各项生长指标无显著差异；且试验区地处干旱区，淡水资源有限，灌水量高不利于水分利用效率的提高（Cantore et al.，2016），与农业高效用水的原则相悖。

（五）结论

起垄滴灌能降低 0～40cm 土层土壤 pH、土壤含盐量，提高土壤含水率；滴灌点源扩散、高频出水的特性，能将 0～20cm 土层土壤含盐量控制在 3g/kg 以下，为植物根系创造适宜的水盐环境。灌溉定额超过 $1170m^3/hm^2$时，桑茛草各项生长指标差异不明显；考虑到试验区地处干旱区，淡水资源有限，灌水量高不利于水分利用效率的提高。因此，起垄滴灌，灌溉定额为 $1170m^3/hm^2$适宜于宁夏引黄灌区盐渍土桑茛草种植。适宜宁夏旱地、盐碱地桑茛草的种植方法见表 7-3。

表 7-3　适宜宁夏旱地、盐碱地桑茛草的种植方法

生产条件指标	指标要求
种植季节温度	地温大于 15℃
种植距离	行距×株距［（18～20）cm×（8～10）cm］
千粒重	68～72 粒/g
播量	1.1～1.3kg/亩
种植深度	2～3cm
肥料	可参考玉米施肥。第一次收割后，追氮肥 7kg/亩
土壤要求	土壤 pH 6.5～8.5

续表

生产条件指标	指标要求
收割时间	第一次推荐收割高度 1.0 ~ 1.3 m，播种后 50 天左右。第二和第三次收割约需再生长 30 天
留茬高度	第一次推荐收割留茬 8 ~ 10cm
饲草质量	干物质粗蛋白 14% ~16% CP，酸性纤维 28% ~32% ADF，中性纤维 56% ~ 59% NDF，消化率 66% ~ 70% total digestible nutrients，氰氢酸含量低于 10mg/kg（低于安全指标小于 250mg/kg）

参考文献

崔必波，韩勇，王伟义，等．2016．起垄覆膜与土壤脱盐剂对江苏沿海中重度盐碱地棉花成苗和产量的影响．棉花学报，28（4）：339-344.

丁海荣，洪立州，王茂文．2007．星星草耐盐生理机制及改良盐碱土壤研究进展．安徽农学通报，13（16）：58-59.

董世德，万书勤，孙甲霞．2018．不同覆盖措施对滴灌盐渍土水盐分布及枸杞生长的影响．应用与环境生物学报，(1)：1-11.

高传昌，赵楠，汪顺生．2013．小麦、玉米一体化垄作沟灌技术要素试验研究．灌溉排水学报，32（2）：23-25.

龚江．2015．滴灌棉田水盐迁移规律及其改善棉花耐盐机制研究．武汉：华中农业大学博士学位论文．

郭建忠．2017．不同滴灌水量和种植方式对盐碱土水盐运移和牧草生长的影响．太原：太原理工大学硕士学位论文．

郝培彤，李玉龙，栾瑞涛，等．2018．21 份引进 BMR 饲草高粱萌发期苗期耐旱耐盐性评价．草业科学，35（5）：1199-1207.

景鹏成，王树林，陈乙实，等．2017．耐盐牧草对南疆地区盐渍土的适应和改良研究．草业学报，26（10）：56-63.

雷金银，班乃荣，张永宏．2011．柽柳对盐碱土养分与盐分的影响及其区化特征．水土保持通报，31（2）：73-76.

李瑞云，鲁纯养，凌礼章．1989．植物耐盐性研究现状与展望．盐碱地利用，1：38-41.

刘润进，李晓林．2000．丛枝菌根及其应用．北京：科学出版社．

孙兆军．2017．中国北方典型盐碱地生态修复．北京：科学出版社．

王发园，林先贵，周健民．2005．丛枝菌根真菌分类最新进展．微生物学杂志，(3)：42-46.

王苹，李建东，欧勇玲．1997．松嫩平原盐碱化草地星星草的适应性及耐盐生理待性研究．草地学报，5（2）：80-84.

肖克飚，吴普特，雷金银，等．2013．不同类型耐盐植物对盐碱土生物改良研究．农业环境科学学报，31（12）：2433-2440.

徐亚南，李明思．2017. 滴灌频率对土壤水盐动态的影响过程研究．节水灌溉，(9)：20-24.
闫少锋，吴玉柏，俞双恩，等．2014. 不同水量淋洗方式下滨海盐渍土改良效果．节水灌溉，(9)：60-62.
张建锋，宋玉民，邢尚军，等．2002. 盐碱地改良利用与造林技术．东北林业大学学报，(6)：124-129.
张建中，闫治斌，王学，等．2016. 多功能调理剂对甘肃河西内陆盐渍土理化性质和甜高粱产草量的影响．土壤，48 (5)：901-909.
张立宾，宋曰荣，吴霞．2008. 柽柳的耐盐能力及其对滨海盐渍土的改良效果研究．安徽农业科学，36 (13)：5424-5426.
Asharaf M. 2009. Biotechnological approach of improving plant salt tolerance using antioxidants as markers. Biotechnology Advances, (27): 84-93.
Asish K P, Anath B D. 2005. Salt tolerance and salinity effects on plants: A review. Ecotoxicology and Environmental Safety, (60): 324-349.
Cantore V, Lechkar O, Karabulut E, et al. 2016. Combined effect of deficit irrigation and strobilurin application on yield, fruit quality and water use efficiency of "cherry" tomato (*Solanum lycopersicum* L.). Agricultural Water Management, 167: 53-61.

第八章　展　望

土壤是地球鲜活的、会呼吸的皮肤，是陆地表层系统的核心，孕育着世间万物，它与人们的生产和生活密切相关，是人类赖以生存和发展的基石。土壤像一个巨大的过滤容器，全球有50%~90%的污染物最终滞留于土壤中，土壤对污染物起到缓冲和净化作用，为保护人类生存环境发挥着重要的作用。目前，粮食安全、环境污染和全球气候变化是我们面临的新“三座大山”，而土壤被认为是解决这些问题的关键要素（孙瑞娟等，2019）。因此，合理地进行土壤管理是保障人类可持续发展的关键举措。

第一节　土壤资源可持续管理的新机遇

工业革命以来，人类活动对土壤的干扰日益加剧，农业生产、环境污染、全球变化和生态环境可持续发展成为当前国际社会亟须应对的重大共性问题，得到了世界各国政府的持续关注。社会与公众需求也已经成为现代土壤科学发展的重要推动力。近30年来，计算科学、信息科学、生命科学、物理学、化学和地球科学等基础学科的先进技术快速发展，多学科的理论突破为现代土壤学研究提供了新思维，形成了以物质形态、化学属性和生物功能为中心的独特理论和研究方法，催生了一系列的土壤交叉学科，如土壤遥感信息学、分子环境土壤化学、土壤水文学、土壤修复学、微生物分子生态学，等等。有关土壤过程、功能与服务的研究已经由传统的农田土壤学转向地球关键带研究，研究关键带中土壤与大气、水、生物、岩石之间交互作用过程，借助系统科学新思维和物质科学新方法探究关键带土壤中的物质循环与能量转化，拓宽了现代土壤学研究范围，其研究尺度在宏观上更“宏”，在微观上更“微”，宏观过程与微观机制研究相结合，多尺度、多过程、多要素相耦合的研究揭示了土壤中的物质循环过程，并将土壤过程研究逐渐从“黑箱”向“灰箱”或者“白箱”转变，极大地提升了土壤学的认知水平和社会服务能力（宋长青，2016），使土壤的生产功能、生态支撑功能和环境保护功能协调发展，为粮食安全与生态安全提供理论与技术支撑。目前，土壤资源保护和肥力提升已逐渐成为现代土壤学的主要研究内容，土壤生态环境安全与农业可持续发展成为现代土壤学的根本任务（沈仁芳，2018）。

2015 年 9 月，世界各国领导人在联合国峰会上通过了《2030 年可持续发展议程》，该议程涵盖 17 项宏伟的全球可持续发展目标。全球可持续发展目标建立在联合国千年发展目标所取得的成就之上，适用于所有国家，包含经济增长、社会包容和环境保护可持续发展三个维度，致力于进一步消除一切形式的贫困。其中 13 项目标直接或间接与土壤有关，土壤生态系统服务势必为全球可持续发展目标的实现提供关键保障。2015 年是联合国确定的国际土壤年，该年确立的全球可持续发展目标，为土壤学家提供了彰显土壤功能助推可持续发展目标实现的新的、独特的机遇（张甘霖和吴华勇，2018）。

第二节　助推土壤-农业-环境可持续协同发展

一、因地制宜，优化农业布局，将可持续性作为区域发展的重要考量指标

我国耕地面临质量下降和面积减少的双重压力，快速城市化和工业化等对优质耕地的占用势头仍在继续，占补平衡补充耕地质量不高，守住 18 亿亩耕地红线的压力越来越大。为确保国家粮食安全、农产品质量安全和农业生态安全，保护和治理土壤相结合、农业生产与水土资源承载力相匹配显得尤为重要，优化农业生产布局、调整农业种植结构、转变农业生产方式显得尤为迫切。新近研究显示（Davis et al.，2017），优化全球现有的雨养农业和灌溉农业作物布局，年均粮食产量将增加 17 亿 t，可多养活世界 8.25 亿人口，同时雨水和灌溉水年均消耗量可分别降低 14% 和 12%。具体到我国，年均粮食产量或将提高 954 万 t，雨水和灌溉水年均消耗量则分别降低 125 亿 m^3 和 20 亿 m^3，水年均消耗量降低比例均为 3%。在优化作物布局的基础上，如果再逐步采取措施使农业生产方式从粗放型向集约型转变，我国农业高效生产能力和节约高效用水能力将得到进一步提升。

二、用“整体思维”布局土壤优化管理，发挥“土壤服务共同体”效应

《全国农业可持续发展规划（2015—2030 年）》提出了农业可持续发展的总体思路，综合考虑各地农业资源承载力、环境容量、生态类型和发展基础等因素，划定了农业区域布局，包括优化发展区、适度发展区和保护发展区。为更有

效地贯彻落实农业可持续发展规划，需充分评估不同区域、不同类型土壤主要的生态系统服务功能，获取区域和国家等不同尺度的土壤生态系统服务清单。清单获取是一项重要工程，可根据土壤的适耕性、有机碳含量、持水量、基础设施支持能力及文化遗存保存能力等属性，评估土壤生态系统各项服务功能（粮食安全、气候调节、水分调节和社会文化服务），再基于每类土壤的特点划定其最主要的生态系统服务功能。我国土壤类型多样，应针对不同土壤的主要生态系统功能进行利用和管理，实现土壤的可持续利用和总体功能的最大发挥（张甘霖和吴华勇，2018）。

三、尊重土壤科学成果，实现知识和数据共享，弥补基础研究不足的短板

我国土壤资源调查工作基础薄弱，且拥有土壤数据的部门关注重点各有不同，土壤数据共享明显不足。相关部门应形成合力，共同推动我国涵盖土壤肥力、污染、地球化学、地理分布等属性的土壤综合数据库的共建共享，并加强土壤资源的调查研究，建立全国土壤样品库，以期为全面科学评估土壤质量、功能和演变提供数据、模型和决策支持（张甘霖和吴华勇，2018）。

土壤学服务可持续发展目标的直接体现之一是土壤科技成果的转化。我国应针对土壤退化的实际问题，着力加强土壤学基础和应用研究。土壤学科技工作者应紧密围绕可持续发展中的土壤相关问题，着眼于提出更加科学的土壤可持续利用和管理方案，加强与企业及基层农技服务站等的合作，研制出防控土壤退化的过硬技术和产品，把论文写在祖国的大地上。

土壤是人类生存和发展的基础，为人类提供着不可替代的、重要的生态系统服务。因人类的不合理利用和不当管理造成了土壤退化，继而威胁粮食安全和生态环境健康，而恢复和维持土壤生态系统服务是解决问题的重要出路。当前，我国高度重视粮食安全、精准脱贫、生态文明建设、乡村振兴、农业可持续发展、土壤污染防治等重要领域，这既是自身发展的需要，也是对联合国《2030 年可持续发展议程》的积极响应，而土壤资源的可持续利用和管理势必在这些重要领域中发挥关键作用。我国应增强有针对性和创新性的土壤学研究，加强土壤学与相邻学科的合作，积极呼吁全社会珍爱和保护土壤这一不可再生资源，推动土壤科学成果共享，促进土壤利用与管理政策的协调，推动更严格的土壤保护立法，从而服务于可持续发展目标的实现（张甘霖和吴华勇，2018）。

参考文献

沈仁芳．2018. 土壤学发展历程、研究现状与展望．农学学报, 8（1）：44-49.

宋长青．2016. 土壤科学三十年：从经典到前沿．北京：商务印书馆．

孙瑞娟，王保战，周虎，等．2019. 新技术在土壤学中的应用．科学，71（6）：19-24.

张甘霖，吴华勇．2018. 从问题到解决方案：土壤与可持续发展目标的实现．中国科学院院刊，33（2）：124-134.

Davis K F，Rulli M C，Seveso A，et al. 2017. Increased food productionand reduced water use through optimized crop distribution. NatureGeoscience，10：919-924.